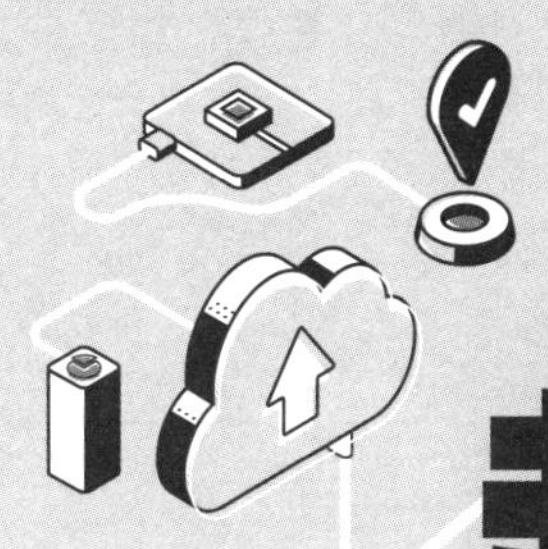

超实用AI工具

从入门到精通

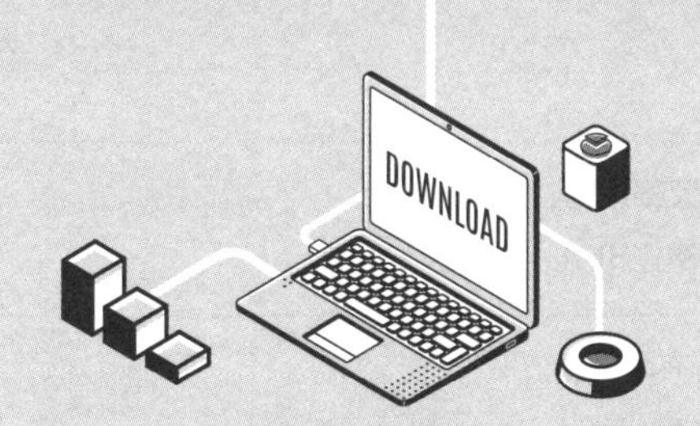

恒盛杰资讯　编

北京理工大学出版社
BEIJING INSTITUTE OF TECHNOLOGY PRESS

图书在版编目（CIP）数据

超实用AI工具从入门到精通 / 恒盛杰资讯编著 .
北京 : 北京理工大学出版社 , 2025. 1.
ISBN 978-7-5763-4637-4

Ⅰ . TP18

中国国家版本馆CIP数据核字第2025TW9169号

责任编辑：江　立　　**文案编辑：**江　立
责任校对：周瑞红　　**责任印制：**施胜娟

出版发行 / 北京理工大学出版社有限责任公司
社　　址 / 北京市丰台区四合庄路6号
邮　　编 / 100070
电　　话 /（010）68944451（大众售后服务热线）
（010）68912824（大众售后服务热线）
网　　址 / http://www.bitpress.com.cn

版 印 次 / 2025年1月第1版第1次印刷
印　　刷 / 三河市中晟雅豪印务有限公司
开　　本 / 710 mm × 1000 mm　1 / 16
印　　张 / 15.5
字　　数 / 217千字
定　　价 / 79.80元

前 言

Preface

在信息化和数字化的时代浪潮中，AI 技术正在成为提升办公效率的重要引擎，并以不可阻挡的趋势改变着我们的工作方式。本书是一本实用的 AI 工具指南，旨在探索和挖掘 AI 技术的应用潜力，帮助读者提升日常办公体验。

◎ 内容结构

本书共 11 章，从文案写作、表格处理、演示文稿制作、图像生成与编辑、音频生成、视频生成与剪辑等领域精选了 99 个 AI 工具进行介绍。

- **文案写作**：主要介绍了文心一言、通义千问、讯飞星火、DeepSeek、宙语 Cosmos、秘塔写作猫等工具。这些工具就像一支支专业的“笔杆子”，能够帮助用户游刃有余地应对各类写作任务。

- **表格处理**：主要介绍了 GPT for Excel Word、Formulas HQ、Formula Bot、AI-aided Formula Editor、办公小浣熊等工具。借助这些工具，不会编写公式或代码的用户也能轻松地完成数据的处理、分析和可视化。

- **演示文稿制作**：主要介绍了万知、ChatPPT、AiPPT、Tome、iSlide 等工具。这些工具不仅能一键生成指定主题的完整演示文稿，还能对单张幻灯片进行内容优化和外观美化，轻松提升演示效果。

- **图像生成与编辑**：主要介绍了腾讯元宝、Vega AI、通义万相、WHEE、堆友 AI、触手 AI、remove.bg、佐糖、Nero AI Image Upscaler、创客贴、改图鸭、灵动 AI 等工具。这些工具不仅能根据用户的需求生成各种风格的高质量图像，而且能轻松地完成抠图换背景、去除水印、修复瑕疵、增强画质等图像编辑操作。

- **音频生成**：主要介绍了 BGM 猫、SOUNDRAW、TTSMaker、魔音工坊、悦音配音等工具。这些工具能够根据用户的需求创作动听的乐曲，或者将文本转换成自然流畅的人声朗读语音，从而大幅降低音频素材的获取成本。

● **视频生成与剪辑**：主要介绍了剪映、Clipchamp、腾讯智影、Kreado AI 等工具。这些工具运用 AI 技术简化了视频制作的流程，降低了视频制作的门槛，让没有专业背景的用户也能制作出富有创意的作品。

除了对单个 AI 工具的介绍，本书还在第 3、7、10 章设计了综合案例，启发读者思考如何结合应用多个 AI 工具来完成任务。

◎ 编写特色

● **内容实用**：本书通过实际的应用场景和图文并茂的步骤说明介绍 AI 工具，让读者能够轻松上手，并直观地感受和理解工具的特点和用途。

● **培养思维**：本书不局限于对 AI 工具的介绍，还注重对"AI 赋能"思维的培养，引导读者重新审视习以为常的传统工作流程，并积极主动地运用 AI 技术对其进行升级改造，实现工作中的自我成长。

◎ 适用对象

本书的适用范围非常广泛，无论您从事的是行政、文秘、财务、人事、广告、营销等传统职业，还是电商运营、自媒体创作、新媒体编辑等新兴职业，都可以从本书获得实用的知识和技能，从容地应对各种工作场景中的挑战。此外，AI 技术的爱好者及相关专业的学生和研究人员也可以通过阅读本书了解 AI 技术的应用前景和发展趋势。

由于 AI 技术的更新和升级速度很快，加之编者水平有限，本书难免有不足之处，恳请广大读者批评指正。

编　者

2024 年 12 月

目录

Contents

第1章 用AI让文字出类拔萃

第 2 章 用 AI 处理表格数据效率翻倍

第 3 章 用 AI 辅助撰写论文

第 4 章 用 AI 生成精彩的演示文稿

第 5 章 用 AI 生成创意图像

第 6 章 用 AI 一键编辑图像

第 7 章 用 AI 辅助平面设计

第 8 章 用 AI 创作高质量音频

第 9 章 用 AI 快速创作视频

第 10 章 用 AI 辅助制作宣传片

第 11 章 不得不提的更多 AI 工具

第 1 章

用 AI 让文字出类拔萃

无论从事何种类型的工作，每个职场人士都不可避免地会遇到撰写文案的任务。本章将介绍几款简单好用的 AI 写作工具，这些工具能够显著提升文案写作的质量与效率，帮助我们更加轻松地完成各类写作任务。

1.1 提示词的编写原则

与 AI 工具交互时，用户输入的问题或指令有一个专门的名称——提示词（prompt）。提示词是人工智能领域的一个重要概念，它能影响机器学习模型处理和组织信息的方式，从而影响模型的输出。清晰和准确的提示词可以引导模型生成更准确、更可靠、更符合预期的内容。

编写提示词时要遵循的基本原则没有高深的要求，其与人类之间交流时要遵循的基本原则是一致的，主要有以下 3 个方面。

（1）提示词应没有错别字、标点错误和语法错误。

（2）提示词要简洁、易懂、明确，尽量不使用模棱两可或容易产生歧义的表述。例如，“请为电影《肖申克的救赎》撰写一篇影评，内容不需要太长”对文章长度的要求过于模糊，“请为电影《肖申克的救赎》撰写一篇影评，字数不超过 600 字”则明确指定了文章的长度，显然后者的质量更高。

（3）提示词最好包含完整的信息。如果提示词包含的信息不完整，就会导致需要用多轮对话去补充信息或纠正 AI 工具的回答方向。提示词要包含的内容没有一定之规，一般而言可由 4 个要素组成，具体见表 1-1。

表 1-1

名称	是否必选	含义	示例
指令	是	希望 AI 工具执行的具体任务	请对以下这篇文章进行改写
背景信息	否	任务的背景信息	读者对象是 10 岁的孩子
输入数据	否	需要 AI 工具处理的数据	（原文章的具体内容，从略）
输出要求	否	对输出内容的要求，如字数、格式、写作风格等	使用通俗易懂、轻松活泼的风格，改写后的文章不超过 500 字

1.2 提示词的编写技巧

在编写提示词时，除了要遵循上一节介绍的基本原则，还可以使用一些技巧来优化提示词。

1. 用特殊符号分隔指令和输入数据

在翻译、总结要点、提取信息等应用场景中，提示词必然会包含指令和待处理的文本（即输入数据）。为便于 AI 工具进行区分，可以使用“###”或“"""”将待处理的文本括起来。演示对话如下：

请从以下文本中提取3个关键词：

文本："""

AI（人工智能）是一种模拟人类智能的先进技术，它结合了机器学习、深度学习等多种算法，使计算机能够自主分析、学习、推理、理解甚至创造，从而在诸多领域实现自动化和智能化，极大地提升了工作效率和创新能力，为人类社会的未来发展提供了强大的技术支持。

"""

AI 从给定的文本中提取的3个关键词为：

1. AI
2. 机器学习
3. 自动化和智能化

2. 提供示例

有时一些需求难以用简洁的文字准确地表达出来，可以通过提供示例来帮助AI工具更好地理解需求。演示对话如下：

请从以下地址中提取省份并输出其全称。

例如：北京海淀区新建宫门路→北京市

地址："""

上海浦东新区南六公路

海南三亚市吉阳区迎宾路

广西崇左市大新县硕龙镇德天村

"""

AI 从提供的地址中，可以提取出省份并输出其全称如下：

上海浦东新区南六公路→上海市

海南三亚市吉阳区迎宾路→海南省

广西崇左市大新县硕龙镇德天村→广西壮族自治区

3. 设定角色身份

为了让AI工具以我们期望的方式工作，可以在提示词中（通常是开头部分）为AI工具设定一个角色身份。演示对话如下：

我需要你扮演一名自媒体文案专家，为“四川美食之旅”这一主题撰写小红书笔记的标题。要求吸睛、新潮、有趣，能激发受众的探索欲和点击欲。请给出5个示例。

AI 以下是我为“四川美食之旅”这一主题撰写的小红书笔记标题，供您参考：

1. 川味诱惑！解锁四川美食地图，吃货天堂等你来探！

理由：通过“川味诱惑”和“吃货天堂”等词汇，展现四川美食的魅力和吸引力，激发受众的探索欲望。

2. 四川美食大搜罗！辣味江湖，你准备好了吗？

理由：利用“大搜罗”和“辣味江湖”等表述，既展现了四川美食的丰富性又凸显了其特色，激发受众的好奇心。

3. 舌尖上的四川！一场味蕾的狂欢之旅！

理由：通过“舌尖上的四川”和“味蕾的狂欢之旅”等表述，将四川美食与味蕾体验相结合，激发受众的点击欲望。

4. 辣到飞起！四川美食攻略，吃货必备！

理由：运用“辣到飞起”这一生动形象的表述，突出四川美食的辣味特点，同时强调这篇笔记作为吃货必备攻略的价值。

5. 川味寻踪！跟着美食达人一起探索四川味道！

理由：通过“川味寻踪”和“跟着美食达人一起探索”等表述，营造一种跟随专业人士探索四川美食的氛围，激发受众的参与感和探索欲。

希望这些标题能够满足您的需求，并激发受众的探索欲和点击欲。请注意，这些标题仅为示例，具体效果还需结合实际情况进行调整和优化。

表 1-2 中根据不同的职业领域，列出了一些实用的提示词实例，供读者参考。

表 1-2

职业领域	提示词实例
新闻传媒	请撰写一则新闻，主题是“全市创建文明城市动员大会召开”，字数不超过 1000 字
行政文秘	×× 公司的首席执行官（CEO）将在 ×× 会议（行业活动）中发表演讲，请撰写一篇演讲稿
人力资源	请撰写一篇人力资源论文，主要内容包括：企业文化的重要性；企业应如何营造积极和高效的工作环境
人力资源	我需要你扮演一名职业咨询师。我将为你提供寻求职业生涯指导的人的信息，你的任务是帮助他们根据自己的技能、兴趣和经验确定最适合的职业。你还应该研究各种可能的就业选项，解释不同行业的就业市场趋势，并介绍有助于就业的职业资格证书。我的第一个请求是“请为想进入建筑行业的土木工程专业应届毕业生提供求职建议”

续表

职业领域	提示词实例
广告营销	请撰写一系列社交媒体帖子，突出展示 ×× 公司的产品或服务的特点和优势
广告营销	我需要你扮演广告公司的创意总监。你需要创建一个广告活动来推广指定的产品或服务。你将负责选择目标受众，制定活动的关键信息和口号，选择宣传媒体和渠道，并决定实现目标所需的任何其他活动。我的第一个请求是“请为一个潮流服饰品牌策划一个广告活动”
自媒体	请撰写一个智能手环开箱视频的脚本，要求使用 B 站热门 up 主的风格，风趣幽默，视频时长约 3 分钟
自媒体	请以小红书博主的文章结构撰写一篇重庆旅游的行程安排建议，要求使用 emoji 增加趣味性，并提供段落配图的链接
软件开发	请撰写一篇软件产品需求文档中的功能清单和功能概述，产品是类似拼多多的 App，产品的主要功能有：支持手机号登录和注册；能通过手机号加好友；可在首页浏览商品；有商品详情页；有订单页；有购物车
网站开发	我需要你扮演网站开发和网页设计的技术顾问。我将为你提供网站所属机构的详细信息，你的职责是建议最合适的界面和功能，以增强用户体验，并满足机构的业务目标。你应该运用你在 UX/UI 设计、编程语言、网站开发工具等方面的知识，为项目制定一个全面的计划。我的第一个请求是“请为一家拼图销售商开发一个电子商务网站”
教育培训	我需要你扮演一个 AI 写作导师。我将为你提供需要论文写作指导的学生的信息，你的任务是向学生提供如何使用 AI 工具改进其论文的建议。你还应该利用你在写作技巧和修辞方面的知识和经验，针对如何更好地以书面形式表达想法提供建议。我的第一个请求是“请为一名需要修改毕业论文的大学本科学生提供建议”

1.3　文心一言：更懂中文的大语言模型

文心一言是百度基于文心大模型开发的聊天机器人，它集成了百度在深度学习、自然语言处理等领域的多年积累，拥有强大的文本理解和生成能力，能够与人进行自然、流畅的对话互动，帮助人们更高效地获取信息、知识和灵感。此外，文心一言基于飞桨深度学习平台和文心知识增强大模型，持续从海量的数据和知识中融合学习，从而具备了知识增强、检索增强和对话增强的技术特色，这也使得它能够更精准地理解用户需求，提供更优质的智能服务。

实战演练：用文心一言撰写营销文案

本案例将使用文心一言为新兴的数码产品品牌智翼推出的智能音箱撰写发布在小红书上的营销文案，包括测评类文案、种草类文案和教程类文案。

步骤01 **登录百度账号**。用网页浏览器打开文心一言的首页（https://yiyan.baidu.com/），❶单击页面右上角的“立即登录”按钮，❷在弹出的界面中输入账号和密码，❸单击“登录”按钮，如图 1-1 所示。

图 1-1

步骤02 **撰写测评类文案**。完成登录后，进入文心一言的界面。❶在界面右侧下方的提示词输入框中输入撰写测评类文案的提示词，❷然后单击“发送”按钮或按〈Enter〉键，如图 1-2 所示。

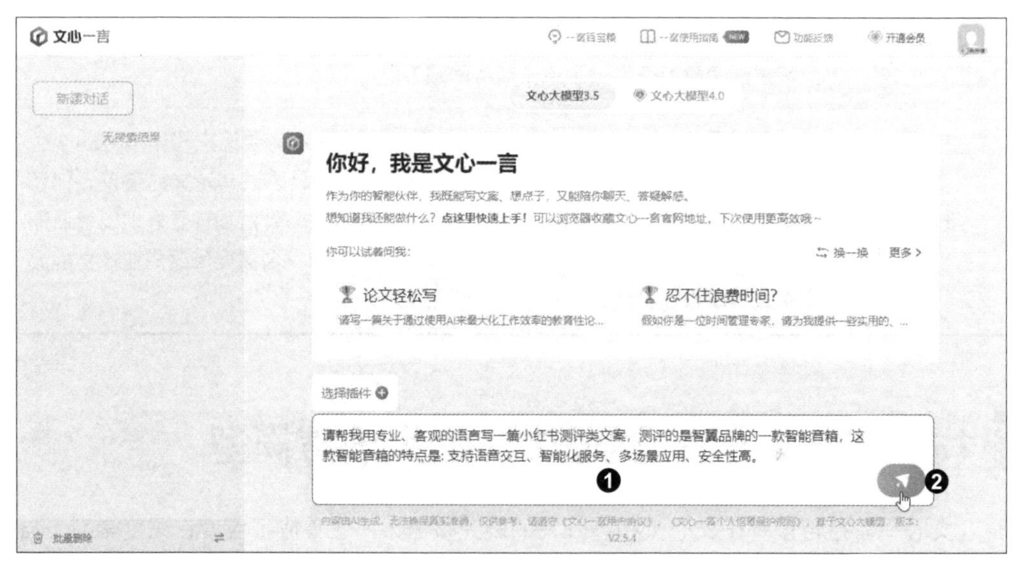

图 1-2

步骤03 **查看生成结果**。等待一会儿，文心一言会按照提示词生成一篇测评类文案。如果对生成结果不满意，可单击输出区域下方的“重新生成”按钮，如图 1-3 所示。

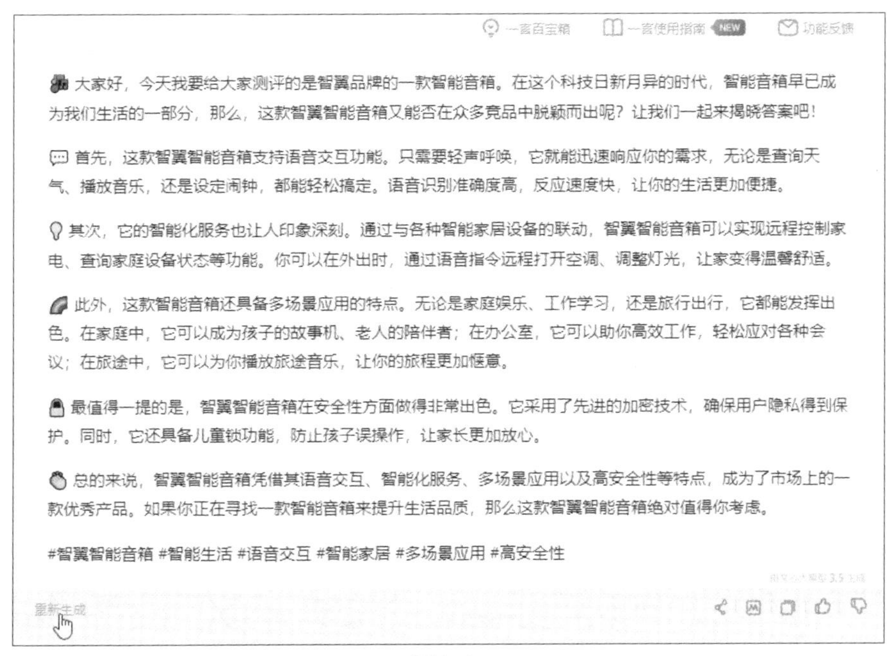

图 1-3

步骤04　查看不同版本的生成结果。重新生成内容后，输出区域右侧会显示一组按钮，单击左右两侧的箭头按钮可以切换浏览不同版本的生成结果，单击中间的数字按钮则可展开全部生成结果，单击该区域左上角的“关闭”按钮可关闭显示全部结果，如图 1-4 所示。

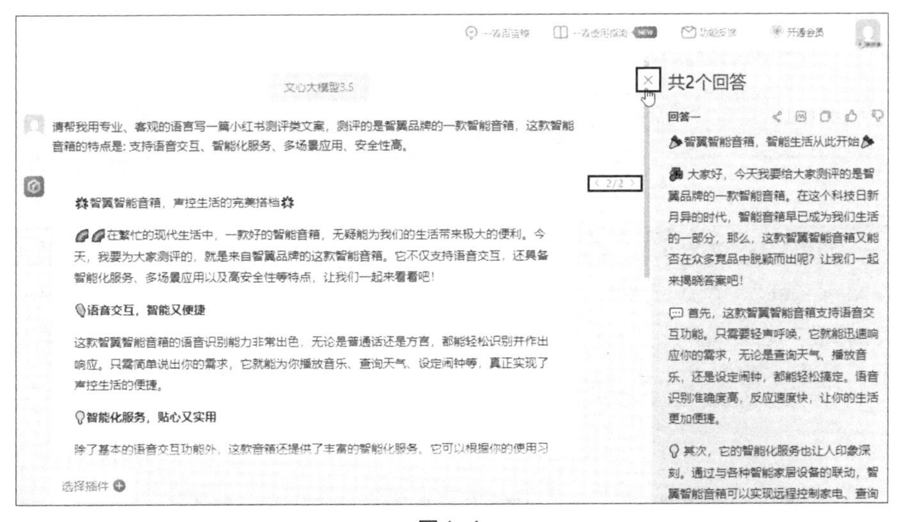

图 1-4

步骤05　撰写种草类文案。使用相同的方法让文心一言撰写种草类文案，如图 1-5 所示。可以看到，文心一言根据这类文案的写作风格加大了 emoji 表情的使用频率。

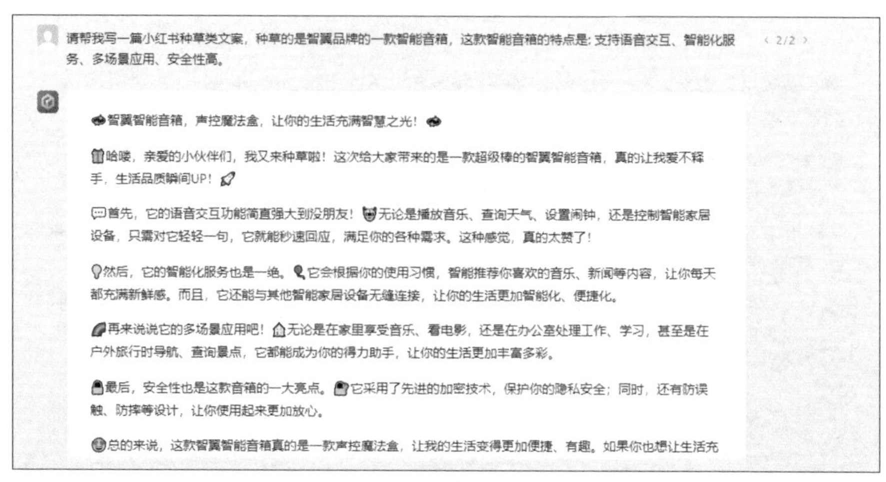

图1-5

步骤06 **撰写教程类文案**。使用相同的方法让文心一言撰写教程类文案，如图 1-6 所示。

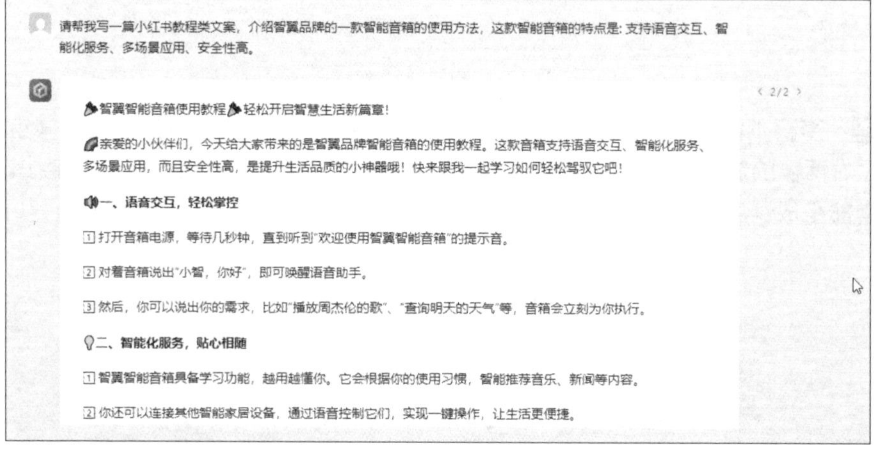

图1-6

提示

AI 工具可以在从构思、落笔到修改、润色的各个环节中发挥作用，虽然它们目前还不能做到尽善尽美，但是只要我们勤于思考、善于运用，就一定能够让自己的办公效率更上一层楼。

1.4 通义千问：对话式的智能创作平台

通义千问是阿里云推出的超大规模语言模型，具备多轮对话、文案创作、逻辑推理、多模态理解和多语言支持等能力。它能够处理超长文档和多种格式的资料，支持一键速读和解析在线网页，突破了大模型处理长文档的限制。用户可以在论文研读、文献整理、财报分析、数据整合等多种场景中应用通义千问提高工作效率。

实战演练：用通义千问撰写招聘计划

一份详细的招聘计划有助于企业明确招聘的目标和岗位需求，确保招聘工作有序、高效地进行。本案例将使用通义千问快速撰写一份招聘计划。

步骤01　打开通义千问。用网页浏览器打开通义千问的首页（https://tongyi.aliyun.com/qianwen/），单击页面中的“立即使用”按钮，如图 1-7 所示。

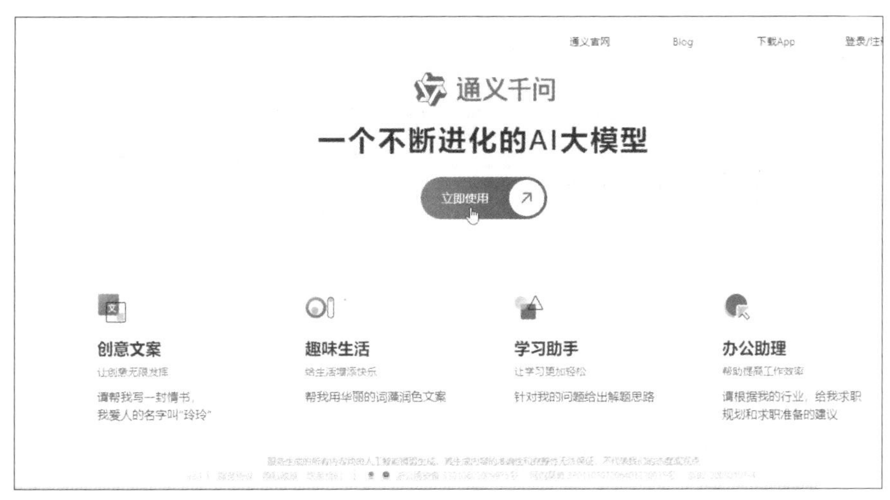

图 1-7

步骤02　登录账号。初次使用通义千问需要登录。❶输入手机号，❷勾选下方的用户协议复选框，❸单击“获取验证码”按钮，如图 1-8 所示。❹输入该手机号收到的验证码，❺单击“登录”按钮，如图 1-9 所示。

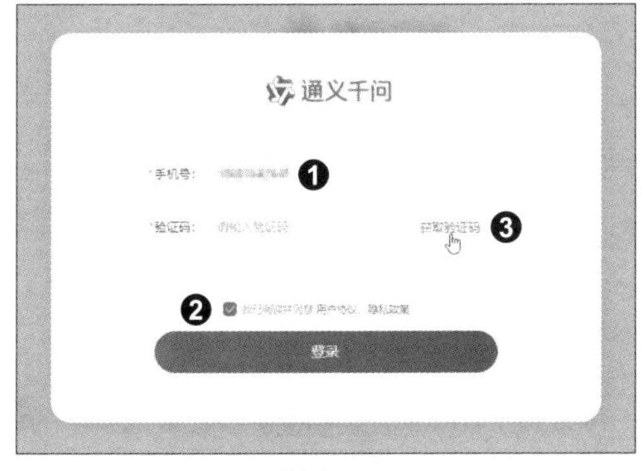

图 1-8

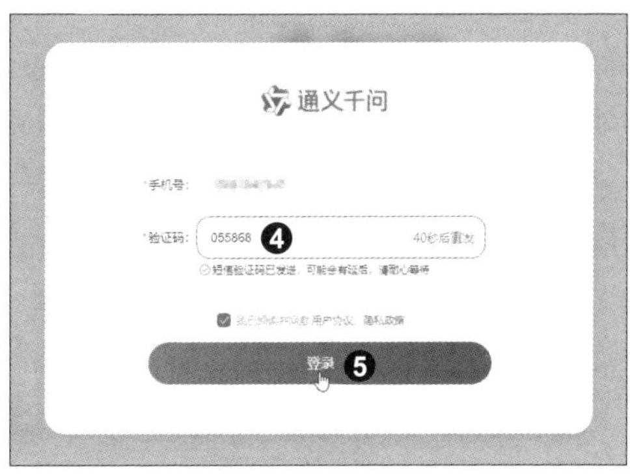

图 1-9

步骤03 **输入提示词**。完成登录后，进入通义千问的界面。❶在界面右侧下方的提示词输入框中输入撰写招聘计划的提示词，❷单击“发送”按钮或按〈Enter〉键，如图 1-10 所示。

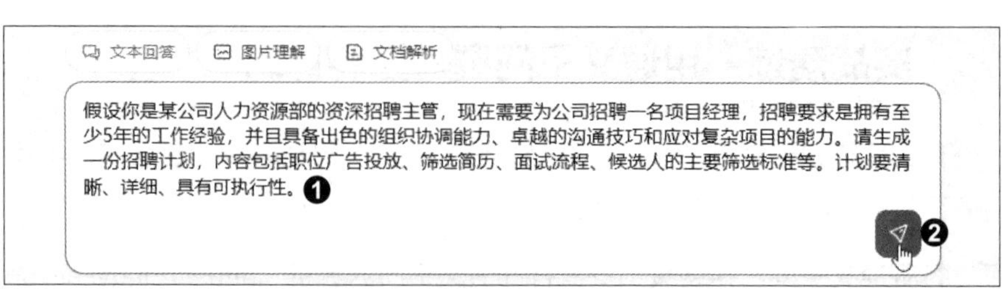

图 1-10

步骤04 **生成招聘计划**。等待一会儿，通义千问会按照提示词生成一份招聘计划，如图 1-11 所示。

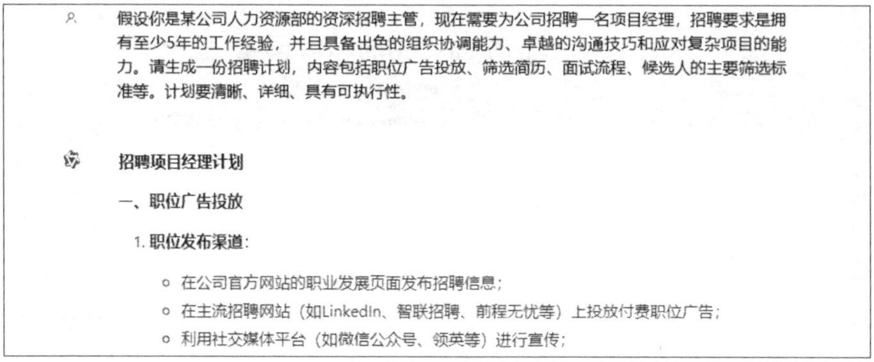

假设你是某公司人力资源部的资深招聘主管，现在需要为公司招聘一名项目经理，招聘要求是拥有至少5年的工作经验，并且具备出色的组织协调能力、卓越的沟通技巧和应对复杂项目的能力。请生成一份招聘计划，内容包括职位广告投放、筛选简历、面试流程、候选人的主要筛选标准等。计划要清晰、详细、具有可执行性。

招聘项目经理计划

一、职位广告投放

1. 职位发布渠道：
   - 在公司官方网站的职业发展页面发布招聘信息；
   - 在主流招聘网站（如LinkedIn、智联招聘、前程无忧等）上投放付费职位广告；
   - 利用社交媒体平台（如微信公众号、领英等）进行宣传；

图 1-11

步骤05 **重新生成**。如果对生成结果比较满意，单击输出区域下方的“复制”按钮，可将结果复制到剪贴板；如果对生成结果不满意，则单击输出区域下方的“重新生成”按钮，如图 1-12 所示，重新生成内容。

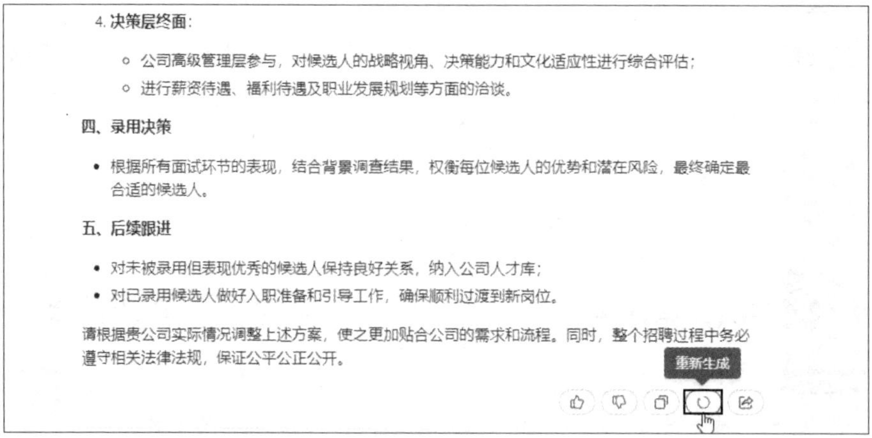

4. 决策层终面：
   - 公司高级管理层参与，对候选人的战略视角、决策能力和文化适应性进行综合评估；
   - 进行薪资待遇、福利待遇及职业发展规划等方面的洽谈。

四、录用决策

- 根据所有面试环节的表现，结合背景调查结果，权衡每位候选人的优势和潜在风险，最终确定最合适的候选人。

五、后续跟进

- 对未被录用但表现优秀的候选人保持良好关系，纳入公司人才库；
- 对已录用候选人做好入职准备和引导工作，确保顺利过渡到新岗位。

请根据贵公司实际情况调整上述方案，使之更加贴合公司的需求和流程。同时，整个招聘过程中务必遵守相关法律法规，保证公平公正公开。

图 1-12

步骤06 **查看不同版本的生成结果**。重新生成内容后，输出区域下方会显示一组按钮，单击左右两侧的箭头按钮可以切换浏览不同版本的生成结果，如图 1-13 所示。

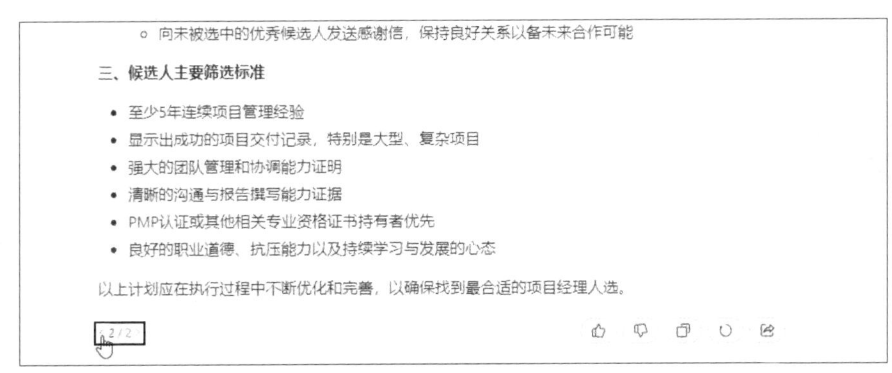

图 1-13

实战演练：用通义千问解析文档内容

搜集和阅读足够数量的参考资料能让我们在动笔写作时做到胸有成竹。为了提高阅读效率，可以利用 AI 工具快速解析和总结参考资料的内容要点。本案例将使用通义千问解析一篇 PDF 格式的英文技术文档。

步骤01 **查看文档内容**。打开需要解析的 PDF 文档，可以看到这是一份全英文的文档，如图 1-14 所示。

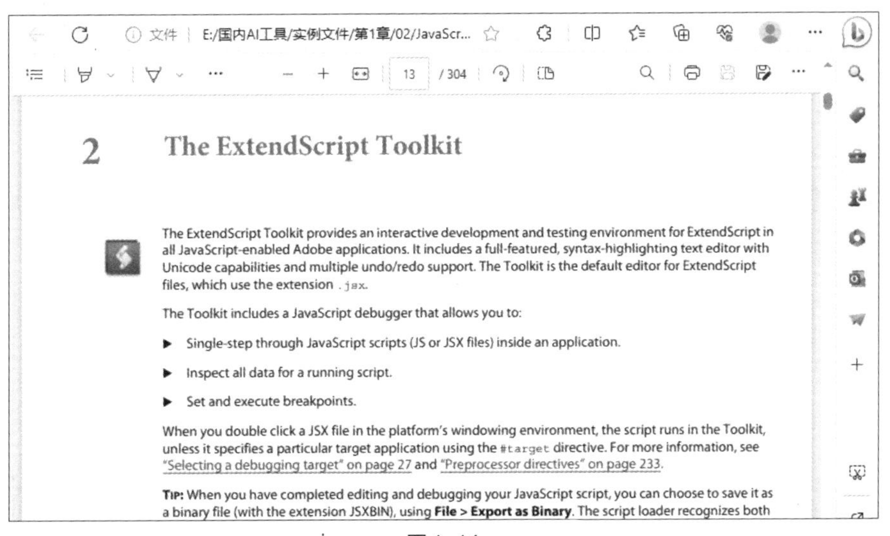

图 1-14

步骤02 **执行“上传文档”操作**。打开通义千问，❶单击提示词输入框左侧的 按钮，❷在展开的菜单中单击“上传文档”命令，如图 1-15 所示。

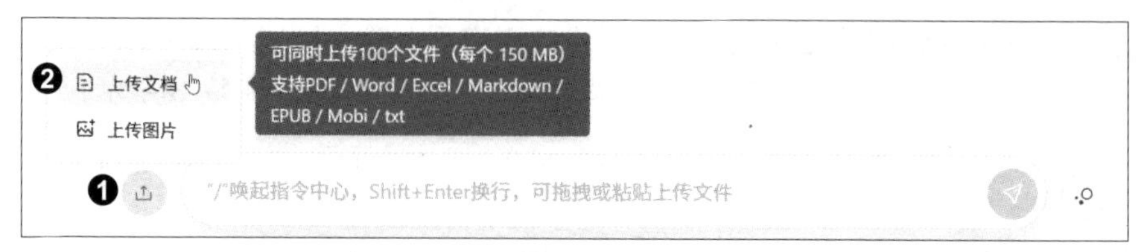

图 1-15

步骤03 **选择并上传文档**。弹出“打开”对话框，❶选中要解析的 PDF 文档，❷单击“打开”按钮，如图 1-16 所示。

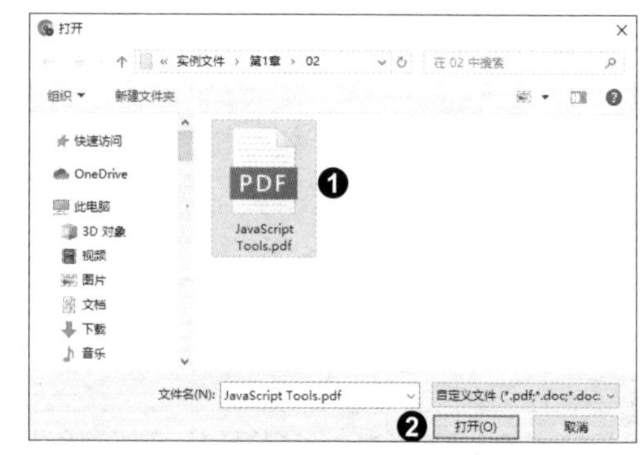

图 1-16

步骤04 **输入提示词**。上传文档后，❶输入提示词，描述需要 AI 工具针对文档完成的任务，❷单击“发送”按钮或按〈Enter〉键，如图 1-17 所示。

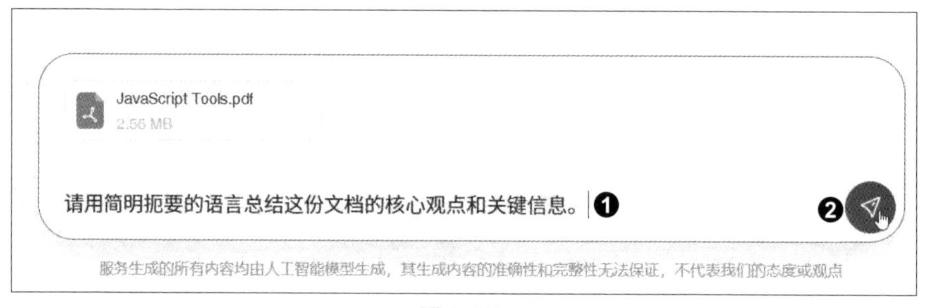

图 1-17

步骤05 **查看解析结果**。随后页面中会提示正在阅读文档，阅读完成后，会根据提示词输出相应的内容，如图 1-18 所示。

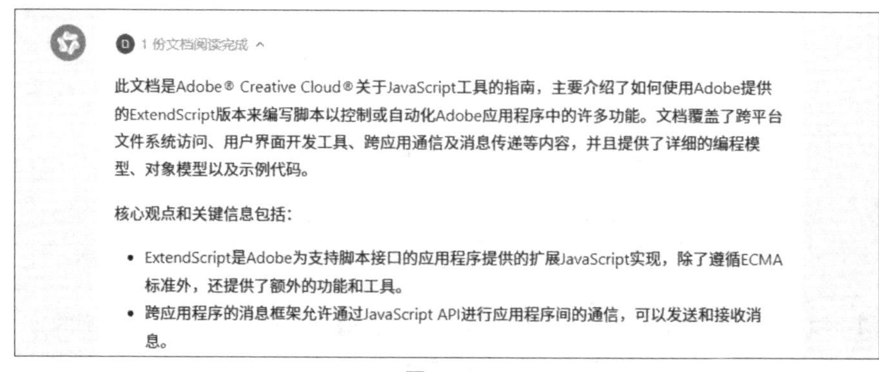

图 1-18

1.5　讯飞星火：全能型 AI 写作助手

讯飞星火是科大讯飞推出的新一代认知智能大模型，拥有跨领域的知识和语言理解能力，能够基于自然对话方式理解与执行任务。讯飞星火不但能够出色地执行语言理解、知识问答、逻辑推理、数学题解答、代码理解与编写等多项复杂任务，还可通过智能应用或平台为用户提供实时、专业的信息支持和服务，从而满足用户在工作、生活、学习等不同场景下的需求。

实战演练：用讯飞星火撰写活动策划方案

一份质量上乘的活动策划方案有助于明确目标、规划流程、控制预算，确保活动的顺利进行。AI 工具以其快速生成、精准调整的优势，能够解决日常方案撰写工作中常见的创意不足、时间紧迫等问题，成为撰写方案的得力助手。本案例将使用讯飞星火撰写一份赛事活动的策划案。

步骤01　打开讯飞星火。用网页浏览器打开讯飞星火的首页（https://xinghuo.xfyun.cn/），❶单击右上角的“登录”按钮，如图 1-19 所示。弹出登录对话框，❷勾选用户协议复选框，❸输入手机号和验证码，❹单击“登录”按钮，如图 1-20 所示。

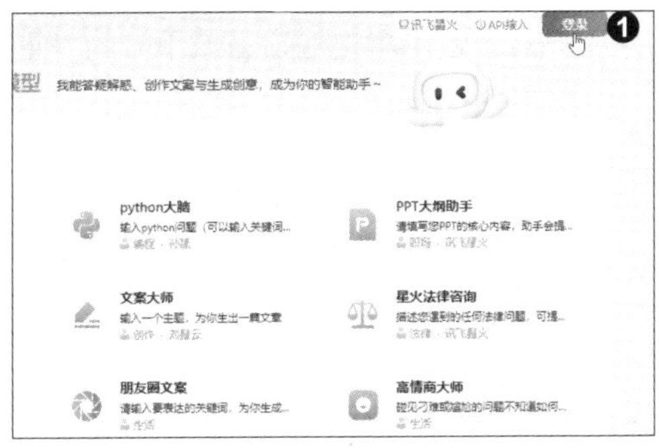

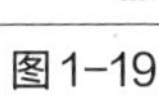
图1-19

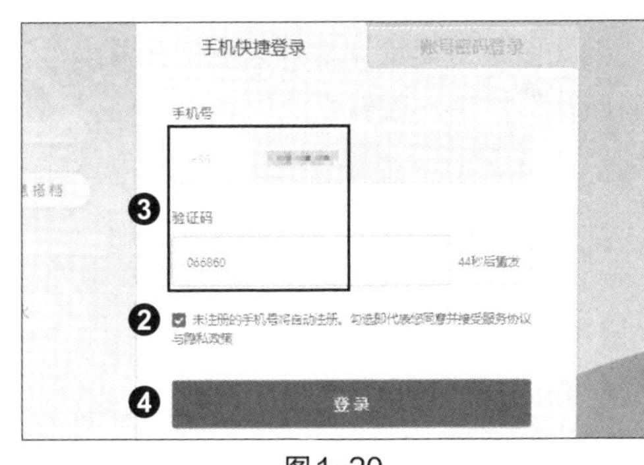

图1-20

步骤02　输入提示词。完成登录后，进入讯飞星火的界面。❶在界面右侧下方的提示词输入框中输入撰写活动策划案的提示词，❷然后单击“发送”按钮或按〈Enter〉键，如图 1-21 所示。

插件　智能PPT生成　内容运营大师　ProcessOn　TreeMind　智能翻译　AI面试官　邮件生成　文档问答　智能简历

你是一名活动策划专家，请为悦动体育产业发展有限公司设计一份国际马拉松赛事的活动策划案，策划案需涵盖背景分析、赛事目标、可行性评估、详细行动计划以及潜在风险与应对策略。❶

指令优化　❷ 发送

图1-21

步骤03 **生成活动策划案**。等待一会儿，讯飞星火会根据输入的提示词生成一份详细的活动策划案，如图 1-22 所示。

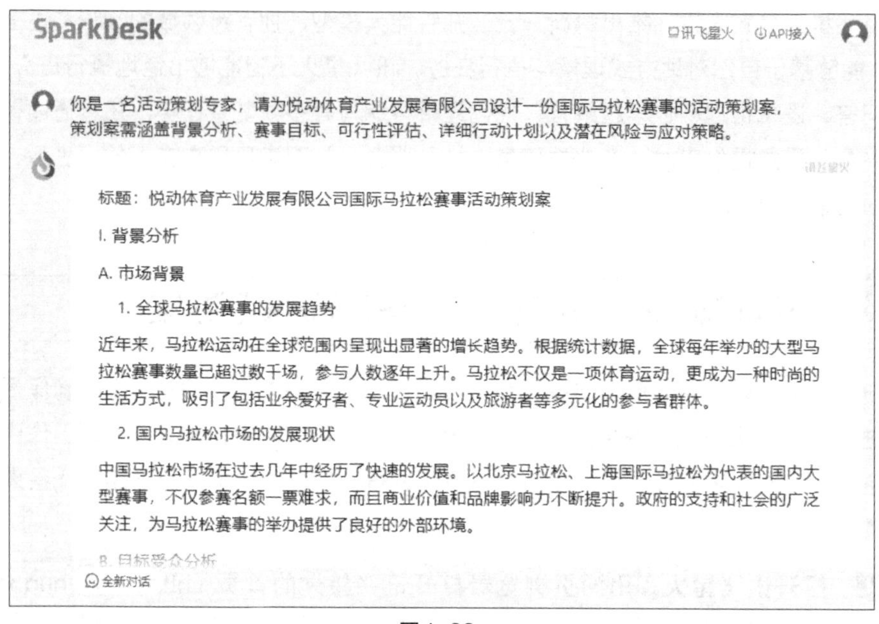

图1-22

步骤04 **语音朗读策划案**。单击输出区域下方的“播放”按钮，如图 1-23 所示，可以让讯飞星火朗读策划案的内容。如果对生成结果不满意，还可单击输出区域下方的“重新回答”按钮，重新生成内容。

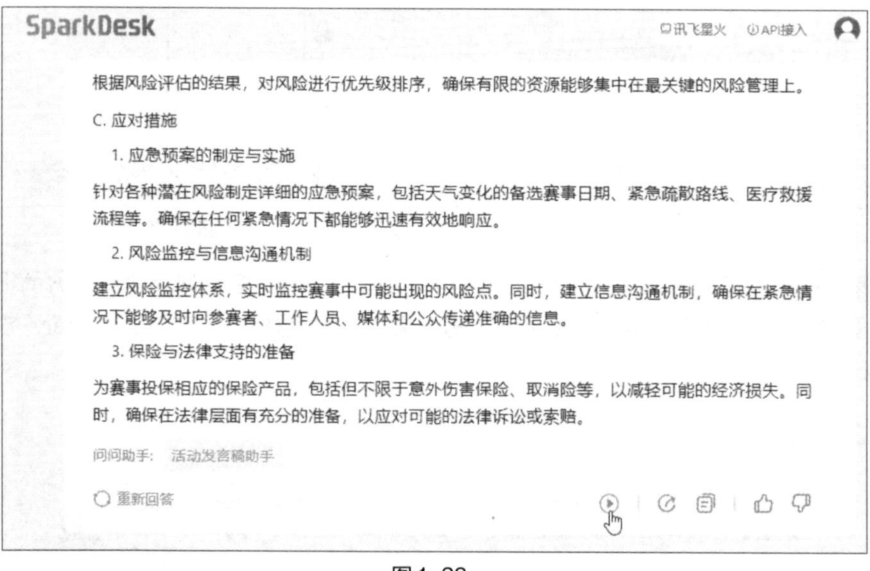

图1-23

步骤05 **管理对话记录**。完成回答后，界面的左侧边栏中会出现此次对话的记录，对话记录的标题是根据对话的内容自动生成的。❶如果要修改对话记录的标题，可以单击标题右侧的按钮，如图 1-24 所示，❷输入新的标题后，单击按钮确认修改，如图 1-25 所示。❸如果要删除对话记录，可以单击标题右侧的按钮，如图 1-26 所示。

图 1-24

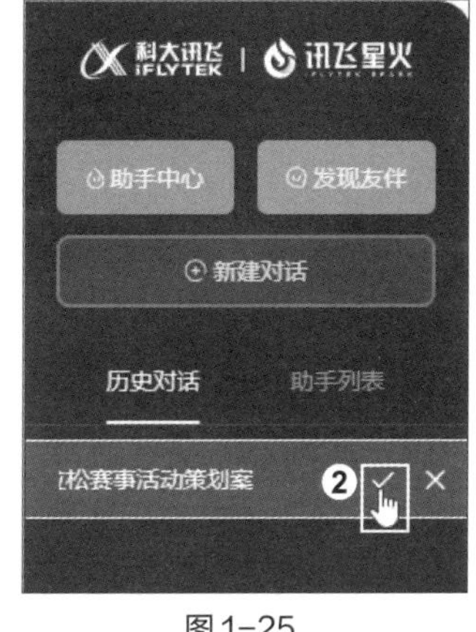

图 1-25

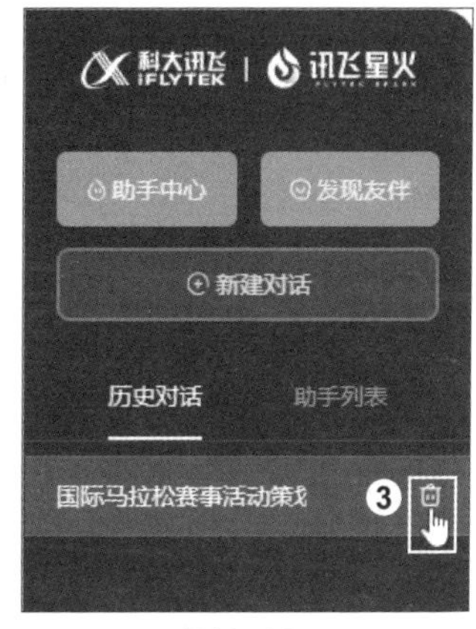

图 1-26

1.6 DeepSeek：媲美 ChatGPT 的 AI 工具

DeepSeek 是一款由中国团队开发的大型语言模型，旨在提供高效、智能的自然语言处理服务。基于 Transformer 架构，结合深度学习技术，具备强大的文本生成、理解和推理能力。在中文市场具有显著优势，在垂直领域的定制化服务、成本优势以及本地化支持方面表现突出，作为后发者，DeepSeek 吸收了 ChatGPT 等模型的优点，并在其基础上进行创新。

实战演练：用 DeepSeek 撰写公众号文章

在数字化时代，公众号已成为企业和个人进行品牌推广、知识分享及互动沟通的重要平台。不论是企业营销人员、自媒体从业者还是内容创作者，他们都可能需要撰写公众号文章来扩大影响力、吸引粉丝或传递信息。下面就通过具体操作来介绍如何使用 DeepSeek 快速撰写一篇公众号文章。

步骤01 **打开 DeepSeek**。在网页浏览器的地址栏中输入 https://www.deepseek.com/，进入 DeepSeek 官网首页，❶单击页面中的“开始对话”按钮，如图 1-27 所示。在登录对话框中，❷输入手机号以及验证码，❸勾选用户协议复选框，❹单击“登录”按钮，如图 1-28 所示。

图1–27

图1–28

步骤02 **撰写公众号文章提示词**。完成登录后，进入 DeepSeek 的对话界面。❶在界面下方的提示词输入框中输入撰写公众号文章的提示词，❷然后按〈Enter〉键或单击“发送”按钮，如图 1-29 所示。

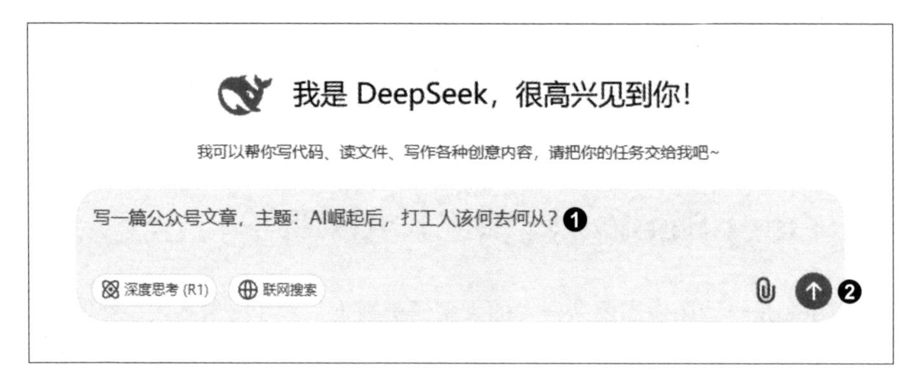

图1–29

步骤03 **生成对应主题的公众号文章**。等待一会儿，DeepSeek 会根据提示词要求的主题生成一篇公众号文章，如图 1-30 所示。

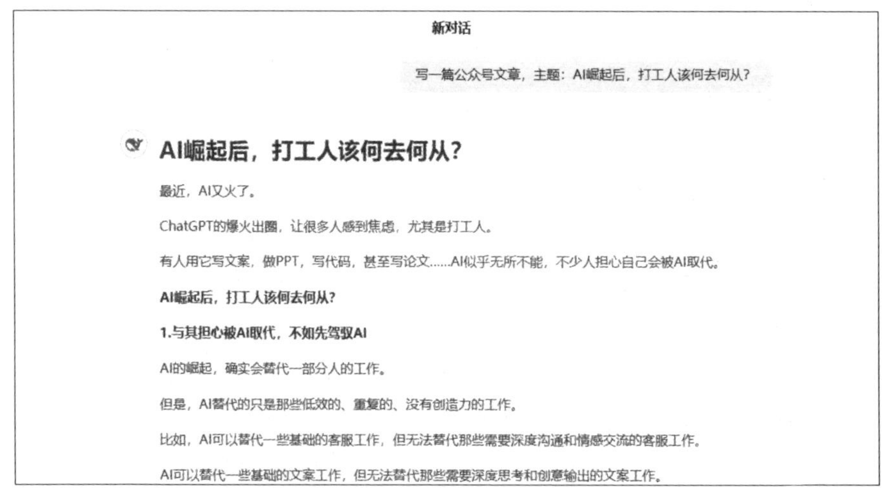

图1–30

步骤04 **设置重新生成**。在公众号文章写作完成后，DeepSeek 会给出多个按钮，如果我们对生成的内容不满意，可以让 DeepSeek 重新进行写作，如图 1-31 所示。

结语

AI的崛起，确实会替代一部分人的工作。

但是，AI替代的只是那些低效的、重复的、没有创造力的工作。

所以，与其担心被AI取代，不如先驾驭AI，提升自己，拥抱AI，创造AI，超越AI，成为AI，超越自己，成为自己，成为更好的自己，成为最好的自己。

AI是工具，工具是用来提高效率的。

AI是工具，工具是用来提高效率的。

AI是工具，工具是用来提高效率的。

说三遍。

图 1-31

步骤05 **重新生成内容**。等待一会儿，DeepSeek 将重新生成新内容，下方有生成内容的页码，如图 1-32 所示，通过左右翻动页面查看生成的不同内容。

AI 的崛起，既是挑战，也是机遇。 我们要积极拥抱变化，提升自身技能，关注 AI 伦理，才能在 AI 时代立于不败之地。

以下是一些具体的建议：

- **了解 AI 的最新发展动态，学习 AI 相关知识。**
- **尝试使用 AI 工具，提升工作效率。**
- **培养批判性思维，学会辨别 AI 生成内容的真伪。**
- **关注 AI 伦理问题，积极参与相关讨论。**

AI 时代已经到来，你准备好了吗？

#AI #人工智能 #职场 #未来工作

< 2 / 2 >

图 1-32

实战演练：用 DeepSeek 获取投资建议

DeepSeek 的深度思考模型通过强大的技术能力和广泛的应用场景，为用户提供了高效、智能的服务。在中文处理、数据隐私、定制化服务等方面具有显著优势，尤其适合中国市场的用户和企业。无论是提升工作效率、辅助决策，还是内容创作和学习，深度思考模型都能为用户带来实实在在的价值。

步骤01 **编辑提示词调用 DeepSeek-R1 模型**。单击 DeepSeek 界面中的“开启新对话”按钮，创建一个新对话，❶输入提示词，❷单击左下角的“深度思考（R1）”按钮，❸再单击右侧的提交按钮，如图 1-33 所示。

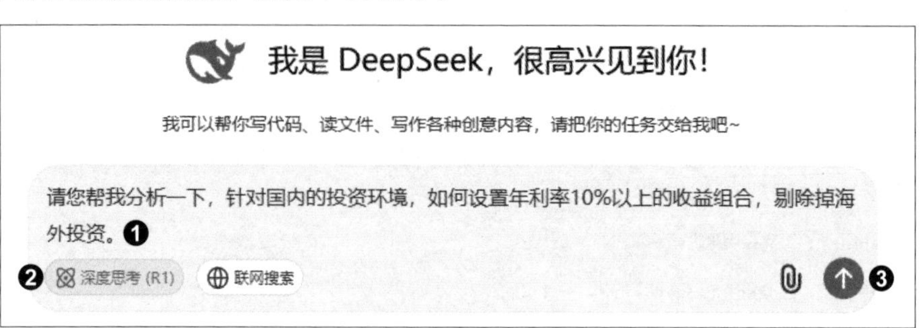

图 1-33

步骤02 **进入思考模式**。DeepSeek 进入深度思考模式，在思考时，该模型将拆解提问背后的深层内容，并逐一将思考的过程表述出来，以灰色文字显示，如图 1-34 所示。

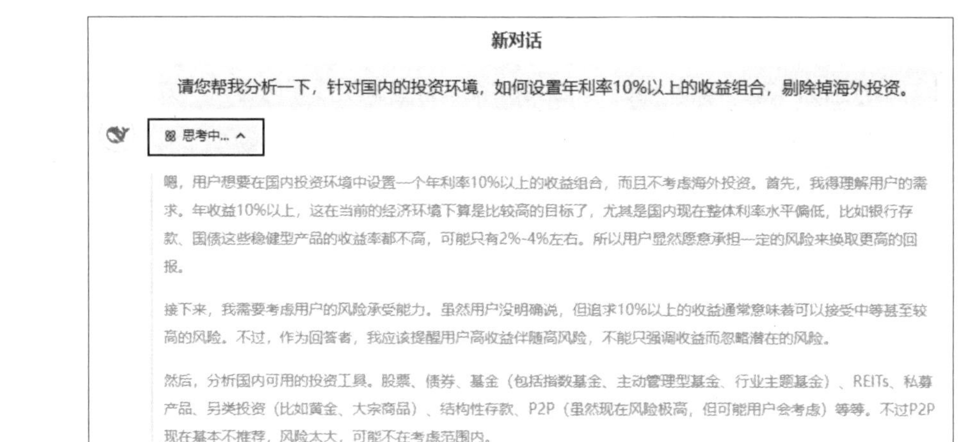

图 1-34

步骤03 **思考完成并解答**。DeepSeek 给出完整的思考过程后，如图 1-35 所示，再给出详细的解答内容，如图 1-36 所示。

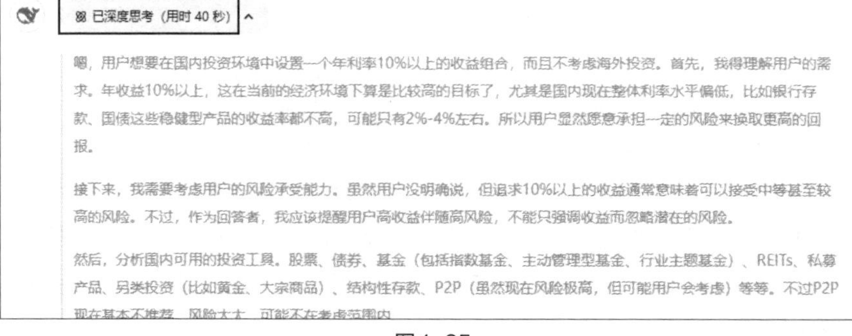

图 1-35

针对国内投资环境设置年利率10%以上的收益组合，需在风险与收益间寻找平衡。以下为详细方案及注意事项：

一、组合构建思路

1. **风险收益匹配**：10%以上年化目标需配置中高风险资产（如权益类、另类投资），需明确自身风险承受能力。
2. **多元化分散**：避免单一资产波动过大，跨资产类别（股、债、REITs等）及行业（科技、消费、新能源等）配置。
3. **长期视角**：部分资产需时间兑现收益（如私募股权），建议投资期限3-5年以上。

二、核心资产配置方案（示例）

资产类别	配置比例	预期年化收益	风险特征	推荐工具
A股权益类	35%-45%	10%-20%+	高波动，需择时/择股能力	- 行业指数基金（科技/新能源/消费） - 主动管理型股票基金（选近3年排名前30%的经理） - 量化对冲基金（市场中性策略，年化8%-15%）

图 1-36

1.7　宙语 Cosmos：多场景适用的 AI 写作工具

宙语 Cosmos 是由海南灵境艺科开发的一款高效且实用的智能助手。与市场上的其他 AI 服务相比，宙语 Cosmos 在语言理解和应用方面展现出了更高的精度和实用性。它集成了多种预定义的创作场景，包括行政公文、社媒创作、工作提效、商业营销等，全方位满足用户的需求。此外，宙语 Cosmos 还能根据用户的个性化需求进行定制，并且提供完善的数据保密机制，确保用户的信息和隐私安全。

实战演练：用宙语 Cosmos 的对话模式撰写广告文案

优秀的广告文案不仅能提升品牌形象，还能有效地增加销售额，为企业带来可观的商业回报。撰写广告文案往往需要掌握一定的写作技巧和市场营销知识，这正是许多人感到困惑和棘手的地方。因此，借助 AI 工具撰写广告文案已经成为越来越多的企业和个人的选择。本案例将使用宙语 Cosmos 的对话模式生成广告创意、广告脚本和品牌口号。

步骤01　**启动对话模式**。用网页浏览器打开宙语 Cosmos 的首页（https://ailjyk.com/），利用页面右上角的“登录 / 注册”按钮注册并登录账号。登录成功后，单击页面左上角的“智能对话”按钮，如图 1-37 所示。

图 1-37

步骤02 **撰写视频广告创意**。弹出对话界面，❶在界面底部的提示词输入框中输入撰写视频广告创意的提示词，❷然后单击“发送”按钮或按〈Enter〉键，如图 1-38 所示。

图 1-38

步骤03 **查看生成的广告创意**。等待一会儿，即可看到根据提示词生成的视频广告创意，如图 1-39 所示。

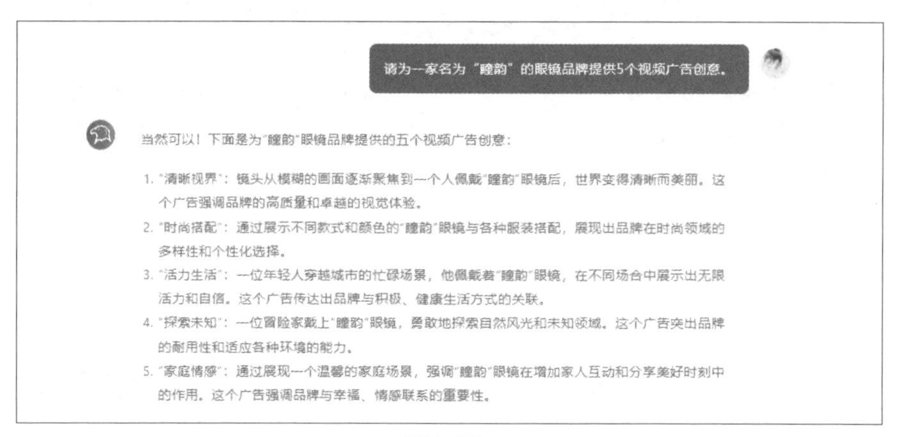

图 1-39

步骤04 **撰写视频广告脚本**。接下来我们可以从宙语 Cosmos 给出的创意中选择符合预期的一个创意，再进一步深入提问。❶在提示词输入框中输入新的提示词，❷单击“发送”按钮，如图 1-40 所示。

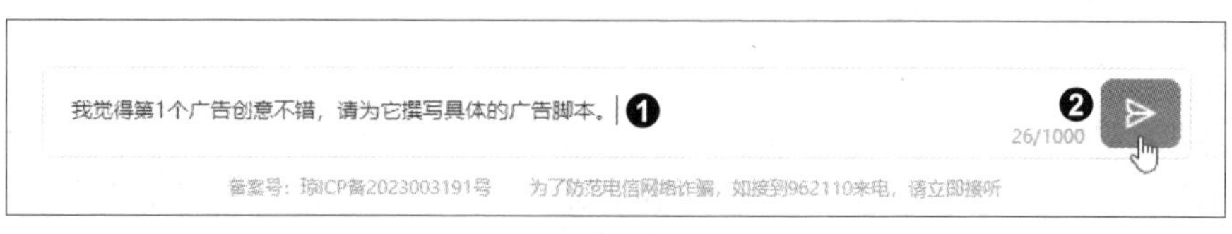

图 1-40

步骤05 **查看生成的脚本**。等待一会儿，宙语 Cosmos 会根据第 1 个广告创意生成具体的广告脚本，如图 1-41 所示。我们可以从生成的脚本中大致了解广告的场景和画面的视觉效果。

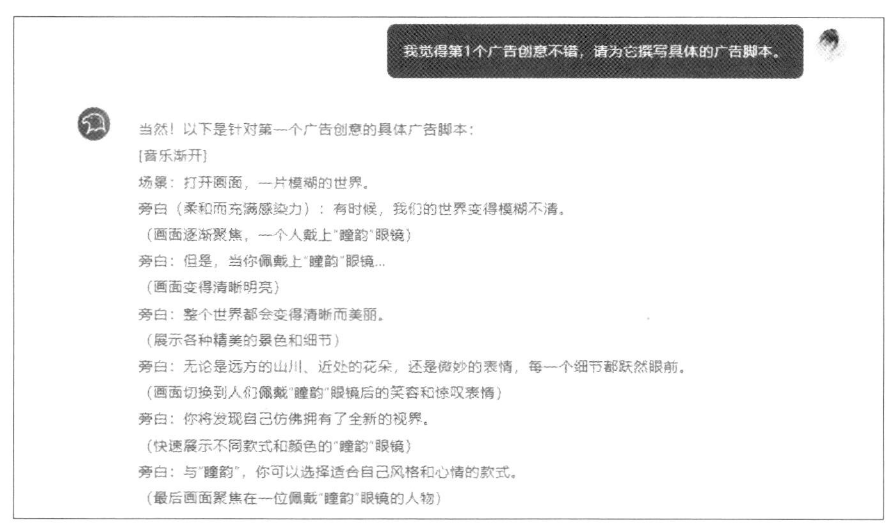

图 1-41

步骤06 **撰写品牌口号**。最后，我们可以要求宙语 Cosmos 撰写视频画面中要闪现的品牌口号。❶在提示词输入框中输入撰写品牌口号的提示词，❷单击“发送”按钮，如图 1-42 所示。

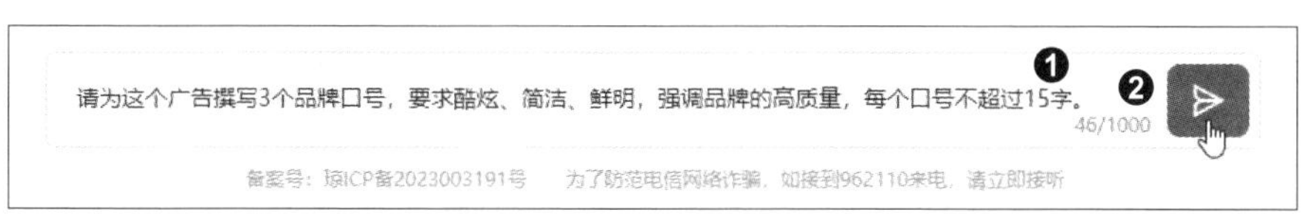

图 1-42

步骤07 **查看生成的品牌口号**。等待一会儿，即可看到宙语 Cosmos 按照提示词的要求生成的品牌口号，如图 1-43 所示。

图 1-43

实战演练：用宙语 Cosmos 的创作模式秒写周报

日报、周报和月报能够系统地记录和回顾特定时间段的工作内容和成果，不仅能帮助管理层追踪员工的工作进度和表现，以便提供监督和指导，而且能帮助员工定期进行自我总结和反思，及时发现并解决问题。但是这类报告的撰写也比较烦琐和枯燥，往往要占用较多的工作时间，令许多职场人士烦恼不已。本案例将使用宙语 Cosmos 的创作模式快速完成周报的撰写。

步骤01 **选择模板**。打开宙语 Cosmos 的首页，❶单击左侧的“创作中心”按钮，❷在右侧单击页面上方的“工作提效”标签，❸再单击下方的“日报 / 周报 / 月报”模板，如图 1-44 所示。

图1-44

步骤02 **填写模板信息**。进入模板页面，❶在“我的职务”文本框中输入职务，❷在“工作内容”文本框中输入一周完成的所有工作内容，❸在“汇报类型”下拉列表框中选择“周报”选项，❹单击“智能创作文案”按钮，如图 1-45 所示。

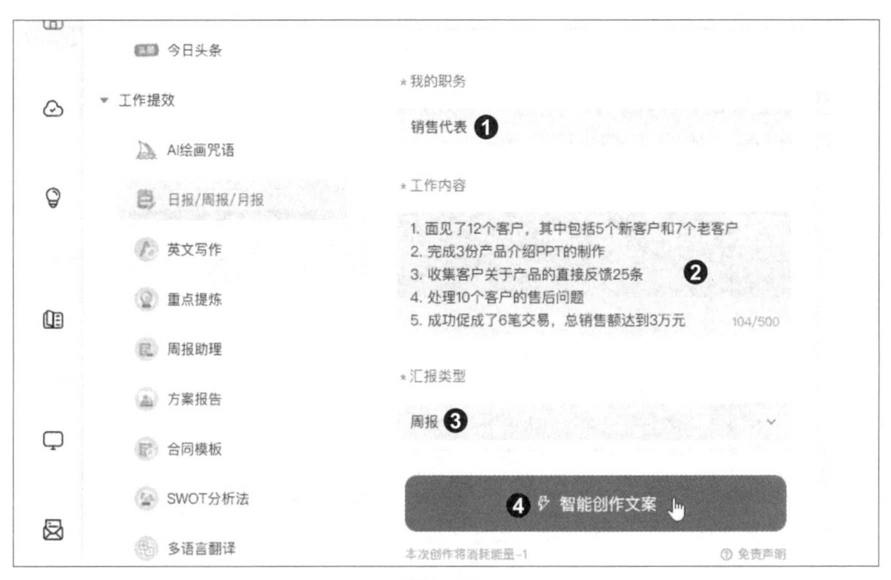

图1-45

步骤03 **生成周报**。等待片刻，宙语 Cosmos 会根据输入的职务和工作内容生成一份周报，并提供一个编辑界面，供用户手动修改周报的内容和格式，如图 1-46 所示。

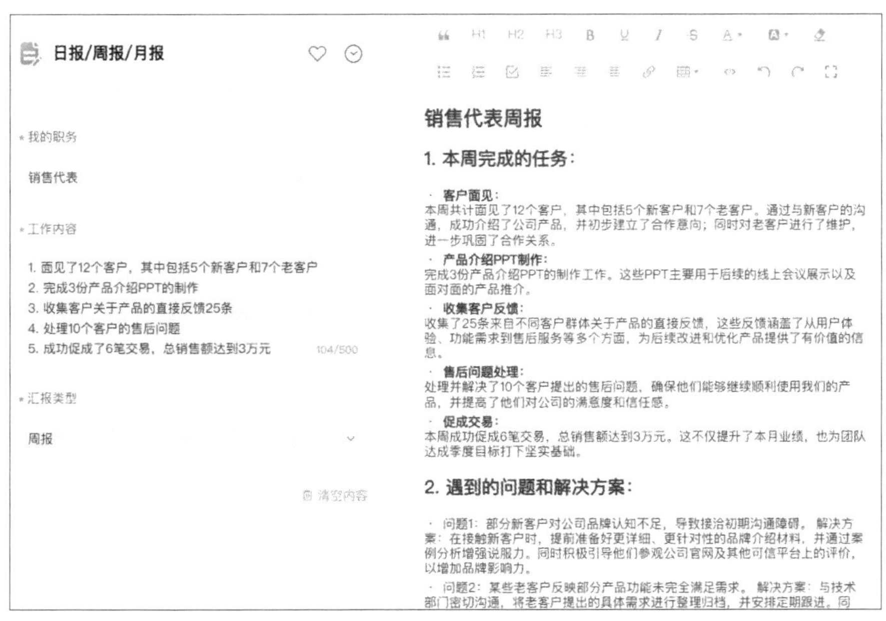

图 1-46

步骤04 **修改周报格式**。❶选中周报标题，❷单击工具栏中的“居中对齐”按钮，如图 1-47 所示，❸将标题设置为居中格式，效果如图 1-48 所示。使用相同的方法可以修改其他文本的格式。

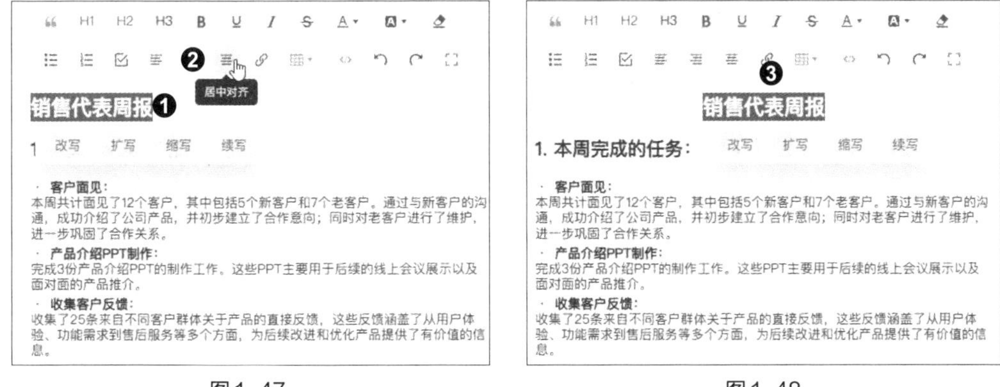

图 1-47　　图 1-48

步骤05 **修改周报内容**。周报中有许多内容是 AI 自主扩写的，可能存在表达不到位或与实际情况不符的情况，需要手动修改。❶这里对收集客户反馈的内容进行修改，用具体数字说明情况。修改完成后，❷将鼠标指针放在界面底部的“下载全文”按钮上，❸在展开的列表中选择一种文档格式，如图 1-49 所示，即可将修改好的周报下载并保存至本地硬盘。

销售代表周报

1. 本周完成的任务：

· 客户面见：
本周共计面见了12个客户，其中包括5个新客户和7个老客户。通过与新客户的沟通，成功介绍了公司产品，并初步建立了合作意向；同时对老客户进行了维护，进一步巩固了合作关系。
· 产品介绍PPT制作：
完成3份产品介绍PPT的制作工作。这些PPT主要用于后续的线上会议展示以及面对面的产品推介。
· 收集客户反馈：
收集了25条来自不同客户群体关于产品的直接反馈，其中，关于产品功能改进的建议14条，关于用户体验优化的建议11条。❶
· 售后问题处理：
处理并解决了10个客户提出的售后问题，确保他们能够继续顺利使用我们的产品，并提高了他们对公司的满意度和信任感。

3. 下周工作计划：

下载Markdown　8位潜在的新客户，争取开拓更多市场机会。
下载HTML　25条产品反馈，与技术团队召开一次内部讨论会，共同商讨可行性改进措施，并制定相应行动计划。
市场推广策略提案，计划用于线上营销活动中，提高品牌曝光率及潜在成交量。
下载docx ❸ 交易中的6位新签约用户，确保他们前期使用过程中无任何问题，同时做好二次销售准备工作。
❷ 下载全文　已保存到「创作记录」　将此文采集到灵感库　不满意？去反馈　字数：1448

图1-49

1.8　秘塔写作猫：由 AI 赋能的创作平台

秘塔写作猫是集智能写作、文本校对、改写润色、自动配图等功能为一体的 AI 创作平台。它提供各类 AI 写作模板，涵盖商业文案、论文、故事等多种文体。用户只需选择合适的模板，然后按照提示进行操作，就能快速生成初稿，缩短了写作时间。此外，秘塔写作猫还具备改写、扩写、润色和翻译等功能，可以对文章做进一步的优化，从而提升文本的质量和可读性。

实战演练：用秘塔写作猫撰写市场调研报告

无论是市场营销人员、产品经理，还是战略分析师、行业研究员，都需要撰写市场调研报告。市场调研报告在深入剖析目标市场、消费者需求及竞争态势方面发挥着重要作用，同时也为企业的战略规划和决策提供强有力的支撑。然而，撰写一份高质量的市场调研报告并非易事，现在借助 AI 工具，我们可以更高效地生成具备专业水准的市场调研报告。本案例将使用秘塔写作猫生成一篇关于“新能源汽车市场现状及发展趋势分析”的市场调研报告。

步骤01 **打开 AI 写作页面**。用网页浏览器打开秘塔写作猫的首页（https://xiezuocat.com/），单击页面中的“AI 写作”按钮，如图 1-50 所示。初次使用会弹出登录对话框，按照界面中的提示进行登录即可。

步骤02 **选择模板**。进入 AI 写作页面，单击页面中的“方案报告”模板，如图 1-51 所示。

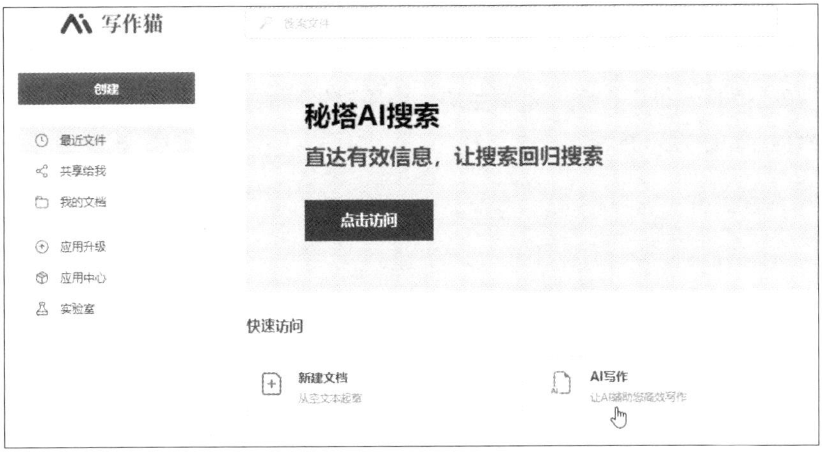

图 1-50

图 1-51

步骤03　输入标题并设置文章长度。❶输入市场调研报告的标题，❷将“文章长度”设置为“长”，❸将“摘要条数”设置为 1，❹单击“下一步”按钮，如图 1-52 所示。

图 1-52

步骤04 **生成文章摘要**。进入“摘要”页面，可以看到根据标题生成的摘要。用户可以直接修改摘要内容；如果不需要摘要，可单击“跳过”按钮；如果对当前生成的摘要不满意，可单击“换一批”按钮，重新生成；如果对生成的摘要还比较满意，则单击“下一步”按钮，如图 1-53 所示。

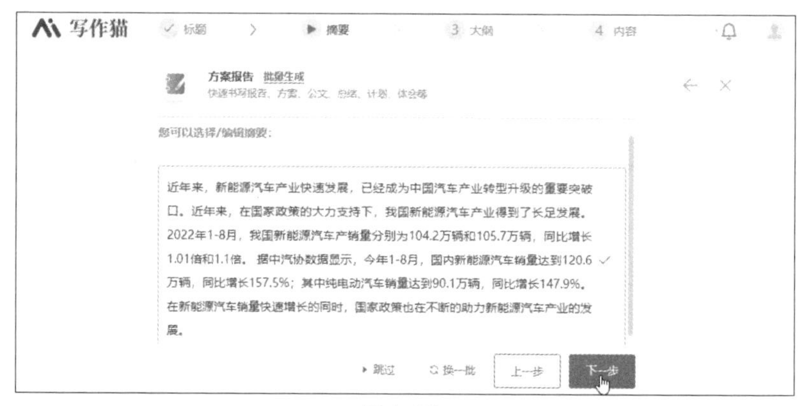

图1-53

步骤05 **生成文章大纲**。进入“大纲”页面，页面中列出了 AI 生成的大纲，如有必要，可修改大纲条数，对大纲感到满意后单击“下一步”按钮，如图 1-54 所示。

图1-54

步骤06 **生成完整文章内容**。等待片刻，秘塔写作猫会结合先前生成的摘要和大纲，撰写出完整的报告，如图 1-55 所示。

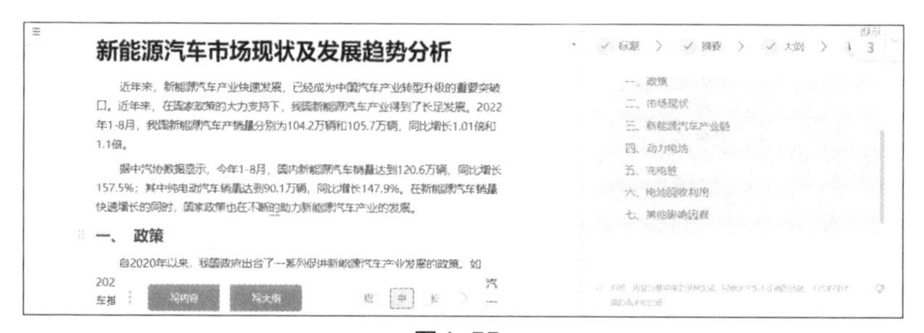

图1-55

步骤07　对文章内容进行验证。生成文章后，还可以对文章的内容进行验证。❶单击页面“提示”右侧的倒三角形按钮，❷在展开的列表中选择“事实验证”选项，如图 1-56 所示。等待片刻，❸秘塔写作猫会对文章内容进行验证，并通过右侧的“事实验证”列表列出验证结果，如图 1-57 所示。

图 1-56　　　　图 1-57

步骤08　查看验证结果。❶单击“不通过”标签，❷从中单击选择一个未通过验证的项目，如图 1-58 所示，❸将其展开，可以看到未通过验证的原因及参考资料的来源，如图 1-59 所示。我们可以根据这些信息重新查找数据并进行修改。

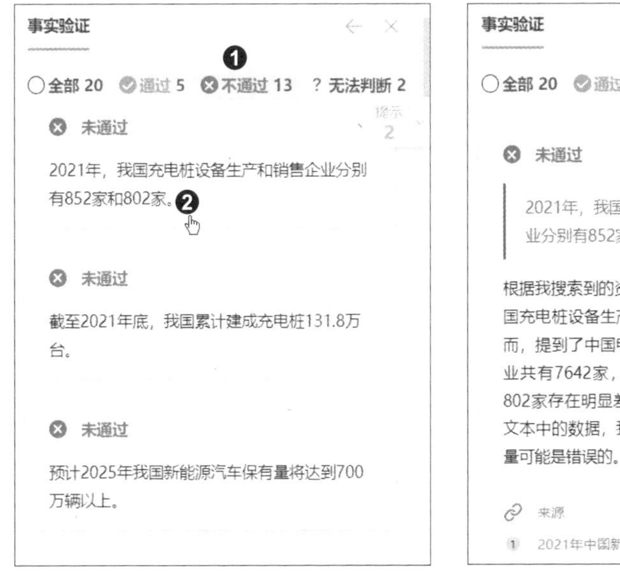

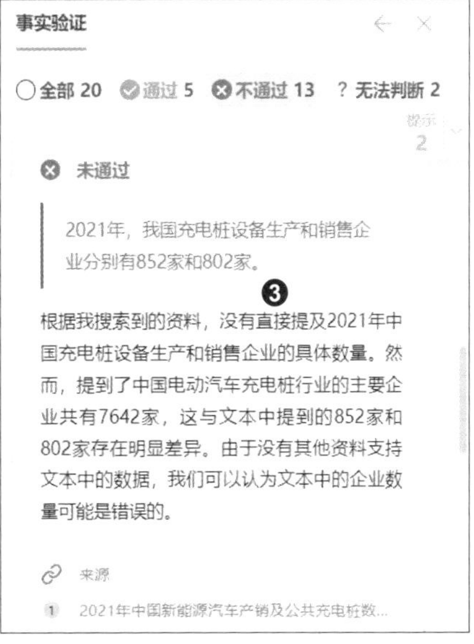

图 1-58　　　　图 1-59

步骤09　改写文章。如果对部分内容的表达方式不是很满意，可以对其进行改写。❶选中需要改写的内容，❷在弹出的工具栏中单击“改”按钮，❸然后选择改写方式，秘塔写作猫提供了“普通”“强力”“保守”“古文” 4 种改写方式，默认选择“普通”方式，❹单击“替换”按钮，如图 1-60 所示。

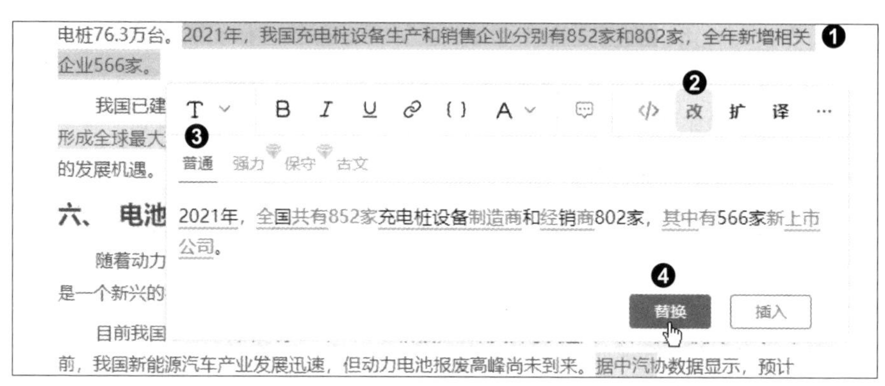

图1-60

步骤10 **替换原内容**。等待片刻，所选文本会被替换为修改后的文本，如图 1-61 所示。

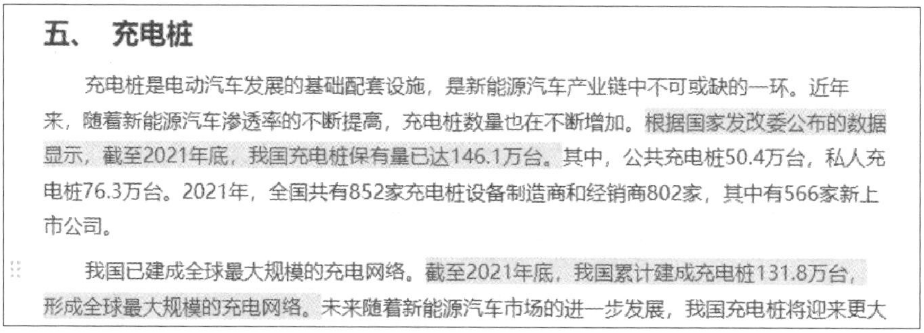

五、 充电桩

充电桩是电动汽车发展的基础配套设施，是新能源汽车产业链中不可或缺的一环。近年来，随着新能源汽车渗透率的不断提高，充电桩数量也在不断增加。根据国家发改委公布的数据显示，截至2021年底，我国充电桩保有量已达146.1万台。其中，公共充电桩50.4万台，私人充电桩76.3万台。2021年，全国共有852家充电桩设备制造商和经销商802家，其中有566家新上市公司。

我国已建成全球最大规模的充电网络。截至2021年底，我国累计建成充电桩131.8万台，形成全球最大规模的充电网络。未来随着新能源汽车市场的进一步发展，我国充电桩将迎来更大

图1-61

步骤11 **根据内容搜索图片**。生成文章后，还可以根据文章内容进行配图。❶选中文本，❷在弹出的工具栏中单击“更多”按钮，❸在展开的列表中选择“搜索图片”选项，如图 1-62 所示。

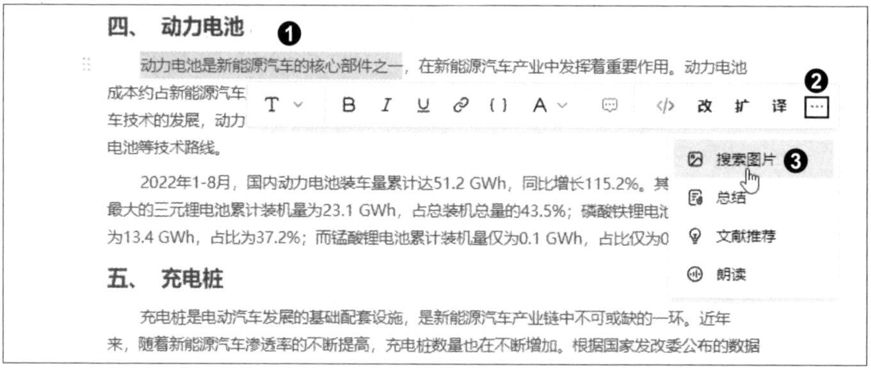

四、 动力电池

动力电池是新能源汽车的核心部件之一，在新能源汽车产业中发挥着重要作用。动力电池成本约占新能源汽车
车技术的发展，动力
电池等技术路线。

2022年1-8月，国内动力电池装车量累计达51.2 GWh，同比增长115.2%。其
最大的三元锂电池累计装机量为23.1 GWh，占总装机总量的43.5%；磷酸铁锂电
为13.4 GWh，占比为37.2%；而锰酸锂电池累计装机量仅为0.1 GWh，占比仅为0

改 扩 译

搜索图片
总结
文献推荐
朗读

五、 充电桩

充电桩是电动汽车发展的基础配套设施，是新能源汽车产业链中不可或缺的一环。近年来，随着新能源汽车渗透率的不断提高，充电桩数量也在不断增加。根据国家发改委公布的数据

图1-62

步骤12 **插入图片**。等待片刻，秘塔写作猫会根据所选内容自动搜索相关图片。将插入点置于需要插入图片的位置，在右侧的搜索结果中单击一张合适的图片，即可将该图片添加到文章中，如图 1-63 所示。

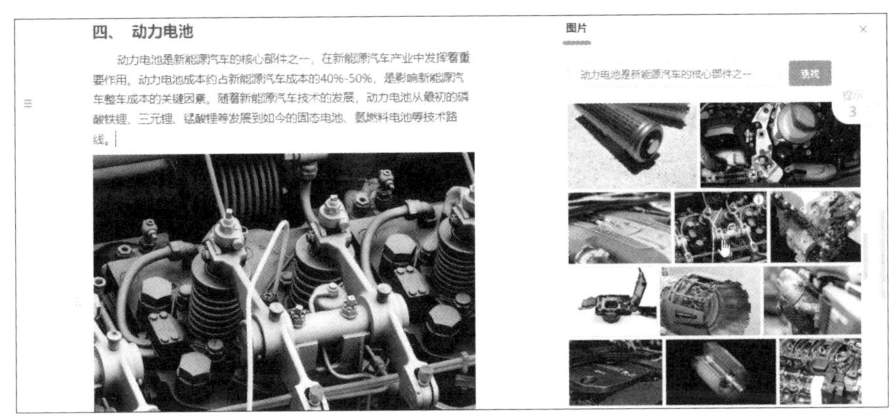

图1-63

1.9　文字魔法：更多 AI 写作工具

AI 写作工具能够帮助办公人员快速完成报告、总结和邮件等烦琐的文本创作和编辑任务，将宝贵的时间和精力用于关注核心业务和制定决策。前文已经通过具体的案例详细介绍了一些 AI 写作工具，本节将简单介绍更多的 AI 写作工具。

1. 笔灵 AI

笔灵 AI 是一款面向专业写作领域的智能写作工具，旨在帮助用户快速生成高质量的文章。笔灵 AI 拥有多场景全覆盖的特点，无论是毕业论文、工作总结、演讲稿还是检讨书，只需输入主题，就能在 30 秒内生成符合需求的文稿。同时，笔灵 AI 还能对用户上传的文档进行续写、改写、扩写和润色等操作，可以解决用户在写作过程中遇到的思路卡壳、灵感枯竭等问题，让写作更加轻松、高效。

2. 晓语台

晓语台是北京字里心间科技推出的一款智能写作工具，主要围绕营销文案进行 AI 创作，覆盖了品牌与市调、商业媒体、社交媒体、搜索营销、数字广告、职场办公等 6 类场景。晓语台内置了多种风格和主题的 AI 创作模板，覆盖 20 余类行业与职业、近 30 个海内外社交平台，共计 500 多个创作场景，能够快速生成各类高质量的文案。除文本内容生成外，晓语台还提供对话创作、自由扩写、文本润色、内容翻译、文章校验、广告法检测等辅助创作功能。

3. 新华妙笔

新华妙笔是由新华通讯社与博特智能共同研发的一款专业 AI 公文写作平台，集成了案例参考、材料查找、AI 写作、审核校对等功能，全方位地辅助公职人员提高创作效率，节省人工编写的时间和精力。新华妙笔融合了自然语言处理、知识图谱、数据挖掘、

AI 深度学习这四大前沿技术，能够全流程解决公文写作中的格式调整、素材检索、权威资料引用、结构搭建、灵感激发、内容校对、意识形态纠偏、内容润色、范文参考等实际难题，从而显著提高公文写作的质量，并大幅降低内容出错率。

4. 火山写作

火山写作是字节跳动推出的一个功能丰富的在线写作平台，集成了 AI 智能创作、AI 智能改写、文章内容优化、主题灵感生成等特色功能。只需简单输入指令，火山写作就能快速生成原创文章，助力内容创作者更加流畅自信地写出专业、高质量的文章。无论是修改论文、润色简历，还是写留学申请文书、撰写自媒体文案等，火山写作都能轻松应对。

5. 写作蛙

写作蛙是北京智谱科技有限公司开发的一款智能写作工具，它依托智谱 AI 大模型，致力于为用户提供高效、高质量的内容创意。这款工具能够辅助用户迅速完成多种类型的文案撰写工作，支持标题创作、文章创作、现代诗创作、智能问答、续写等多项功能。此外，写作蛙还具备文章结构分析功能，能够对文章的整体架构进行深入分析和理解，帮助用户梳理文章思路，优化文章结构，从而显著提高写作质量。

6. 彩云小梦

彩云小梦是彩云科技推出的一款智能写作 AI 助手，专为小说创作者量身打造。用户只需提供一个开头，AI 便能构思并续写精彩的故事。用户不但可以自由定义故事的背景和世界设定，并扮演其中的角色，与其他角色聊天，还可以在世界广场选择感兴趣的世界，扮演自己喜爱的角色。此外，彩云小梦还具备 AI 续写功能，并提供多样化的续写风格选择，让用户能够根据自己的喜好续写小说和故事。

7. 万彩 AI

万彩 AI 是一款功能强大的 AI 内容创作工具合集，提供了 100 多个写作模板，覆盖文章写作、社交媒体文案、商业文书、教学助手等多个领域。用户只需输入关键词或诉求，并选择相应的模板，万彩 AI 便能快速生成所需的文本内容，极大地简化了创作流程，提高了工作效率。此外，万彩 AI 还集成了 AI 换脸、照片数字人制作和 AI 短视频制作等多样化的 AI 内容生成功能，能够满足用户的全方位创作需求。

第 **2** 章

用 AI 处理表格数据效率翻倍

面对海量的表格数据，传统的人工处理方式往往效率低下。如今，随着技术的不断进步，我们可以借助 AI 处理表格数据，从而大幅提升工作效率，同时确保数据的精准性。本章将介绍几个基于 AI 技术开发的表格工具，它们能够帮助办公人员以更加直观和轻松的方式使用 Excel，高效完成数据的处理与分析。

2.1 GPT for Excel Word：GPT 办公助手

GPT for Excel Word 是一款基于 ChatGPT 的应用程序编程接口开发的 Excel 和 Word 加载项。在 Excel 中，可以通过 GPT for Excel Word 加载项直接使用 ChatGPT 的功能，不用频繁地提问、复制和粘贴，即可在工作簿中实现文本翻译、信息提取和总结、数据分类等智能化操作。

实战演练：智能处理表格数据

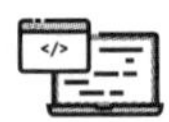

◎ 原始文件：实例文件/第2章/2.1/GPT for work1.xlsx
◎ 实例文件：实例文件/第2章/2.1/GPT for work2.xlsx

GPT for Excel Word 可将 Excel 转变为 ChatGPT 驱动的智能化平台。本案例将使用 GPT for Excel Word 提供的 GPT 函数对表格中的数据进行智能化处理，包括生成文本、翻译文本、提取数据、格式化数据等。

步骤01 **打开 Office 加载项**。打开原始文件，❶切换至“插入”选项卡，❷在“加载项”组中单击“获取加载项”按钮，如图 2-1 所示。

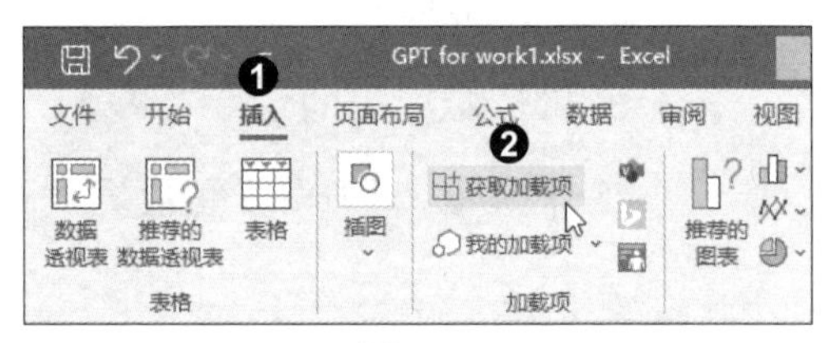

图 2-1

步骤02 **添加加载项**。打开“Office 加载项”窗口，❶在搜索框中输入加载项名称“GPT for Excel Word”，❷单击🔍按钮搜索该加载项，❸在搜索结果中单击该加载项右侧的“添加”按钮，如图 2-2 所示。❹在弹出的对话框中单击“继续”按钮，如图 2-3 所示。

图 2-2

图 2-3

步骤03　**登录账户**。进入加载项的登录页面，单击“Sign in with Microsoft”按钮，如图 2-4 所示，根据页面提示登录微软账户。

图 2-4

步骤04　**查看 GPT 函数和批量工具页面**。在新页面中单击“Home”按钮，进入加载项主页面，默认显示“GPT functions”选项卡，单击相应按钮即可在下一级列表中查看 GPT 函数、设置和预估记号（token）用量等，如图 2-5 所示。切换至“Bulk tools”选项卡，该页面中提供了翻译、提取和分类等多个批量工具，如图 2-6 所示。

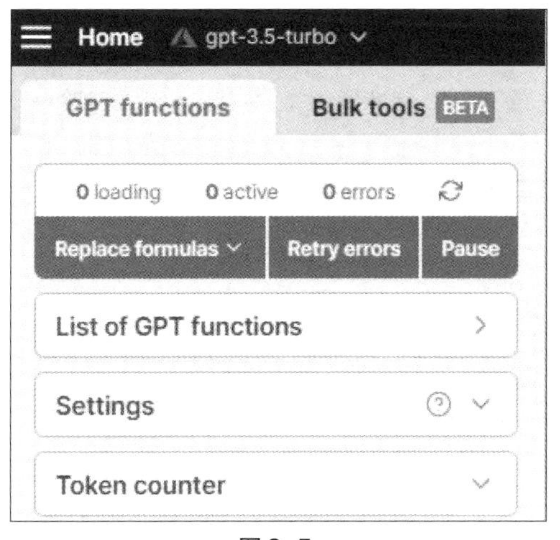

图 2-5

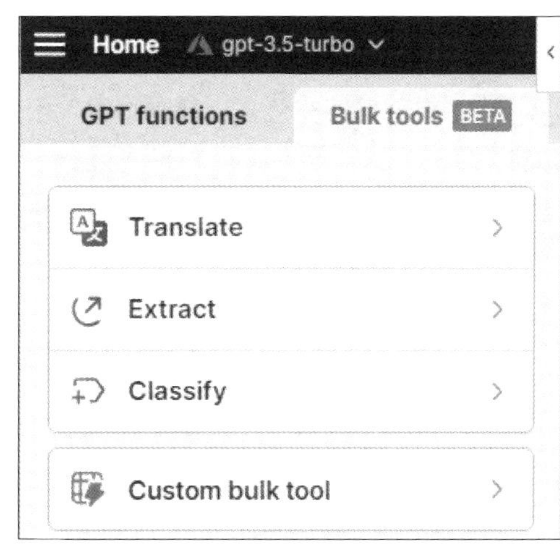

图 2-6

步骤05　**输入公式**。切换至“文本生成”工作表，A 列为事先输入的问题，需要在 B 列中填写答案。在 B2 单元格中输入公式“=GPT(A2,$B$1)”，如图 2-7 所示。

步骤06　**填充公式**。按〈Enter〉键确认，即可在 B2 单元格中生成相应的答案。向下填充公式，得到所有问题的答案，效果如图 2-8 所示。

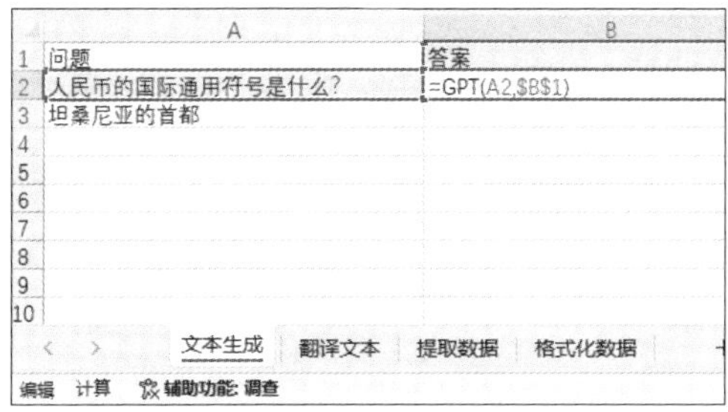

图 2-7

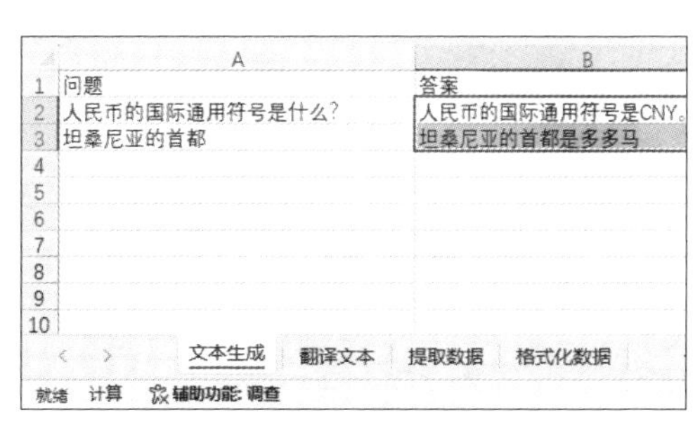

图 2-8

提示

在 Excel 中使用 GPT for Excel Word 这一类智能助手时，每进行一次智能运算都需要消耗一定数量的记号（token），为减少消耗，建议关闭 Excel 的“自动重算”功能。方法如下：执行“文件→选项”菜单命令，打开“Excel 选项”对话框，切换至“公式”界面，在“计算选项”组中单击“手动重算”单选按钮，取消勾选“保存工作簿前重新计算”复选框，如图 2-9 所示，单击“确定”按钮。若要手动重算公式，则先选中公式所在单元格，再在“公式”选项卡下的“计算”组中单击“开始计算”按钮。

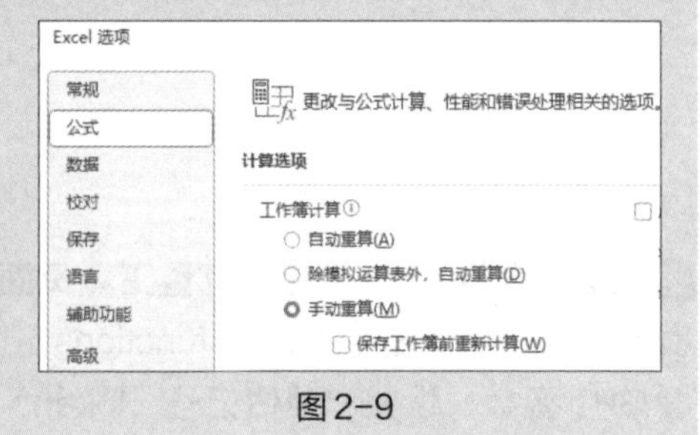

图 2-9

步骤07　选择函数。切换至“翻译文本”工作表，❶在 B2 单元格中输入“=GPT”，❷在自动弹出的列表中双击“GPT_TRANSLATE”函数，如图 2-10 所示。

步骤08　完善并填充公式。❶继续输入引用的单元格，完善公式，按〈Enter〉键确认，❷向下填充公式，效果如图 2-11 所示。

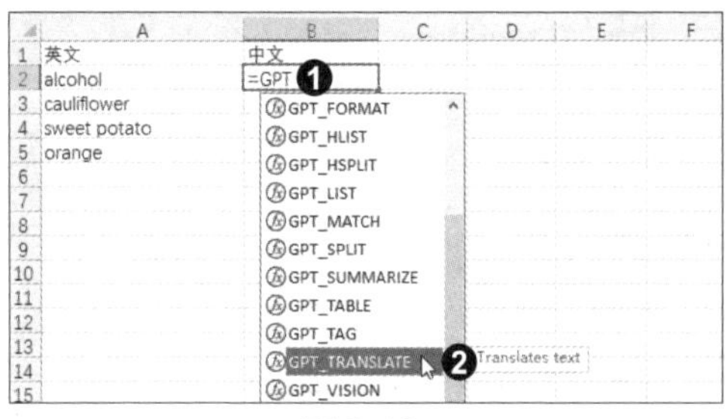

图 2-10

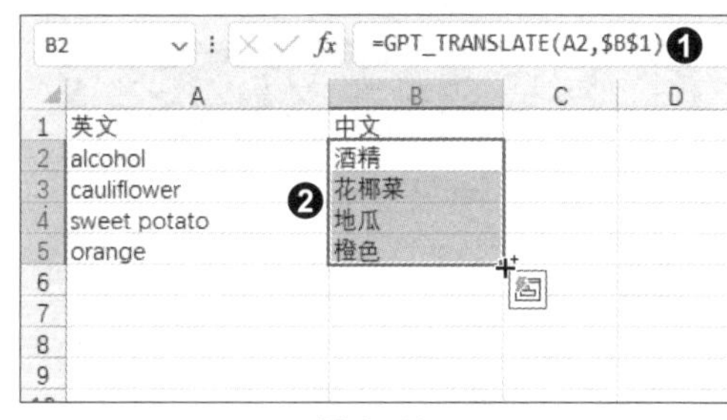

图 2-11

步骤09　选择函数。切换至“提取数据”工作表，❶在 B2 单元格中输入“=GPT”，❷在自动弹出的列表中双击“GPT_EXTRACT”函数，如图 2-12 所示。

步骤10　完善并填充公式。❶单击要引用的 A2 单元格，❷输入“,"Email")”，完善公式，按〈Enter〉键确认，❸向下填充公式，效果如图 2-13 所示。

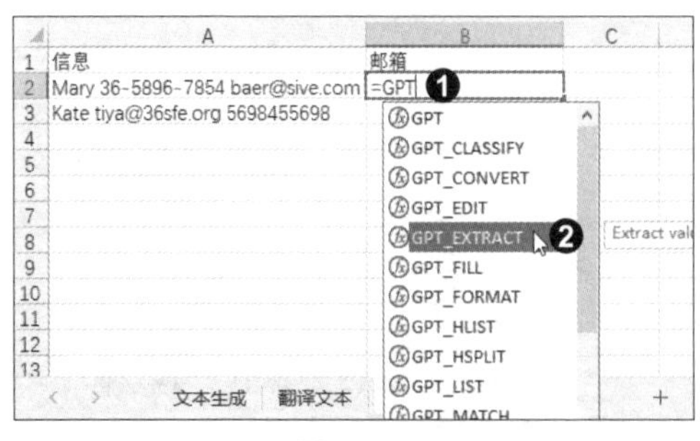

图 2-12

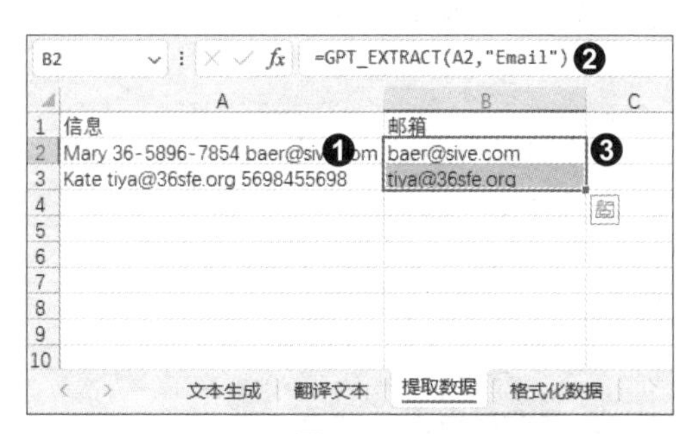

图 2-13

步骤11 **选择函数**。切换至“格式化数据”工作表，❶在 B2 单元格中输入“=GPT”，❷在自动弹出的列表中双击“GPT_FORMAT”函数，如图 2-14 所示。

步骤12 **完善并填充公式**。❶单击要引用的 A2 单元格，❷输入“, "ISO")”，完善公式，表示将 A2 单元格的数据转换为国际标准格式，按〈Enter〉键确认，❸向下填充公式，效果如图 2-15 所示。

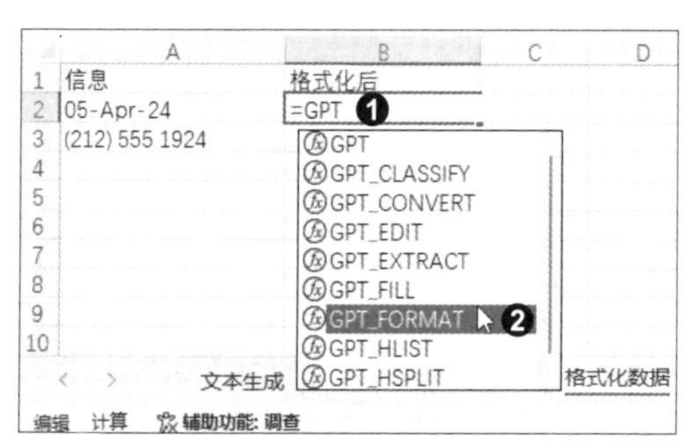

图 2-14

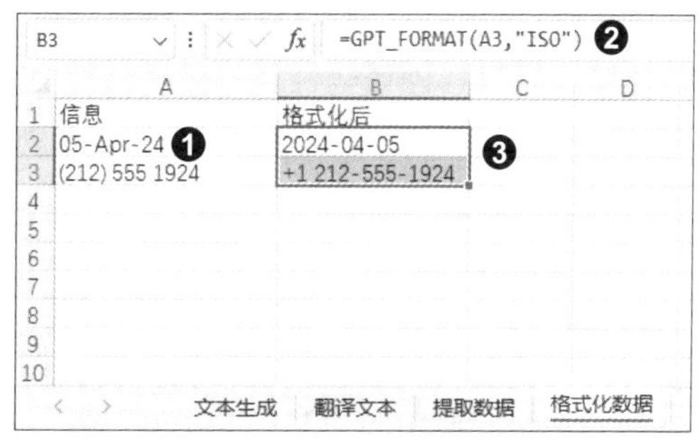

图 2-15

2.2　Formulas HQ：AI 表格处理工具

Formulas HQ 是一款简单、实用的 AI 表格数据处理工具，它致力于利用先进的人工智能技术将工作流程智能化，帮助用户彻底告别编写复杂公式、VBA 代码和脚本的烦琐过程，从而提高用户对电子表格的掌控力。用户只需要简单描述所需的计算方式，Formulas HQ 便能自动生成相应的公式或代码。此外，它还具备解释公式和 VBA 代码的能力，可以帮助用户更好地理解公式的含义与代码的逻辑。

实战演练：从身份证号码中提取生日

◎ 原始文件：实例文件/第2章/2.2/员工基本信息表1.xlsx
◎ 实例文件：实例文件/第2章/2.2/员工基本信息表2.xlsx

在处理表格数据时，若需要从身份证号码中提取生日信息，通常会通过编写公式来完成，但这种方法对用户的 Excel 应用能力有较高的要求。本案例将使用 Formulas HQ 的“Formulas”功能根据用自然语言描述的需求编写公式。

步骤01 **查看原始数据**。打开原始文件，如图 2-16 所示。这里需要从 E2 单元格的数据中提取生日并写入 F2 单元格。

	A	B	C	D	E	F	G	H	I
1	姓名	性别	部门	职位	身份证号码	生日	入职时间	毕业院校	工龄
2	戚函佑	男	财务部	经理	460201198504173000		2018-11-12	北京交通大学	6
3	慕克	男	销售部	经理	230101199005065000		2018-05-12	贵州大学	6
4	敖众星	男	销售部	经理	310101199005152000		2015-07-15	湖北汽车工业学院	9
5	夏候晖	男	销售部	经理	430101199008064000		2014-11-12	武汉大学	10
6	虞才茂	女	行政部	经理	440201199107257000		2014-11-15	中国计量大学	10
7	麦湘	女	企划部	经理	340101199112054000		2014-11-20	东北石油大学	10
8	权娥	女	广告部	经理	320101199309307000		2014-12-25	山东财经大学	10
9	司艺	男	销售部	专员	420201199401047000		2014-12-27	四川农业大学	10
10	马恒	男	销售部	专员	330101199403083000		2014-12-27	沈阳工业大学	10
11	薄赐	女	企划部	专员	610201199404143000		2014-12-27	德州学院	10
12	修初	男	销售部	专员	460201199404157000		2014-12-27	江苏科技大学	10
13	麦丞	男	销售部	专员	520101199406177000		2017-03-19	湖北民族学院	7

员工基本信息表

图 2-16

步骤02 **注册和登录账号**。用网页浏览器打开 Formulas HQ 的首页（https://formulashq.com/），单击页面中的“Get Started”按钮，如图 2-17 所示。随后会进入注册和登录页面，如图 2-18 所示，按照页面中的说明进行账号的注册和登录。

图 2-17

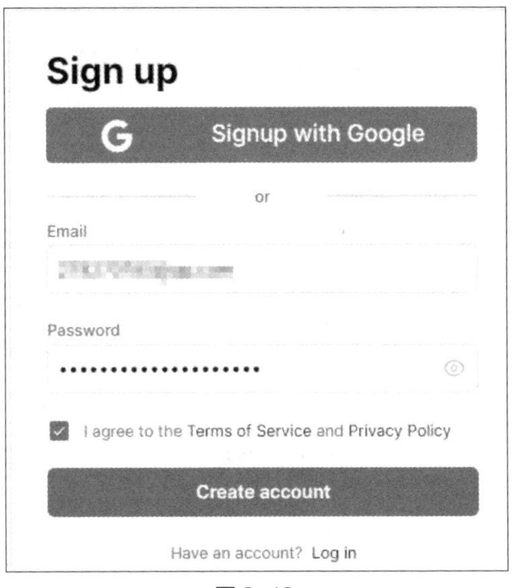

图 2-18

步骤03 **输入提示词生成公式**。登录后进入个人主页，❶单击页面左侧的“Formulas”选项。身份证号码由 18 位数字组成，前 6 位数字代表出生籍贯地，中间的 8 位数字代表出生日期，随后的 4 位数字为顺序码和校验码。本案例要从身份证号码中提取出生日期，就需要从身份证号码的第 7 位开始提取出中间的 8 个字符。❷在输入框中输入相应的提示词，❸单击“Excel”，❹再单击“Generate”，表示要生成 Excel 公式，❺单击“Send”按钮发送提示词，❻在“Response”区域会显示生成的公式，❼单击“Copy”按钮，将公式复制到剪贴板，如图 2-19 所示。

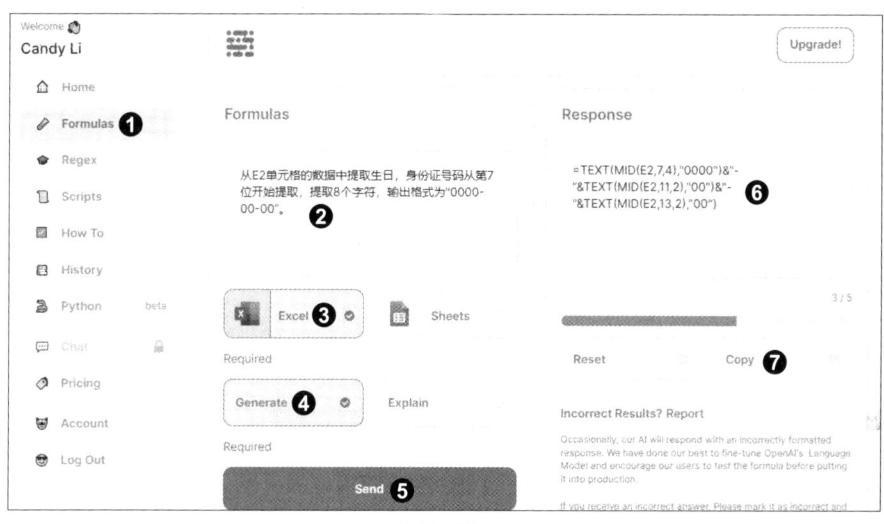

图 2-19

步骤04 **粘贴公式**。返回 Excel 工作表，❶选中单元格 F2，❷按快捷键〈Ctrl+V〉粘贴公式，如图 2-20 所示，按〈Enter〉键确认输入。

SUM　=TEXT(MID(E2,7,4),"0000")&"-"&TEXT(MID(E2,11,2),"00")&"-"&TEXT(MID(E2,13,2),"00") ❷

姓名	性别	部门	职位	身份证号码	生日	入职时间	毕业院校	工龄
戚函佑	男	财务部	经理	460201198504173000	=TEXT(MID(E2,7,4),"0000")&"-"&TEXT(MID(E2,11,2),"00")&"-"&TEXT(MID(E2,13,2),"00") ❶	2018-11-12	北京交通大学	6
慕克	男	销售部	经理	230101199005065000		2018-05-12	贵州大学	6
敖众星	男	销售部	经理	310101199005152000		2015-07-15	湖北汽车工业学院	9
夏候晖	男	销售部	经理	430101199008064000		2014-11-12	武汉大学	10
庹才茂	女	行政部	经理	440201199107257000		2014-11-15	中国计量大学	10
麦湘	女	企划部	经理	340101199112054000		2014-11-20	东北石油大学	10
权娥	女	广告部	经理	320101199309307000		2014-12-25	山东财经大学	10
司艺	男	销售部	专员	420201199401047000		2014-12-27	四川农业大学	10
马恒	男	销售部	专员	330101199403083000		2014-12-27	沈阳工业大学	10
薄赐	女	企划部	专员	610201199404143000		2014-12-27	德州学院	10
修初	男	销售部	专员	460201199404157000		2014-12-27	江苏科技大学	10
麦丞	男	销售部	专员	520101199406177000		2017-03-19	湖北民族学院	7

员工基本信息表

图 2-20

步骤05 **复制公式**。通过鼠标拖动的方式将 F2 单元格中的公式向下复制到其他单元格，即可提取所有员工的生日数据，效果如图 2-21 所示。

姓名	性别	部门	职位	身份证号码	生日	入职时间	毕业院校	工龄
戚函佑	男	财务部	经理	460201198504173000	1985-04-17	2018-11-12	北京交通大学	6
慕克	男	销售部	经理	230101199005065000	1990-05-06	2018-05-12	贵州大学	6
敖众星	男	销售部	经理	310101199005152000	1990-05-15	2015-07-15	湖北汽车工业学院	9
夏候晖	男	销售部	经理	430101199008064000	1990-08-06	2014-11-12	武汉大学	10
庹才茂	女	行政部	经理	440201199107257000	1991-07-25	2014-11-15	中国计量大学	10
麦湘	女	企划部	经理	340101199112054000	1991-12-05	2014-11-20	东北石油大学	10
权娥	女	广告部	经理	320101199309307000	1993-09-30	2014-12-25	山东财经大学	10
司艺	男	销售部	专员	420201199401047000	1994-01-04	2014-12-27	四川农业大学	10
马恒	男	销售部	专员	330101199403083000	1994-03-08	2014-12-27	沈阳工业大学	10
薄赐	女	企划部	专员	610201199404143000	1994-04-14	2014-12-27	德州学院	10
修初	男	销售部	专员	460201199404157000	1994-04-15	2014-12-27	江苏科技大学	10
麦丞	男	销售部	专员	520101199406177000	1994-06-17	17-03-19	湖北民族学院	7

员工基本信息表

图 2-21

提示

使用 Formulas HQ 的“Formulas”功能时，提示词的编写质量决定了生成公式的质量。如果对生成结果不满意，需要通过修改提示词来改进输出质量。

2.3 Formula Bot：智能公式助手

Formula Bot 是一个智能 Excel 助手，提供网页版和 Office 加载项版两种版本。它的主要功能有：根据自然语言指令编写公式、VBA 代码、正则表达式和 SQL 查询等；用自然语言解释公式的含义；分步说明指定任务的操作步骤。

实战演练：智能编写公式和解释公式

◎ 原始文件：实例文件/第2章/2.3/测试成绩表1.xlsx
◎ 实例文件：实例文件/第2章/2.3/测试成绩表2.xlsx

为了编写复杂的公式，用户不仅需要熟练掌握公式的语法规则和各种函数的用法，还需要花费大量时间调试和修正错误。本案例将使用 Formula Bot 网页版编写公式和解释公式，帮助用户更轻松地创建和理解复杂的公式。

步骤01 **查看原始数据**。打开原始文件，可看到如图 2-22 所示的成绩表。其中，“班级排名”列和“年级排名”列中已经填写了公式，“及格率”列的公式尚未填写。下面使用 Formula Bot 编写计算及格率的公式。

	C	D	E	F	G	H	I	J	K	L	M	N	O	P	Q
1	班级	语文	数学	英语	生物	化学	物理	地理	历史	政治	总分	平均分	班级排名	年级排名	及格率
2	2班	107	117	139	88	96	79	93	83	91	893	99.22	1	1	
3	3班	98	136	133	83	97	85	86	82	87	887	98.56	1	2	
4	1班	113	112	140	87	99	89	78	88	79	885	98.33	1	3	
5	1班	105	121	148	73	93	97	82	64	99	882	98.00	2	4	
6	3班	113	141	102	99	88	98	90	74	74	879	97.67	2	5	
7	2班	96	142	134	87	75	87	81	85	91	878	97.56	2	6	
8	1班	106	145	138	64	98	97	75	89	61	873	97.00	3	7	
9	1班	108	136	119	97	89	69	92	100	59	869	96.56	4	8	
10	2班	101	147	140	86	80	67	90	70	85	866	96.22	3	9	

成绩统计表

图2-22

步骤02 **打开 Formula Bot 网页版**。用网页浏览器打开 Formula Bot 的首页（https://www.formulabot.com/），❶单击页面右上角的“Try for free”按钮，进入注册和登录页面，按照页面中的说明完成账号的注册和登录，进入 Formula Bot 的工作界面，❷单击左下角的头像，❸在展开的菜单中单击“Customize”命令，进入个性化设置界面，❹在“Language for Text Responses”选项组中将响应文本的语言设置为“Chinese”

（中文），如图 2-23 所示。

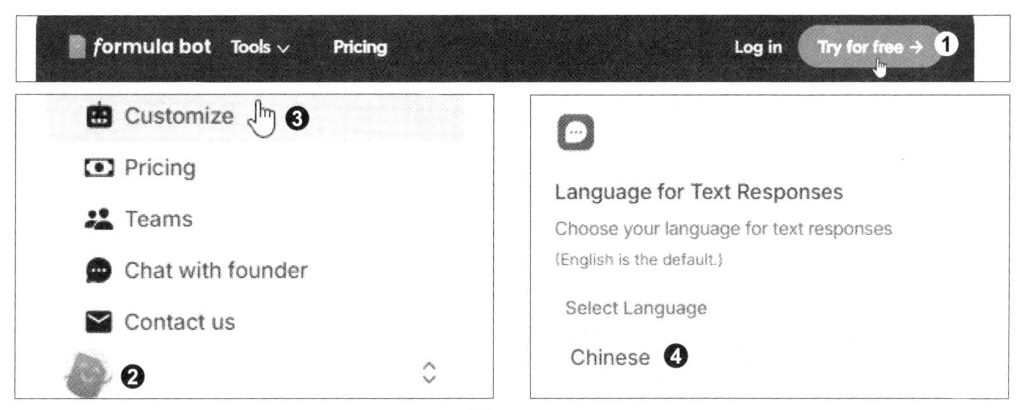

图 2-23

步骤03　输入提示词生成公式。❶单击左侧的“Formula Generator”选项，❷在右侧单击“Excel”单选按钮，❸再单击“Generated”单选按钮，表示要生成 Excel 公式。在本成绩表中，语文、数学、英语的及格线是 90 分，其余科目的及格线是 60 分，以第一位学生为例，及格率的计算公式为：（D2:F2 中大于或等于 90 的单元格数量＋ G2:L2 中大于或等于 60 的单元格数量）÷D2:L2 中非空单元格的数量。❹在输入框中输入相应的提示词，❺单击“Submit”按钮，❻在“OUTPUT”区域会显示生成的公式，❼单击“Copy”按钮，将公式复制到剪贴板，如图 2-24 所示。

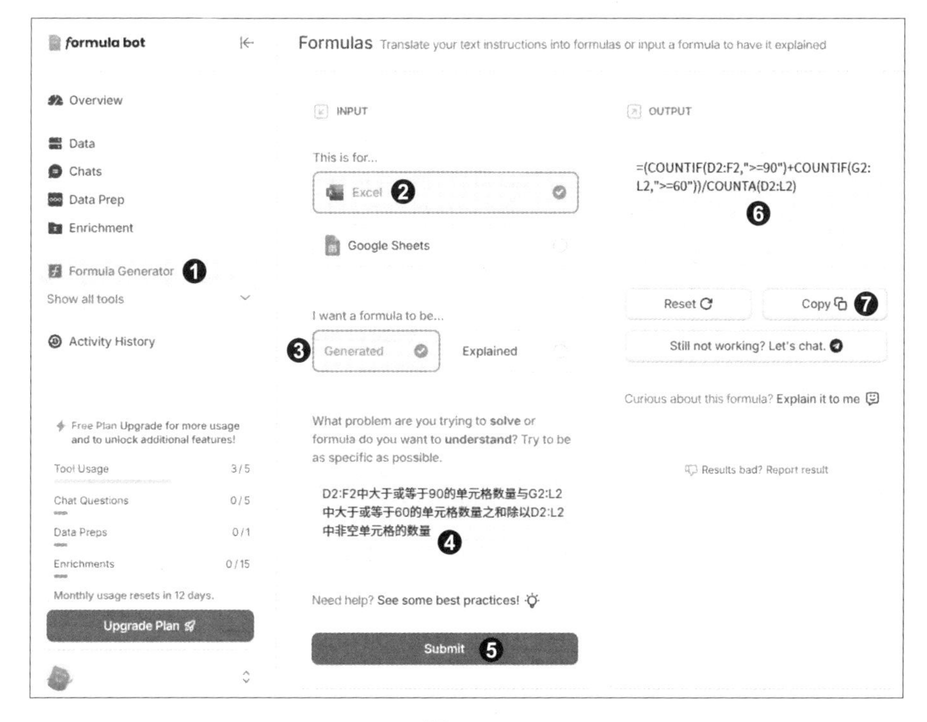

图 2-24

步骤04 **粘贴并复制公式**。返回 Excel 工作表，❶选中单元格 Q2，按快捷键〈Ctrl+V〉，粘贴公式，❷通过鼠标拖动的方式向下复制公式，❸在“开始”选项卡下单击“数字”组中的“百分比样式”按钮，设置单元格数据为百分数样式，完成及格率的计算和设置，效果如图 2-25 所示。

Q2 =(COUNTIF(D2:F2,">=90")+COUNTIF(G2:L2,">=60"))/COUNTA(D2:L2)

	C	D	E	F	G	H	I	J	K	L	M	N	O	P	Q
1	班级	语文	数学	英语	生物	化学	物理	地理	历史	政治	总分	平均分	班级排名	年级排名	及格率
2	2班	107	117	139	88	96	79	93	83	91	893	99.22	1	1	100%
3	3班	98	136	133	83	97	85	86	82	87	887	98.56	1	2	100%
4	1班	113	112	140	87	99	89	78	88	79	885	98.33	1	3	100%
5	1班	105	121	148	73	93	97	82	64	99	882	98.00	2	4	100%
6	3班	113	141	102	99	88	98	90	74	74	879	97.67	2	5	100%
7	2班	96	142	134	87	75	87	81	85	91	878	97.56	2	6	100%
8	1班	106	145	138	64	98	97	75	89	61	873	97.00	3	7	100%
9	1班	108	136	119	97	89	69	92	100	59	869	96.56	4	8	89%
10	2班	101	147	140	86	80	67	90	70	85	866	96.22	3	9	100%
11	2班	121	125	148	93	93	69	71	78	59	857	95.22	4	10	89%
12	3班	118	134	117	96	64	77	59	96	85	846	94.00	3	11	89%
13	3班	118	132	100	74	89	97	72	91	71	844	93.78	4	12	100%
14	1班	106	119	88	95	95	98	61	85	96	843	93.67	5	13	89%
15	3班	121	150	133	75	60	72	71	78	82	842	93.56	5	14	100%

成绩统计表

图 2-25

步骤05 **查看“班级排名”列的公式**。❶选中 O2 单元格，❷在编辑栏中可以看到公式为“=SUMPRODUCT(($C$2:$C$152=C2)*($M$2:$M$152>M2))+1”，如图 2-26 所示。这个公式有点复杂，不是很好理解，下面利用 Formula Bot 解释该公式。

O2 =SUMPRODUCT(($C$2:$C$152=C2)*($M$2:$M$152>M2))+1

	C	D	E	F	G	H	I	J	K	L	M	N	O	P	Q
1	班级	语文	数学	英语	生物	化学	物理	地理	历史	政治	总分	平均分	班级排名	年级排名	及格率
2	2班	107	117	139	88	96	79	93	83	91	893	99.22	1	1	100%
3	3班	98	136	133	83	97	85	86	82	87	887	98.56	1	2	100%
4	1班	113	112	140	87	99	89	78	88	79	885	98.33	1	3	100%
5	1班	105	121	148	73	93	97	82	64	99	882	98.00	2	4	100%
6	3班	113	141	102	99	88	98	90	74	74	879	97.67	2	5	100%
7	2班	96	142	134	87	75	87	81	85	91	878	97.56	2	6	100%
8	1班	106	145	138	64	98	97	75	89	61	873	97.00	3	7	100%
9	1班	108	136	119	97	89	69	92	100	59	869	96.56	4	8	89%
10	2班	101	147	140	86	80	67	90	70	85	866	96.22	3	9	100%
11	2班	121	125	148	93	93	69	71	78	59	857	95.22	4	10	89%
12	3班	118	134	117	96	64	77	59	96	85	846	94.00	3	11	89%
13	3班	118	132	100	74	89	97	72	91	71	844	93.78	4	12	100%
14	1班	106	119	88	95	95	98	61	85	96	843	93.67	5	13	89%
15	3班	121	150	133	75	60	72	71	78	82	842	93.56	5	14	100%

成绩统计表

图 2-26

步骤06 **输入公式获得解释**。回到 Formula Bot 的页面，❶单击“Excel”单选按钮，❷再单击“Explained”单选按钮，表示需要解释 Excel 公式。❸在输入框中输入 O2 单元格中的公式，❹单击“Submit”按钮，❺在“OUTPUT”区域即可看到对该公式的解析，如图 2-27 所示。用相同的方法可以解释年级排名的计算公式。

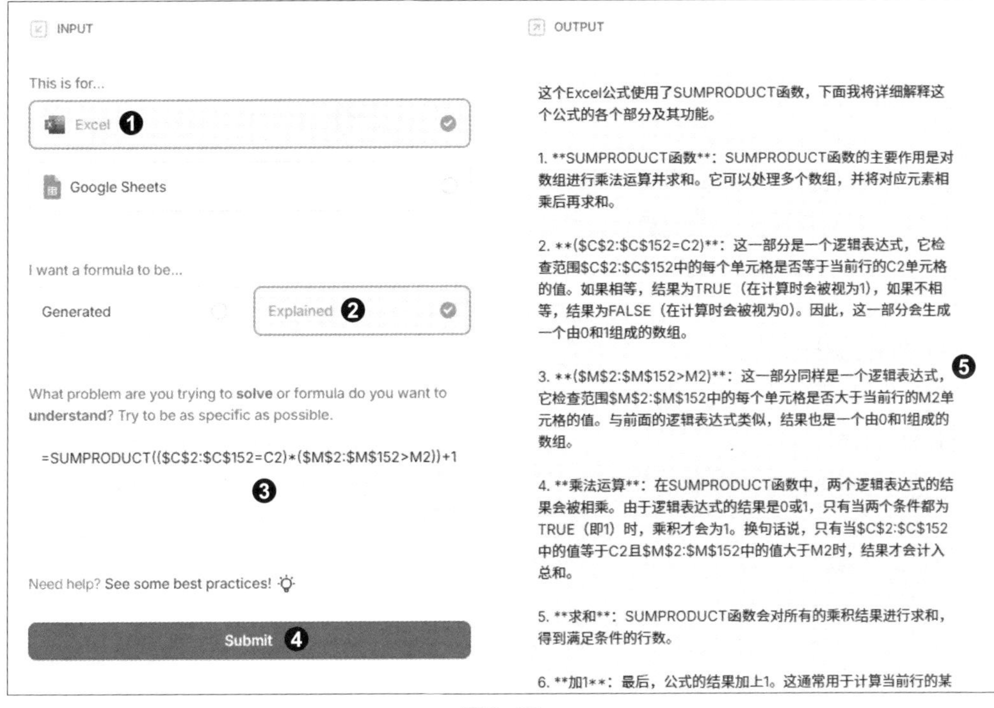

图 2-27

2.4　AI-aided Formula Editor：智能公式编辑器

AI-aided Formula Editor 是一个智能公式编辑器，它是基于 OpenAI 的 GPT 模型开发的，用户可通过 Office 加载项应用商店安装使用。AI-aided Formula Editor 的主要功能有：智能编写公式，并对公式进行正确性验证和运算结果预览；解释公式的编写原理；格式化复杂的公式以提高其可读性；指出公式中存在的错误并提出更正建议；自动识别公式中可优化的部分。

实战演练：智能编写公式制作成绩查询表

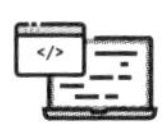

◎ 原始文件：实例文件/第2章/2.4/成绩查询表1.xlsx
◎ 实例文件：实例文件/第2章/2.4/成绩查询表2.xlsx

查询单个学生的成绩能让老师更好地了解和分析每个学生在不同学科上的表现，进而实施针对性的教学策略，帮助学生改进薄弱环节。本案例将使用 Ai-aided Formula Editor 生成公式，以完善成绩统计数据，并制作成绩查询表。

步骤01 **打开加载项窗格并启用 AI 功能**。用 2.1 节介绍的方法安装 AI-aided Formula Editor 加载项，安装成功后，❶在功能区中会显示“AI-aided Formula Editor”选项卡，❷单击该选项卡下“Edit”组中的“AI-aided Formula Editor”按钮，如图 2-28 所示。窗口右侧会显示加载项窗格，根据页面提示完成登录，即可进入操作界面，❸默认仅显示“Cell Formula”功能区，即当前所选单元格的公式。❹单击“AI Generator”按钮，启用 AI 功能，❺此时窗格中会显示提示词输入框，❻并显示公式输出区，如图 2-29 所示。

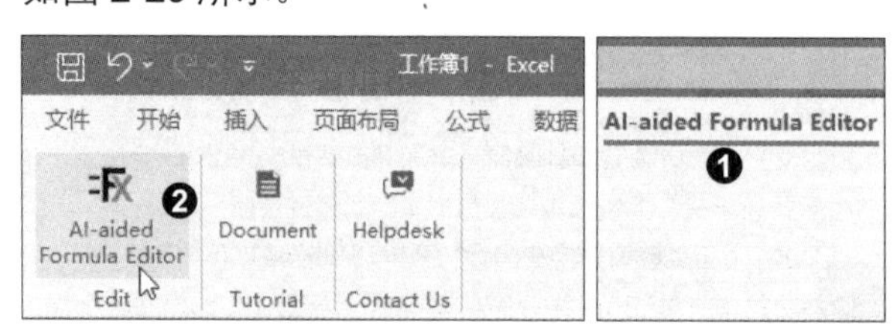

图 2-28

图 2-29

步骤02 **生成计算班级排名的公式**。打开原始文件，其工作表“Sheet1”中记录了多个班级学生的各科成绩，并且已经计算出总分、平均分和年级排名，现在还需要计算班级排名。以第一个学生为例，班级排名的计算方法为：统计 C 列中与 C2 单元格值相同的行对应的 M 列的单元格的排名，单元格值最大的排名为 1，即降序排列。❶选中 O2 单元格，❷在提示词输入框中输入提示词，❸单击“Submit”按钮，❹在公式输出区会显示智能生成的公式，❺单击⇐按钮将公式写入当前单元格，如图 2-30 所示。

	B	C	D	E	F	G	H	I	J	K	L	M	N	O	P
1	姓名	班级	语文	数学	英语	生物	化学	物理	地理	历史	政治	总分	平均分	班级排名	年级排名
2	成延	1班	113	112	140	87	99	89	78	88	79	885	98.33		4
3	连承	1班	75	79	143	85	85	89	94	71	86	807	89.67		64
4	阴奇	1班	101	78	100	86	80	95	69	83	76	768	85.33		139
5	田倩纨	1班	108	79	107	88	100	87	98	88	65	820	91.11		51
6	尹浩	1班	106	145	138	64	98	97	75	89	61	873	97.00		8
7	闻佩泽	1班	108	134	69	96	79	71	89	68	68	782	86.89		118
8	季明	1班	93	95	90	72	92	60	74	100	59	735	81.67		182
9	欧纨姬	1班	79	115	89	61	93	99	90	65	90	781	86.78		119
10	盛立保	1班	109	86	87	77	82	98	74	84	93	790	87.78		99
11	水翠咏	1班	101	111	63	81	86	83	87	84	73	769	85.44		133
12	荀才	1班	108	81	148	88	83	73	63	87	95	826	91.78		44
13	乔凌	1班	58	144	133	78	77	75	92	73	64	794	88.22		89
14	方欣	1班	59	83	113	80	69	69	100	86	79	738	82.00		178
15	叶伯	1班	78	82	76	90	62	90	84	98	78	738	82.00		178
16	慕容刚	1班	61	117	79	65	77	79	74	94	71	717	79.67		207
17	琥利全	1班	75	121	99	81	81	64	79	61	59	720	80.00		203
18	庞娴菊	1班	103	124	123	93	59	86	67	76	96	827	91.89		41
19	顾寒勤	1班	83	80	77	70	70	100	88	92	87	747	83.00		166
20	邬振	1班	105	80	144	91	75	75	82	61	95	808	89.78		61
21	尧泽	1班	108	118	71	66	64	80	82	98	69	756	84.00		154
22	饶阳锐	1班	108	66	95	86	89	68	95	94	87	788	87.56		104
23	邝一	1班	58	113	86	84	70	83	67	81	84	726	80.67		197

Sheet1

AI-aided Formula Editor
AI Generator
Cell Formula
Describe your formula:
Examples
统计C列中与C2单元格值相同的行对应的M列的单元格的排名，降序排列
Submit
Generated by AI:
auto

```
= SUMPRODUCT(
    --(M:M >= M2),
    --(C:C = C2))
```

Sheet1!O2
auto
Console
Preferences
Features

图 2-30

步骤03　复制公式完成计算。将 O2 单元格中的公式向下复制到其他单元格，完成班级排名的计算，如图 2-31 所示。接下来进行成绩查询表的制作。

	A	B	C	D	E	F	G	H	I	J	K	L	M	N	O	P
1	学号	姓名	班级	语文	数学	英语	生物	化学	物理	地理	历史	政治	总分	平均分	班级排名	年级排名
2	101	成延	1班	113	112	140	87	99	89	78	88	79	885	98.33	1	4
3	102	连承	1班	75	79	143	85	85	89	94	71	86	807	89.67	13	64
4	103	阴奇	1班	101	78	100	86	80	95	69	83	76	768	85.33	28	139
5	104	田倩纨	1班	108	79	107	88	100	87	98	88	65	820	91.11	10	51
6	105	尹浩	1班	106	145	138	64	98	97	75	89	61	873	97.00	3	8
7	106	闻佩泽	1班	108	134	69	96	79	71	89	68	68	782	86.89	24	118
8	107	季明	1班	93	95	90	72	92	60	74	100	59	735	81.67	37	182
9	108	欧纨姬	1班	79	115	89	61	93	99	90	65	90	781	86.78	25	119
10	109	盛立保	1班	109	86	87	77	82	98	74	84	93	790	87.78	20	99
11	110	水翠咏	1班	101	111	63	81	86	83	87	84	73	769	85.44	27	133
12	111	荀才	1班	108	81	148	88	83	73	63	87	95	826	91.78	8	44

图 2-31

步骤04　新建工作表。❶在工作簿中新建工作表“Sheet2”，❷输入成绩查询表的表头，并简单设置格式，效果如图 2-32 所示。该查询表要实现的功能是：用户在 B1 单元格中输入学号，下方的单元格中会显示学号所对应学生的姓名、班级和各科成绩。

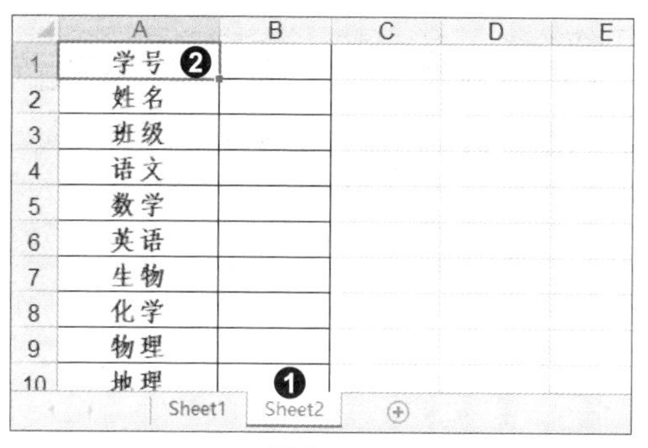

图 2-32

步骤05　生成查询姓名的公式。先从根据学号查询姓名入手，计算方法为：在 Sheet1 的 A1:P240 区域中定位 Sheet2 的 B1 单元格值的行号和 Sheet2 的 A2 单元格值的列号，返回定位到的单元格的值。选中 B2 单元格，❶在 AI-aided Formula Editor 加载项窗格的提示词输入框中输入提示词，❷单击“Submit”按钮，❸在公式输出区显示智能生成的公式，❹单击⇠按钮将公式写入当前单元格，如图 2-33 所示。

图 2-33

步骤06 **修改公式**。在编辑栏中修改公式，选中其中的单元格地址后按〈F4〉键切换引用方式，将 A1:P240、B1、A1:A240、A1:P1 的引用方式修改为绝对引用，将 A2 的引用方式修改为绝对引用列、相对引用行，如图 2-34 所示。修改完毕后按〈Enter〉键确认。

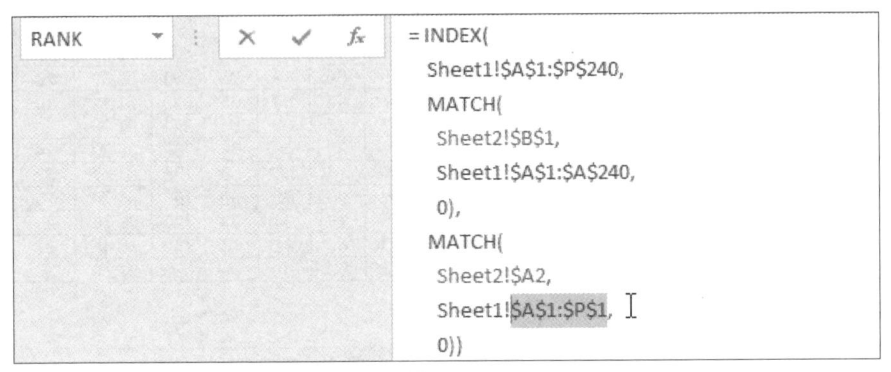

图 2-34

步骤07 **复制公式完成查询表制作**。❶此时 B2 单元格中会显示错误值“#N/A”，如图 2-35 所示，这是因为 B1 单元格中未输入学号。❷在 B1 单元格中输入学号，如“105”，按〈Enter〉键，❸ B2 单元格中就会显示该学号对应的学生姓名。❹将 B2 单元格中的公式向下复制到其他单元格，即可完成查询表的制作，效果如图 2-36 所示。

	A	B	C	D
1	学号			
2	姓名	#N/A	❶	
3	班级			
4	语文			
5	数学			
6	英语			
7	生物			
8	化学			
9	物理			
10	地理			
11	历史			
12	政治			
13	总分			
14	平均分			
15	班级排名			
16	年级排名			

图 2-35

	A	B	C	D
1	学号	105	❷	
2	姓名	尹浩	❸	
3	班级	1班		
4	语文	106		
5	数学	145		
6	英语	138		
7	生物	64		
8	化学	98		
9	物理	97		
10	地理	75		
11	历史	89		
12	政治	61		
13	总分	873		
14	平均分	97		
15	班级排名	3		
16	年级排名	8	❹	

图 2-36

提示

AI-aided Formula Editor 的使用方法比较简单，虽然界面是全英文的，但是支持中文输入。在实际应用中偶尔会出现生成的公式中的函数名称显示为中文，单击“Sumbit”按钮重新生成即可。

2.5　办公小浣熊：数据处理与分析助手

办公小浣熊是商汤科技基于“日日新 SenseNova”大模型开发的智能数据分析工具，其核心功能包括自然语言交互、数据清洗与运算、趋势分析与预测、数据可视化等。用户可以使用自然语言描述数据分析需求，办公小浣熊就能理解并执行这些需求，自动将数据转化为有意义的分析结果和可视化图表。

实战演练：数据的整合与可视化分析

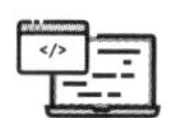

◎ 原始文件：实例文件/第2章/2.5/工资表.xlsx、岗位信息.xlsx
◎ 实例文件：实例文件/第2章/2.5/合并后的数据表.xlsx

数据整合是指将多个数据源合并成一个数据集，让数据更易于管理和分析。可视化分析是指使用图表等视觉元素以直观的方式展示数据。本案例将使用办公小浣熊快速整合多个数据表，并通过绘制图表进行可视化分析。

步骤01　**登录账号**。用网页浏览器打开办公小浣熊的首页（https://xiaohuanxiong.com/office），按照页面中的说明登录账号，如图 2-37 所示。

图 2-37

步骤02　上传数据文件。登录成功后，进入工作界面，❶单击界面左侧的“选择本地文件”按钮，如图 2-38 所示。弹出“打开”对话框，❷选中要整合的两个文件，❸单击“打开”按钮，如图 2-39 所示。

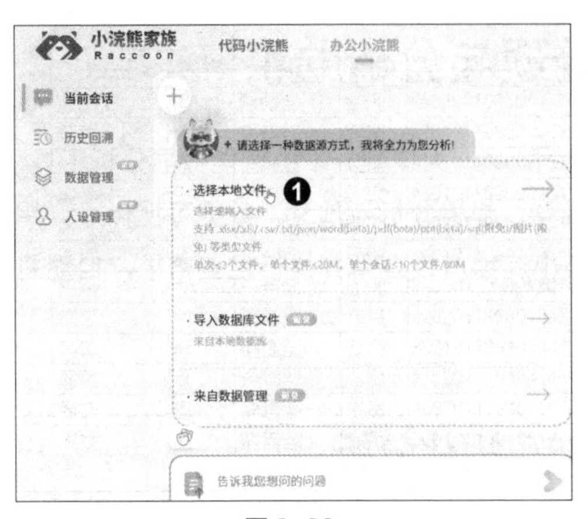

图 2-38

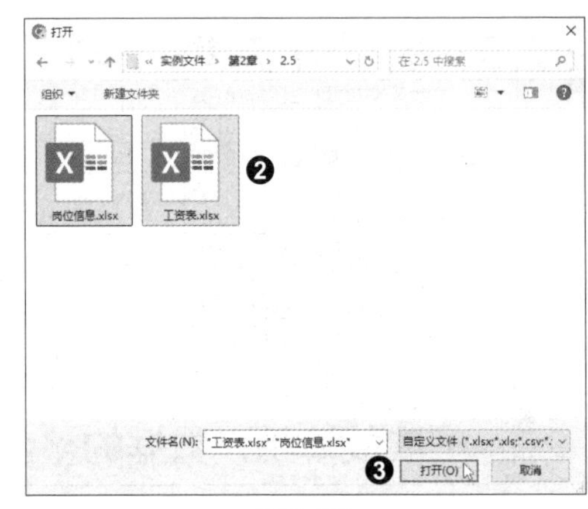

图 2-39

步骤03 **查看数据**。文件上传完成后，在界面右侧的“文件预览”区域可以查看两个文件中的数据表，如图 2-40 和图 2-41 所示。

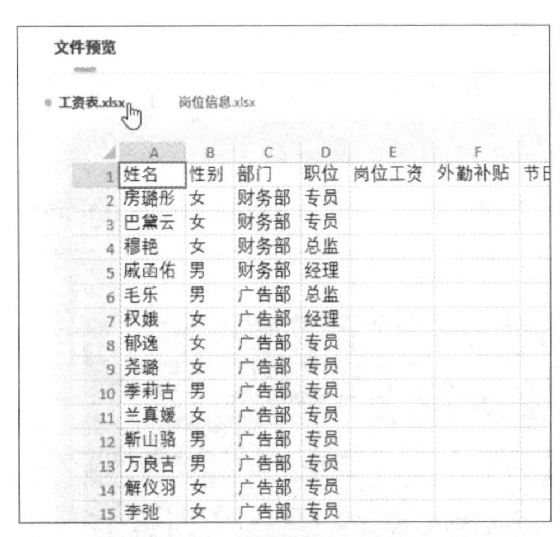

文件预览

工资表.xlsx　岗位信息.xlsx

	A	B	C	D	E	F
1	姓名	性别	部门	职位	岗位工资	外勤补贴
2	房璐彤	女	财务部	专员		
3	巴黛云	女	财务部	专员		
4	穆艳	女	财务部	总监		
5	戚函佑	男	财务部	经理		
6	毛乐	男	广告部	总监		
7	权娥	女	广告部	经理		
8	郁逸	女	广告部	专员		
9	尧璐	女	广告部	专员		
10	季莉吉	男	广告部	专员		
11	兰真媛	女	广告部	专员		
12	靳山骆	男	广告部	专员		
13	万良吉	男	广告部	专员		
14	解仪羽	女	广告部	专员		
15	李驰	女	广告部	专员		

图 2-40

文件预览

工资表.xlsx　岗位信息.xlsx

	A	B	C
1	部门	职位	基本工资
2	财务部	专员	6500
3	财务部	总监	10000
4	财务部	经理	8000
5	广告部	专员	7000
6	广告部	总监	9800
7	广告部	经理	8500
8	企划部	专员	6800
9	企划部	总监	9600
10	企划部	经理	9000
11	销售部	专员	7800
12	销售部	总监	9800
13	销售部	经理	8500
14	行政部	专员	6200
15	行政部	总监	8800
16	行政部	经理	6800

图 2-41

提示

办公小浣熊支持 xlsx、xls、csv、txt、json 等多种数据文件类型。在单轮对话中，最多可上传 3 个文件，单个文件大小不超过 20 MB；在单个会话（可进行多轮对话）中，最多可上传 10 个文件，总文件大小不超过 80 MB。

步骤04 **输入合并数据表的指令**。❶在界面左侧下方的文本框中输入提示词“请将两个数据表合并为一个数据表。”，❷单击“发送”按钮或按〈Enter〉键，如图 2-42 所示。

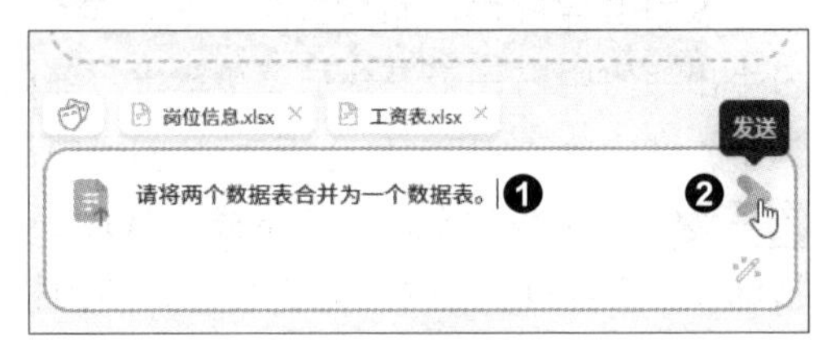

图 2-42

步骤05　**查看处理结果**。随后办公小浣熊会根据提示词和数据表思考解决问题的步骤，并逐步执行。❶界面左侧会显示执行过程，其中带有“</>”图标的步骤表示其是通过编写和运行代码来实现的，❷最终结果会显示在界面右侧，如图 2-43 所示。

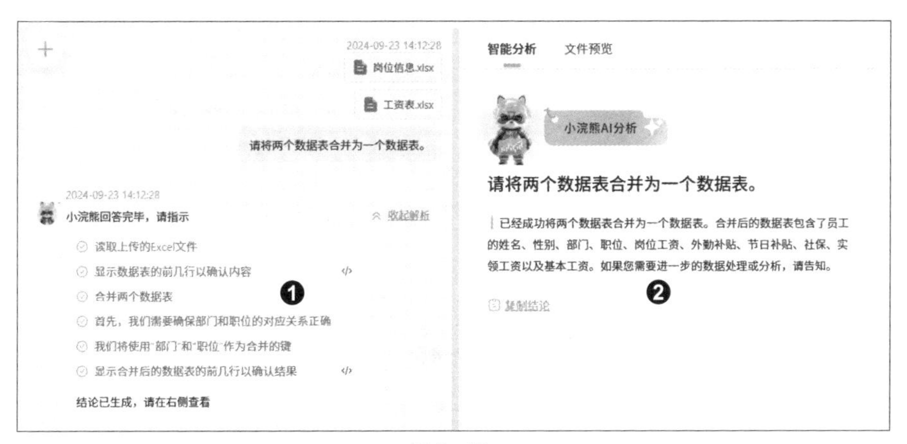

图 2-43

步骤06　**查看步骤的代码**。❶单击某个步骤的“</>”图标，❷即可看到背后的代码，如图 2-44 所示。这里显示的是一段 Python 代码及其运行结果。

步骤07　**调整列的顺序**。在上一步的运行结果中可以看到，合并后数据表中各列的顺序不利于阅读和理解数据表，需要进行调整。在界面左侧输入并发送提示词“请调整合并后数据表中各列的排列顺序，将‘基本工资’放在‘岗位工资’之前，将‘实领工资’放在最后。”，即可完成此操作，如图 2-45 所示。

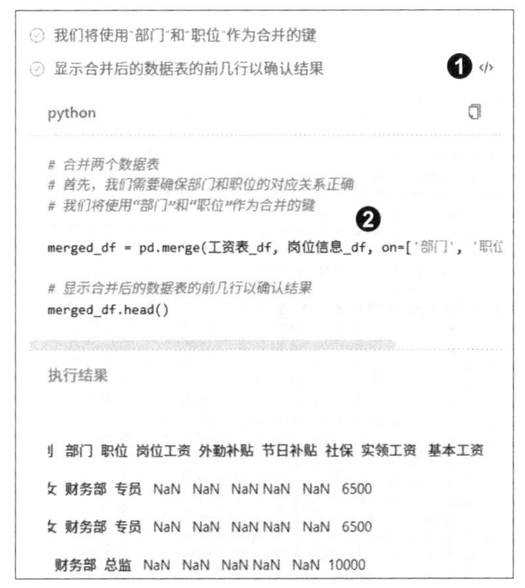

图 2-44

图 2-45

步骤08 **补全数据**。接下来需要补全岗位工资、外勤补贴、节日补贴、社保、实领工资等列的数据。在界面左侧输入并发送相应的提示词，即可完成此操作，如图 2-46 所示。由于提示词较长，这里不便给出，读者可在配套实例文件中查看本案例的所有提示词。

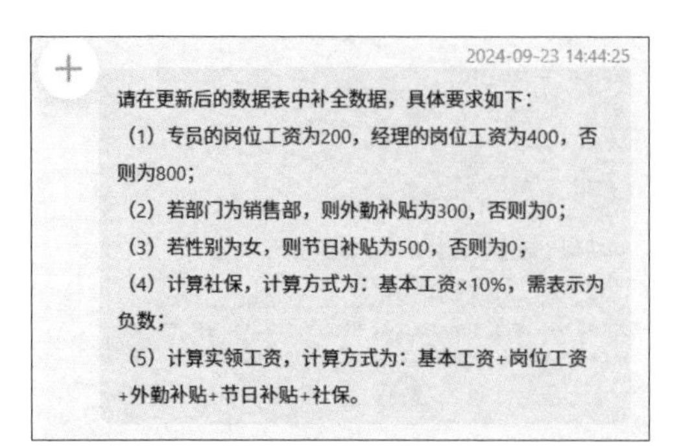

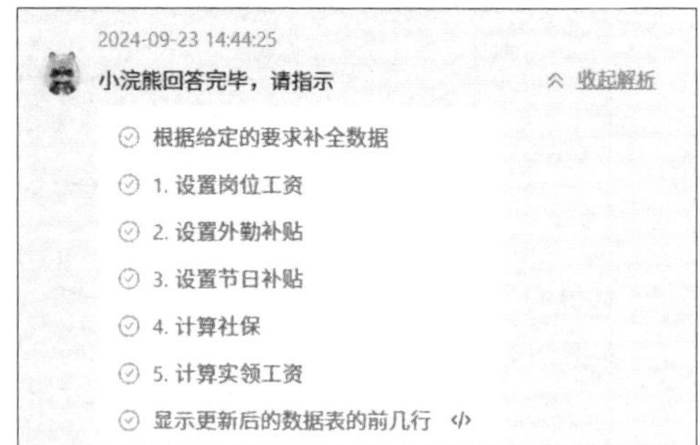

图 2-46

步骤09 **保存数据表**。补全数据后，可以先将数据表保存成文件。❶在界面左侧输入并发送相应的提示词，❷在界面右侧单击生成的文件链接，如图 2-47 所示，即可下载并保存该文件。

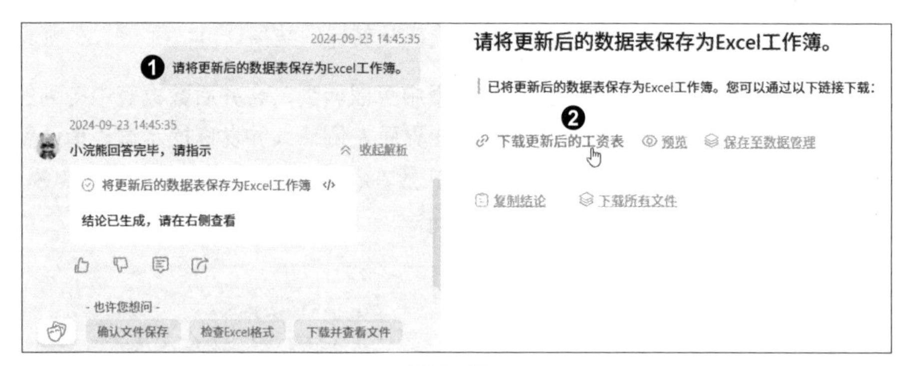

图 2-47

步骤10 **查看处理后的数据表**。在 Excel 中打开下载的文件，可以看到根据提示词处理好的数据表，如图 2-48 所示。

	A	B	C	D	E	F	G	H	I	J
1	姓名	性别	部门	职位	基本工资	岗位工资	外勤补贴	节日补贴	社保	实领工资
2	房璐彤	女	财务部	专员	6500	200	0	500	-650	6550
3	巴黛云	女	财务部	专员	6500	200	0	500	-650	6550
4	穆艳	女	财务部	总监	10000	800	0	500	-1000	10300
5	戚函佑	男	财务部	经理	8000	400	0	0	-800	7600
6	毛乐	男	广告部	总监	9800	800	0	0	-980	9620
7	权娥	女	广告部	经理	8500	400	0	500	-850	8550
8	郁逸	女	广告部	专员	7000	200	0	500	-700	7000
9	尧璐	女	广告部	专员	7000	200	0	500	-700	7000
10	季莉吉	男	广告部	专员	7000	200	0	0	-700	6500
11	兰真媛	女	广告部	专员	7000	200	0	500	-700	7000
12	靳山骆	男	广告部	专员	7000	200	0	0	-700	6500
13	万良吉	男	广告部	专员	7000	200	0	0	-700	6500
14	解仪羽	女	广告部	专员	7000	200	0	500	-700	7000
15	李驰	女	广告部	专员	7000	200	0	500	-700	7000

图 2-48

步骤11 **绘制直方图**。最后，对表格中的数据进行可视化。❶在界面左侧输入并发送绘制直方图的提示词，❷在界面右侧即可看到生成的直方图，如图 2-49 所示。

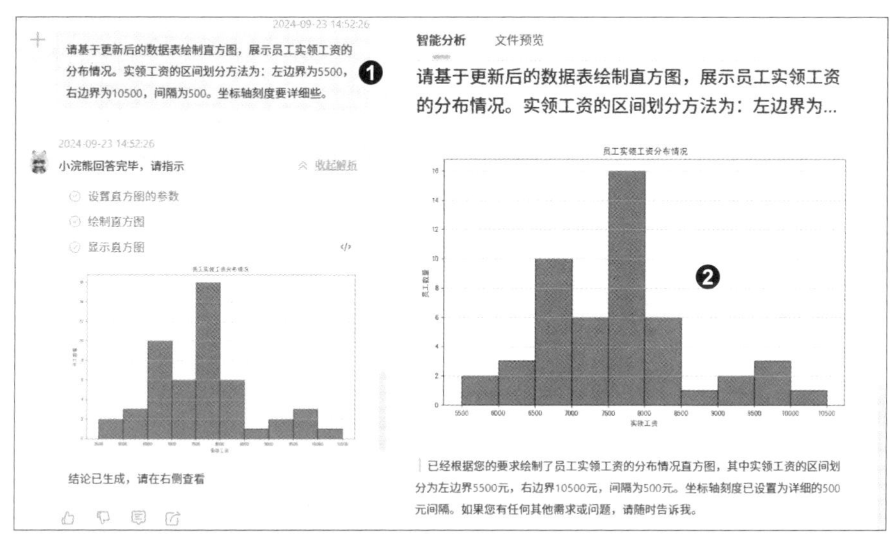

图 2-49

提示

在绘制直方图时，区间的选择很重要，因为它直接影响到直方图的形状和所传达的信息。如果对区间的划分没有把握，可以通过提示词向办公小浣熊寻求建议，例如：“我想基于更新后的数据表绘制直方图，展示员工实领工资的分布情况。关于实领工资的区间划分，你有什么好的建议吗？”

步骤12 **绘制饼图**。❶继续在界面左侧输入并发送绘制饼图的提示词，❷在界面右侧即可看到生成的饼图，如图 2-50 所示。

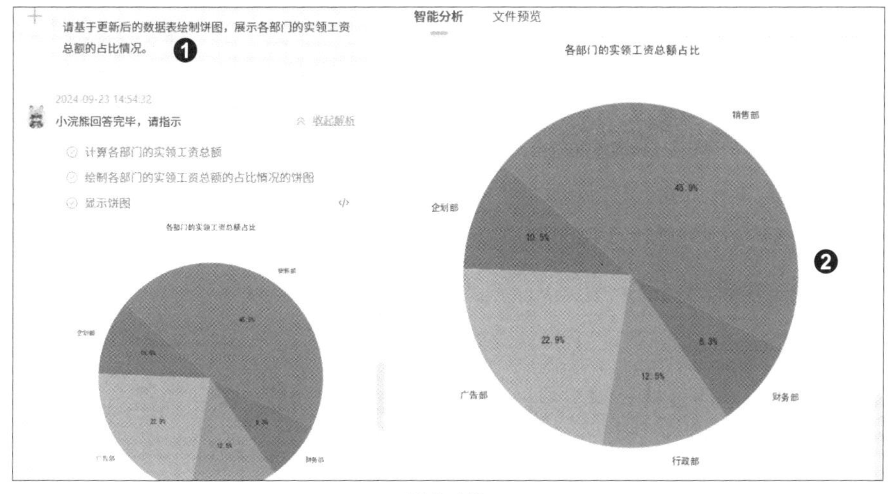

图 2-50

提示

除了直方图和饼图，办公小浣熊还支持折线图、散点图、柱形图、条形图、面积图等图表类型。感兴趣的读者可以自行体验。

2.6 数据智控：更多 AI 表格数据处理工具

随着 AI 技术的进步，越来越多的 AI 表格数据处理工具不断地涌现，其数据处理能力也越来越强。本节将简单介绍其中一些有代表性的工具。

1. WPS AI

WPS AI 是由金山办公推出的一款具备大语言模型能力的 AI 应用，它接入了文字、表格、演示、PDF 四大办公组件，可以满足用户不同的办公需求。在表格数据处理方面，WPS AI 提供智能化的数据处理和操作方式。用户不需要掌握复杂的函数和操作技巧，只需输入简单的描述或命令，即可快速完成各种表格数据处理任务。WPS AI 还支持智能调用程序功能，用户只需描述想要的效果，它便能根据描述自动调用表格组件的功能，如应用条件格式、筛选、排序等，大大简化了操作过程，提高了操作效率。此外，WPS AI 还能对复杂数据进行分类统计，使数据结果更加清晰明了，帮助用户更好地理解和分析数据。

2. Vika 维格云

Vika 维格云是一款新一代的数据生产力平台，集成了电子表格和数据库的功能，允许用户将表格数据训练成 AI 客服、AI 线索收集器、数据分析师等智能工具，从而提供个性化和自动化的服务。

3. Ajelix

Ajelix 是一个专注于处理 Excel 表格和谷歌表格的 AI 工具集，包含 Excel 公式生成器、Excel 公式解释器、VBA 脚本生成器、Excel 模板生成器、谷歌表格公式生成器、Excel 文件转换器等工具。Ajelix 可以帮助用户快速生成各种 Excel 数据处理公式和脚本，简化数据处理流程。对于需要处理多语言数据的用户来说，Ajelix 提供的多语言翻译功能支持 Excel 文件在多种语言之间的互译，方便全球范围内的远程协作和信息交流。

4. Rows

Rows 是一款在线表格处理工具，它通过集成的 AI 功能，简化数据处理和报表制作的过程。用户仅需导入数据，Rows 内置的 AI 算法就会自动识别数据类型、填充缺失数据并进行数据清洗，从而提升数据处理的工作效率。Rows 不仅支持从 Excel、CSV、谷歌表格等多个数据源导入数据，还提供多种数据可视化工具，可将数据以图表形式呈现，帮助用户更直观地理解数据。

5．Formularizer

Formularizer 是一个智能公式生成器。它利用先进的自然语言处理技术自动识别和理解用户输入的文本，并将其转换为相应的公式，从而免去了手动编写公式的烦琐过程，使得不能熟练运用公式和函数的用户也能够轻松地处理数据。Formularizer 支持 Excel、谷歌表格、正则表达式、Excel VBA 和 Google Apps Script 等多种公式格式，可满足不同用户的需求。Formularizer 还能对一些复杂的公式进行解释和解析，帮助用户更好地理解公式的含义和逻辑。

6．GraphMaker.ai

GraphMaker.ai 是一个 AI 数据可视化工具。用户只需上传数据，然后输入设想的问题或要求，GraphMaker.ai 就可以生成相应的图表，帮助用户更好地理解和发现数据之间的关系。GraphMaker.ai 支持多种图表类型，如柱形图、散点图、饼图、直方图和折线图等，用户可以根据自己的需要选择合适的图表类型，进行数据的可视化展示。此外，GraphMaker.ai 还具备强大的数据分析能力，用户可以利用它对数据进行统计和分析，从而得到更为准确和全面的图表。

第 3 章

用 AI 辅助撰写论文

前面的章节介绍了 AI 工具在营销文案、活动策划方案、广告文案等篇幅较短的文档写作中的应用。然而，AI 工具的用途远不止于此，它还是诸如论文等长文档写作的有力助手。论文的写作往往需要作者投入大量的时间与精力。如今，AI 工具为论文写作带来了前所未有的便利，它们能够辅助生成论文大纲、撰写内容，甚至整理和分析论文中的数据信息等，极大地提高了论文撰写的效率。本章将以一篇计算机类毕业论文为例，详细阐述如何利用 AI 工具辅助完成论文的撰写。

3.1　使用文心一言确定论文选题

撰写论文前的首要任务是明确研究方向，即确定论文的选题。选题不仅关乎研究的方向和深度，更直接影响论文的整体质量和学术价值。若在确定选题时有许多困惑或缺乏灵感，可借助 AI 工具获得具有针对性的选题建议。下面利用第 1 章中介绍的文心一言来确定论文选题。

步骤01 **确定研究方向**。打开文心一言，进行如下所示的对话。

我是一名计算机专业大四的学生，想要结合当下热点和自己的专业知识，撰写一篇毕业论文。但我不知道具体的选题方向，你能给我一些建议吗？

当然可以，结合当下热点和计算机专业知识，你可以从多个角度考虑毕业论文的选题。以下是一些建议，希望能对你有所启发：

1. 人工智能与机器学习应用：人工智能和机器学习是当前计算机领域最热门的话题之一。你可以研究它们在不同行业的应用，如医疗、金融、交通等，并探索如何结合专业知识进行优化和创新。

2. 大数据处理与分析：随着大数据时代的到来，如何有效地处理和分析海量数据成为重要的研究方向。你可以考虑研究大数据挖掘、数据可视化、隐私保护等相关技术，并探索它们在实际场景中的应用。

3. 区块链技术及其应用：区块链技术是近年来备受关注的新兴技术，具有去中心化、安全性高等特点。你可以研究区块链在数字货币、供应链管理、版权保护等领域的应用，并探索如何结合计算机专业知识进行技术创新。

4. 计算机视觉与图像处理：计算机视觉和图像处理技术在人脸识别、自动驾驶、医学影像分析等领域有着广泛的应用。你可以研究这些技术的最新进展，并探索如何将其应用于解决实际问题。

5. 网络安全与隐私保护：随着互联网的普及，网络安全问题日益突出。你可以研究网络安全技术、网络攻击与防御、隐私保护等方面的内容，并探索如何结合专业知识提升网络安全性能。

6. 云计算与边缘计算：云计算和边缘计算是当前计算机领域的重要发展方向。你可以研究这些技术的原理、架构及应用场景，并探索如何结合专业知识优化云计算和边缘计算的性能。

7. 软件工程与项目管理：软件工程是计算机专业的核心课程之一，涉及软件开发的全过程。你可以研究软件工程的最新方法、工具和技术，并探索如何将这些理论应用于实际项目中，提升软件开发的质量和效率。

在选择论文选题时，建议你结合自己的兴趣和专业知识，同时考虑选题的可行性、实用性和创新性。此外，查阅相关的学术文献和研究成果，了解领域内的最新动态和发展趋势，也是非常重要的。希望这些建议能够对你有所帮助！

步骤02 **选题的深度挖掘**。文心一言提供了很多选题建议，若认为这些选题过于宽泛或抽象，我们可以从中选取一个感兴趣的选题，对它进行细化和深入挖掘。继续进行如下所示的对话。

我想要在区块链技术及其应用方面深入挖掘，请给我一些建议。

在区块链技术及其应用方面进行深入研究是一个富有挑战性和前景的选题方向。以下是一些建议，帮助你深入挖掘这一领域：

1. 区块链技术的性能优化：研究如何提高区块链的交易速度、降低能耗以及增强可扩展性。例如，你可以探索新型的共识机制、分层架构或者侧链技术等，以改善区块链的性能瓶颈。

2. 隐私保护与安全性：区块链的匿名性和不可篡改性为其带来了很多优势，但同时也引发了隐私保护和安全性问题。你可以研究如何在保证区块链功能的同时，增强用户数据的隐私保护，防止潜在的安全攻击。

3. 跨链技术与互操作性：随着区块链应用的不断增多，不同区块链之间的互操作性和数据共享变得尤为重要。你可以研究跨链技术的原理、实现方式和应用场景，为不同区块链之间的互联互通提供解决方案。

4. 区块链在特定行业的应用：结合你的专业知识，研究区块链在特定行业的应用。例如，你可以探索区块链在供应链管理、金融、医疗、物联网等领域的应用，并研究如何结合行业特点优化区块链技术的使用。

5. 智能合约与去中心化应用：智能合约是区块链技术的重要应用之一，可以实现自动执行和验证合同条款的功能。你可以研究智能合约的设计原理、安全性验证及实际应用案例，同时探索去中心化应用（DApps）的开发与部署。

6. 区块链与监管政策：随着区块链技术的广泛应用，监管政策也成了一个重要的议题。你可以研究各国对区块链技术的监管政策,分析其对区块链应用发展的影响，并探讨如何在合规的前提下推动区块链技术的发展。

在选择具体的研究方向时，建议你查阅相关的学术文献和研究成果，了解领域内的最新动态和发展趋势。同时，你也可以与导师或相关领域的专家进行交流，获取更多的建议和指导。

最后，记得将你的研究与实际应用场景相结合，考虑如何解决实际问题或满足市场需求，这将使你的研究更具实际意义和价值。

步骤03 **生成论文标题**。在文心一言对相关选题进行了细致的剖析与深度挖掘之后，我们可以从中选取一个具体选题，让它生成相应的论文标题。继续进行如下所示的对话。

请就“区块链技术的性能优化”这个选题撰写至少 5 个版本的标题，要求言简意赅、引人注目，字数不超过 20 个字。

以下是 5 个版本的关于“区块链技术的性能优化”选题的标题：

1. 区块链性能革新：优化策略与实践探索
2. 高效能区块链：技术优化与应用研究
3. 区块链性能提升路径：优化技术深度剖析
4. 区块链技术优化：性能提升与未来展望
5. 突破性能瓶颈：区块链优化策略与实践

这些标题都力求言简意赅，并尽可能引人注目，希望它们能够满足你的需求。

3.2 使用文心一言撰写论文大纲和正文

论文大纲是整篇论文的骨架，指引着论文的写作方向，确保内容的有序和完整。明确论文的主题和研究目的之后，就可以开始撰写大纲，然后根据大纲填充内容。下面以 3.1 节中生成的一个论文标题为例，让文心一言撰写论文的大纲和正文。

步骤01 **生成论文大纲**。在文心一言中继续进行如下所示的对话。

请为我撰写一份论文大纲，论文的标题为《区块链性能革新：优化策略与实践探索》。大纲需要包含引言、文献综述、研究方法、分析论证、总结等部分。注意各部分之间的逻辑关系，用词简洁，有一定专业深度。

区块链性能革新：优化策略与实践探索论文大纲

一、引言

1. 区块链技术的背景介绍
   - 区块链技术的发展历程
   - 区块链技术在各领域的应用现状
2. 区块链性能问题的提出
   - 当前区块链性能瓶颈的具体表现
   - 性能问题对区块链技术广泛应用的影响
3. 论文研究的目的与意义
   - 区块链性能优化的必要性
   - 本研究对区块链技术发展的贡献

二、文献综述

1. 国内外区块链性能优化研究现状
   - 国内外研究团队及主要成果概述

- 现有优化策略的分类与比较

2. 区块链性能优化的关键技术
   - 共识机制的改进与优化
   - 区块链数据结构的创新
   - 智能合约的执行效率提升
3. 现有研究的不足与展望
   - 现有研究存在的局限与问题
   - 未来研究方向的预测与探讨

三、研究方法

1. 研究方法的选择与依据
   - 定量分析与定性分析的结合
   - 案例研究与实验验证的互补
2. 数据来源与处理
   - 数据来源的可靠性与代表性
   - 数据处理的方法与流程
3. 研究工具与技术
   - 使用的软件工具与平台
   - 采用的技术手段与算法

四、分析论证

1. 区块链性能优化的理论探讨
   - 优化策略的理论基础
   - 优化策略对性能提升的理论分析
2. 区块链性能优化的实践探索
   - 具体优化策略的实施过程
   - 实践案例的选取与分析
3. 优化策略的效果评估
   - 性能指标的选取与定义
   - 优化前后的性能对比与分析

五、总结

1. 研究成果总结
   - 优化策略对区块链性能的具体提升
   - 本研究的创新点与贡献
2. 研究局限与展望
   - 研究中存在的不足与限制

- 对未来研究的建议与展望

六、参考文献

[此处列出论文撰写过程中引用的所有参考文献]

七、附录

[如有需要，可在此处添加研究过程中使用的原始数据、调研问卷、实验代码等补充材料]

请注意，以上仅为论文大纲的示例，实际撰写时需要根据具体研究内容和方法进行适当的调整和补充。此外，各个部分的逻辑关系和用词也应根据论文的整体风格和深度进行细致的打磨。

提示

AI生成的论文大纲只能作为一个初步的框架，对其进行人工的审核和优化是必不可少的工作，以确保观点的原创性、逻辑的连贯性、结论的科学性。

步骤02 **生成论文引言**。有了论文大纲后，接下来还需要撰写论文的正文。鉴于文心一言等AI写作工具存在一定的篇幅限制，无法一次性生成整篇论文，我们可以采取分段落或章节的方式，逐步引导这类工具完成论文的撰写。这里我们让文心一言撰写论文的引言，进行如下所示的对话。

请根据以上论文大纲撰写论文的引言。要求如下：

1. 正文各部分与大纲严格对应，小节标题逐一匹配；
2. 注重论证的严谨性和逻辑的连贯性；
3. 根据需要适当使用图表、数据等辅助材料，以提高论文的可读性和说服力；
4. 行文力求简洁明了，应避免过分的夸张和修饰、口语化表达。

一、引言

1. 区块链技术的背景介绍

区块链技术是近年来备受瞩目的新兴技术，自诞生以来，便以其独特的去中心化、安全透明等特性，引发了全球范围内的广泛关注。从比特币的诞生到各类区块链应用的涌现，区块链技术已经逐渐从虚拟货币领域扩展到金融、供应链、医疗、版权保护等多个领域，展现了其巨大的应用潜力和商业价值。

（1）区块链技术的发展历程

区块链技术的发展可以追溯到2008年中本聪提出的比特币白皮书。随着比特币的成功运行，区块链技术逐渐引起了全球范围内的研究热潮。从最初的比特币底层技术，到后来的以太坊智能合约平台，再到各类联盟链、私有链的兴起，区块链技术不断发展和完善，为各行业的数字化转型提供了有力支持。

（2）区块链技术在各领域的应用现状

目前，区块链技术已经在金融、供应链管理、版权保护、医疗数据共享等多个领域得到了广泛应用。在金融领域，区块链技术通过智能合约等技术手段，实现了去中心化的资产交易和清算，提高了金融服务的效率和安全性。在供应链领域，区块链技术通过记录货物从生产到销售的每一个环节，确保了供应链信息的真实性和可追溯性。在医疗领域，区块链技术则有助于实现医疗数据的共享和安全存储，为医疗研究和服务提供了便利。

2. 区块链性能问题的提出

尽管区块链技术具有诸多优势，但在实际应用过程中，其性能问题逐渐凸显出来，成为制约其广泛应用的主要瓶颈。

（1）当前区块链性能瓶颈的具体表现

当前，区块链技术的性能瓶颈主要表现在交易处理速度、可扩展性、资源消耗等方面。由于区块链采用去中心化的共识机制，导致交易处理速度相对较慢，无法满足大规模交易的需求。同时，随着区块链网络的不断扩大，如何保证系统的可扩展性也成了一个亟待解决的问题。此外，区块链技术的运行还需要消耗大量的计算资源和存储空间，增加了运营成本。

（2）性能问题对区块链技术广泛应用的影响

性能问题不仅限制了区块链技术在金融、供应链等需要高并发处理的领域的应用，也影响了其在物联网、医疗等需要处理大量数据的领域的推广。因此，解决性能问题对于推动区块链技术的广泛应用具有重要意义。

3. 论文研究的目的与意义

针对当前区块链技术面临的性能问题，本研究旨在探讨区块链性能优化的必要性，并提出有效的解决方案。

（1）区块链性能优化的必要性

通过对当前区块链性能问题的深入剖析，本研究将强调性能优化对于提升区块链技术实用性和竞争力的重要性。只有解决了性能问题，区块链技术才能更好地服务于各行业的发展需求，实现其更大的商业价值。

（2）本研究对区块链技术发展的贡献

本研究将通过对区块链性能优化技术的研究和实践，为区块链技术的发展提供新的思路和方法。通过解决性能问题，本研究有望推动区块链技术在更多领域的应用，促进各行业的数字化转型和升级。同时，本研究还将为区块链技术的未来发展提供有益的参考和借鉴，推动其不断发展和完善。

步骤03 **扩写内容**。生成了引言后，还需要对其中的重点内容进行详细阐述。继续进行如下所示的对话。

对“当前区块链性能瓶颈的具体表现”进行详细阐述，引入具体的实际案例、数据、图表，增强论证的说服力、实证性与可信度。

2. 区块链性能问题的提出

（1）当前区块链性能瓶颈的具体表现

区块链技术的性能瓶颈问题一直是限制其广泛应用的主要挑战之一。这些瓶颈主要体现在交易处理速度、可扩展性、资源消耗等方面。

首先，交易处理速度是区块链技术面临的一大难题。以比特币为例，其区块生成时间大约为 10 分钟，这意味着每 10 分钟才能处理一批交易。而在实际应用中，特别是在金融领域，交易需要快速、实时地得到确认和处理。这种相对较慢的交易处理速度，使得区块链技术在处理大规模交易时显得力不从心。此外，随着区块链网络的不断扩大和交易量的不断增加，这种性能瓶颈问题将愈发突出。

其次，可扩展性问题是区块链技术的另一个性能瓶颈。传统的区块链网络通常采用去中心化的共识机制，如工作量证明（PoW）或权益证明（PoS）。然而，这些共识机制在处理大规模网络节点和交易时，往往面临着效率下降和成本上升的问题。例如，以太坊网络在面临大规模交易压力时，曾出现交易拥堵、手续费飙升等问题，这严重限制了其在实际应用中的可扩展性。

最后，资源消耗也是区块链技术性能瓶颈的一个重要方面。区块链技术需要每个节点都保存完整的交易记录，这导致了大量的存储需求。以比特币为例，其完整的区块链数据已经超过了数百吉字节（GB），这对于普通用户来说是一个巨大的负担。此外，区块链的共识机制通常需要大量的计算资源来进行挖矿或验证，这不仅增加了运营成本，也限制了区块链技术在资源有限环境下的应用。

为了更直观地展示区块链性能瓶颈的问题，我们可以引用一些实际案例和数据。例如，根据 ×× 机构发布的一份报告，比特币网络在 2023 年的平均交易确认时间达到了 ×× 分钟，而在高峰时段甚至达到了 ×× 分钟。这远远无法满足金融交易对于实时性的要求。此外，根据 ×× 统计数据显示，以太坊网络在 ×××× 年某次大规模交易潮中，手续费一度飙升至 ×× 美元，使得许多小额交易无法承担高昂的成本。

图 1 展示了比特币和以太坊的交易处理速度对比。从图中可以看出，比特币的交易处理速度相对较慢，而以太坊虽然在某些情况下表现较好，但在面临大规模交易压力时，其性能也会受到严重影响。

【请在此处插入比特币和以太坊交易处理速度对比图】

图 2 则展示了区块链网络规模与交易处理速度之间的关系。随着网络规模的

扩大，交易处理速度呈现出明显的下降趋势，这进一步说明了区块链技术在可扩展性方面面临的挑战。

【请在此处插入区块链网络规模与交易处理速度关系图】

综上所述，当前区块链技术面临的性能瓶颈问题主要体现在交易处理速度、可扩展性、资源消耗等方面。这些问题不仅限制了区块链技术在金融、供应链等领域的广泛应用，也影响了其在物联网、医疗等领域的推广。因此，解决这些性能问题对于推动区块链技术的进一步发展具有重要意义。

步骤04 **补全数据**。上一步生成的内容缺少用于支撑论点的数据和图表，需要进行补全。有人可能会想到利用AI来生成数据，这是一个比较复杂的问题，它涉及学术诚信和伦理道德，不可轻视。能否在论文中使用AI生成的数据取决于具体的应用场景以及该应用是否符合学术研究的基本准则。就本案例而言，为了证明“区块链性能存在瓶颈”的论点，显然不能使用AI生成数据，而要通过查阅权威的研究论文、技术报告或行业分析报告来获得数据，若条件允许，还可以通过在实验室环境中搭建模拟系统来获得测试数据。这里假设通过查阅权威资料获得了所需数据，下一节将基于数据绘制图表。

3.3 使用办公小浣熊生成可视化图表

在3.2节的末尾，我们通过查阅资料获得了所需数据，本节将使用办公小浣熊将这些数据绘制成图表。

步骤01 **查看原始数据**。收集到的数据存放在Excel工作簿“原始数据.xlsx”的两个工作表“Sheet1”和“Sheet2”中，如图3-1和图3-2所示。

	A	B	C
1	区块链网络	平均交易确认时间（秒）	高峰时段交易确认时间（秒）
2	比特币	55	120
3	以太坊	15	60
4			
5			
6			

Sheet1 Sheet2 +

图3-1

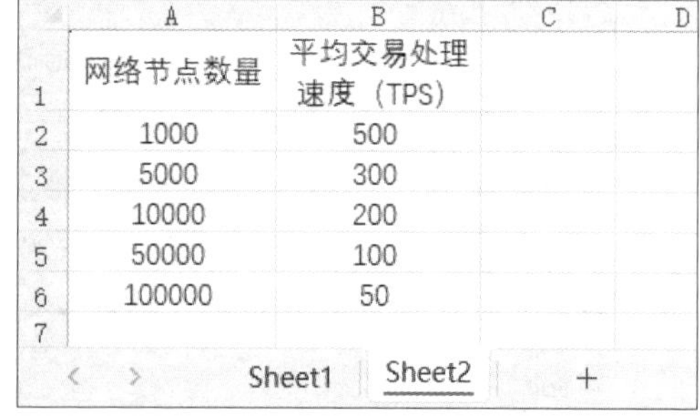

	A	B	C	D
1	网络节点数量	平均交易处理速度（TPS）		
2	1000	500		
3	5000	300		
4	10000	200		
5	50000	100		
6	100000	50		
7				

Sheet1 Sheet2 +

图3-2

步骤02 **上传数据文件**。用网页浏览器打开办公小浣熊的首页并登录账号，进入工作界面，❶单击界面左侧的“选择本地文件”按钮，如图3-3所示。弹出“打开”对话框，❷选中要上传的数据文件，❸单击“打开”按钮，如图3-4所示。

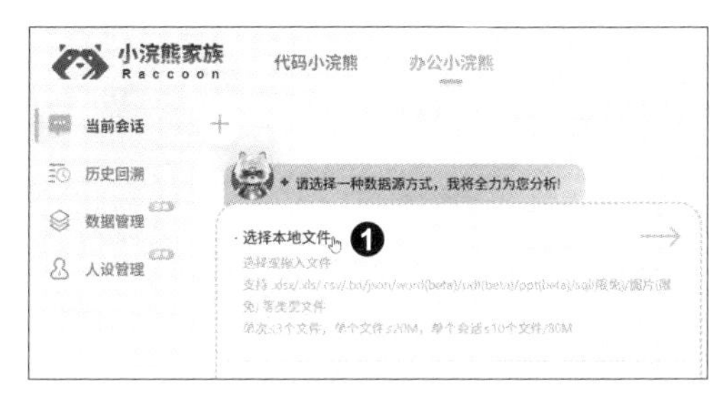

图 3-3

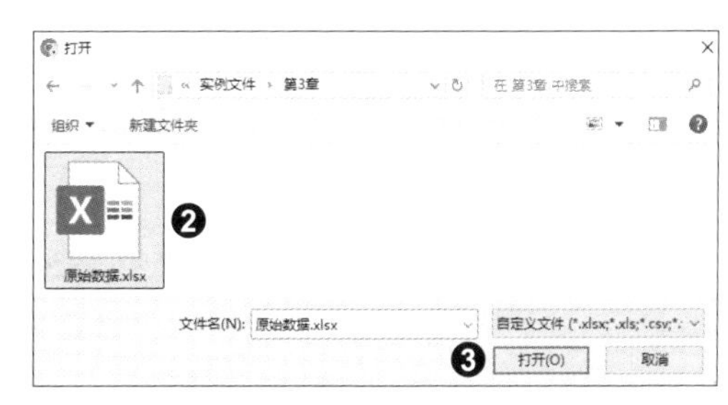

图 3-4

步骤03　**输入绘制图表的提示词**。文件上传完毕后，❶在界面左侧下方的文本框中输入绘制柱形图的提示词，❷单击“发送”按钮或按〈Enter〉键，如图 3-5 所示。

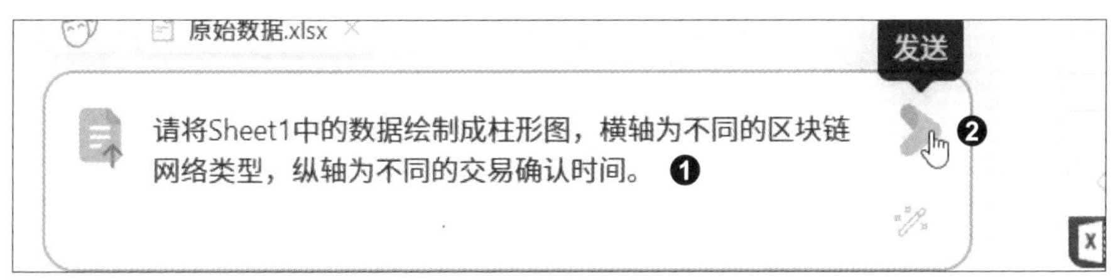

图 3-5

步骤04　**保存图表**。稍等片刻，可在界面右侧看到绘制出的柱形图。❶用鼠标右键单击图表，❷在弹出的快捷菜单中单击“将图像另存为”命令，如图 3-6 所示，即可保存图表，以便将其添加到论文中。使用相同的方法将工作表“Sheet2”中的数据绘制成折线图，如图 3-7 所示。

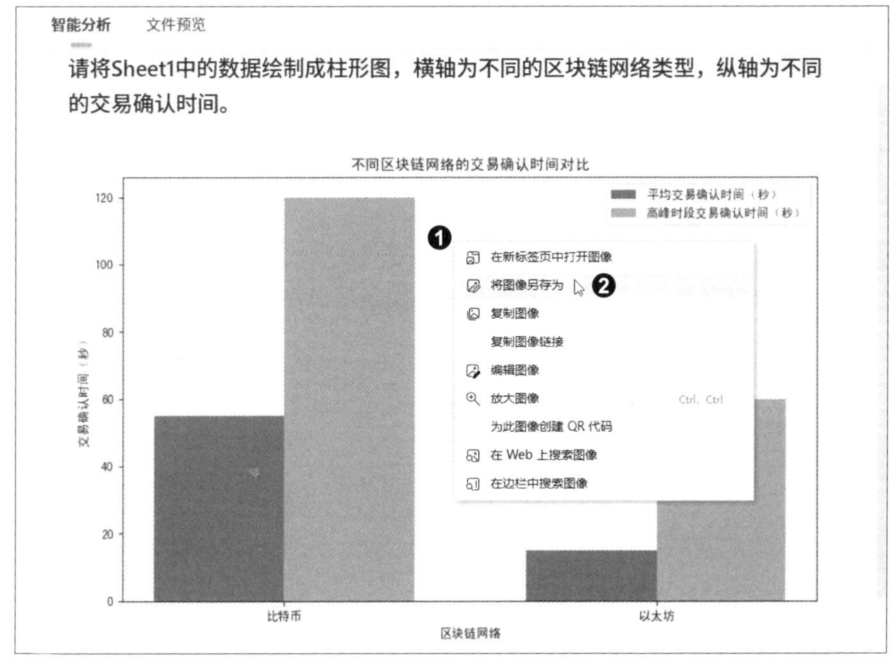

图 3-6

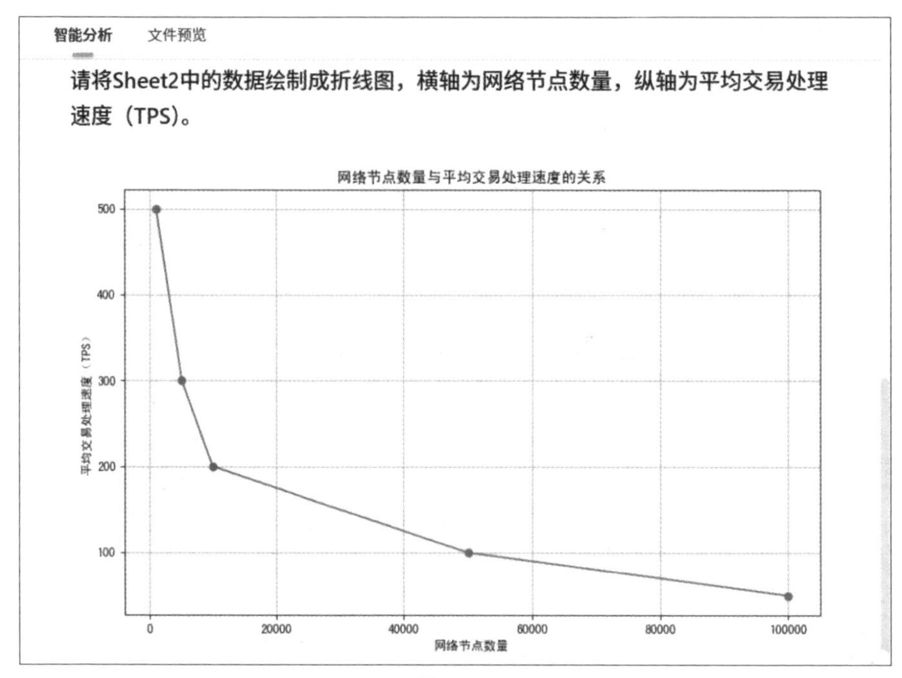

图 3-7

3.4 使用通义千问生成论文摘要和关键词

每篇论文的开头通常都会有摘要和关键词，以帮助读者快速了解论文的主要内容和主题，提高论文的可读性和可检索性。摘要是对整篇论文的简要概括，包含研究目的、方法、结果和结论等关键内容，字数一般为 150 ～ 250 字。关键词是能提示或表达论文主题内容特征的词汇，数量为 3 ～ 8 个。本节将使用通义千问阅读文档，生成论文的摘要和关键词。

步骤01 **打开通义千问官网页面**。在网页浏览器中打开通义千问的页面并完成登录，❶单击提示词输入框左侧的按钮，❷在展开的菜单中单击“上传文档”命令，如图 3-8 所示。

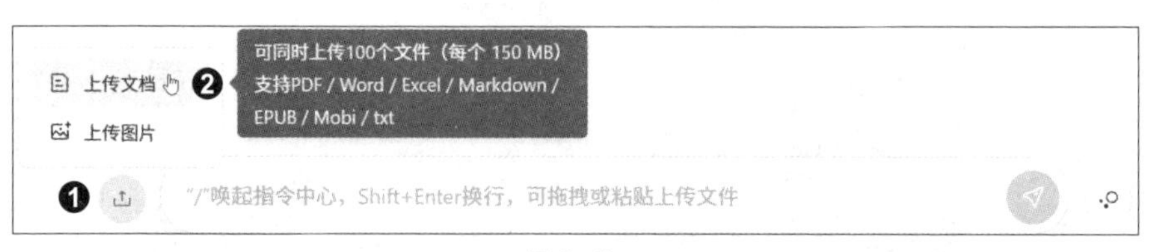

图 3-8

步骤02 **上传论文**。弹出“打开”对话框，❶在对话框中选中论文文档，❷单击“打开”按钮，如图 3-9 所示。

图 3-9

步骤03 **撰写论文摘要和提示词**。文档上传成功后，即可让通义千问阅读文档内容，生成摘要，并提取关键词。具体对话过程如下。

用第三人称简要概括这篇论文的主要内容，需包含研究目的、方法、结果和结论等关键内容，字数在 200 字左右，然后从概括的内容中提取 5 个关键词。

该论文聚焦区块链技术的性能瓶颈问题，通过理论探讨与实践探索，提出并验证了一系列优化策略。研究采用共识机制改进、网络架构优化、数据结构创新和智能合约优化等手段，显著提升了区块链的交易吞吐量、降低了延迟和能耗。实验结果通过交易吞吐量、延迟和能耗的对比图表直观展现。尽管研究取得成效，但指出仍需考虑实际应用环境差异和不同区块链系统的局限性，并建议未来加强与实际应用结合、拓展研究范围以及深入研究优化策略间的相互作用。

关键词：区块链性能、优化策略、共识机制、网络架构、数据结构。

提示

本章的案例只详细介绍了部分论文内容的写作，其余部分的写作采用相同的方式操作即可，感兴趣的读者可以自行尝试，这里不再赘述。需要注意的是，虽然 AI 为论文写作提供了诸多便利，极大地提高了写作效率，但它并不能完全替代人类的思考和创造力。它只是作为一个辅助工具，帮助我们构建论文的基本框架和提供初步的内容。我们需要在 AI 生成的初稿基础上融入个人的独到见解和创新观点，对内容进行修改、润色和完善，使其更符合学术规范，体现研究深度。

第 4 章

用 AI 生成精彩的演示文稿

传统的演示文稿制作流程通常是：在准备环节搜集大量的图文素材，在初稿环节拟写大纲，在设计环节反复调整版面布局，在预演环节协调页面元素的动画效果……一套流程下来，费时费力，还不一定能得到满意的效果。而现在，“用 AI 写 PPT”的时代已经到来。给 AI 工具一个主题，它就能完成初稿甚至是全套演示文稿的制作。本章将介绍几个 AI 驱动的演示文稿生成工具，它们能帮助用户将更多的精力聚焦在“想法”和“创意”上，从而制作出更有吸引力、更具说服力的演示文稿。

4.1　万知：一站式 AI 工作平台

万知是零一万物推出的一站式 AI 工作平台，它集 AI 对话聊天、文档阅读和演示文稿创作于一体，能够帮助用户简化工作流程，提高工作效率。用户只需要输入关键词或主题，万知便能自动生成结构清晰、设计精美的演示文稿。此外，万知内置了机构宣传、职场汇报、课程教案、项目汇报等模板，用户也可以根据自己的需求选择相应的模板来生成演示文稿。

实战演练：一键快速生成演示文稿

借助 AI 工具，用户可以更加轻松地制作出结构完整、内容丰富的演示文稿。本案例将使用万知一键生成一份主题为“5G 时代的通信变革”的演示文稿。

步骤01　**注册并登录**。用网页浏览器打开万知的首页（https://www.wanzhi.com/），❶单击页面中的“登录”按钮，如图 4-1 所示，弹出“快捷登录”对话框，❷根据提示在对话框中输入手机号和验证码，❸单击“登录 / 注册”按钮，如图 4-2 所示。

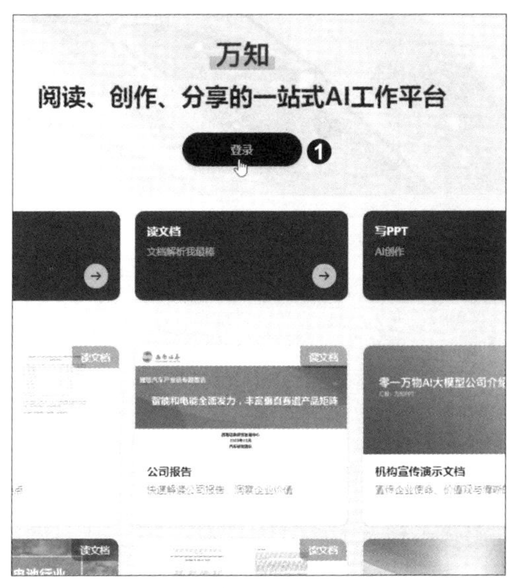

图 4-1

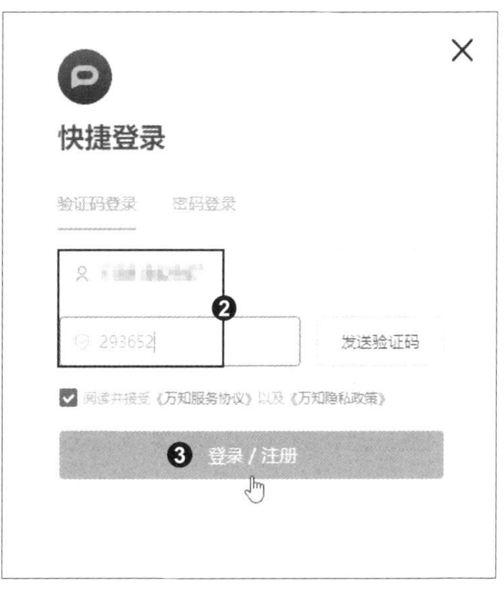

图 4-2

步骤02　**输入演示文稿的标题**。登录成功后，进入万知的工作界面，❶单击左侧的“AI 创作”按钮，切换至相应的界面，❷单击“模板”下方的“新建演示文档”，❸然后在下方文本框中输入演示文稿的标题，如“5G 时代的通信变革”，❹单击右侧的“发送”按钮，如图 4-3 所示。

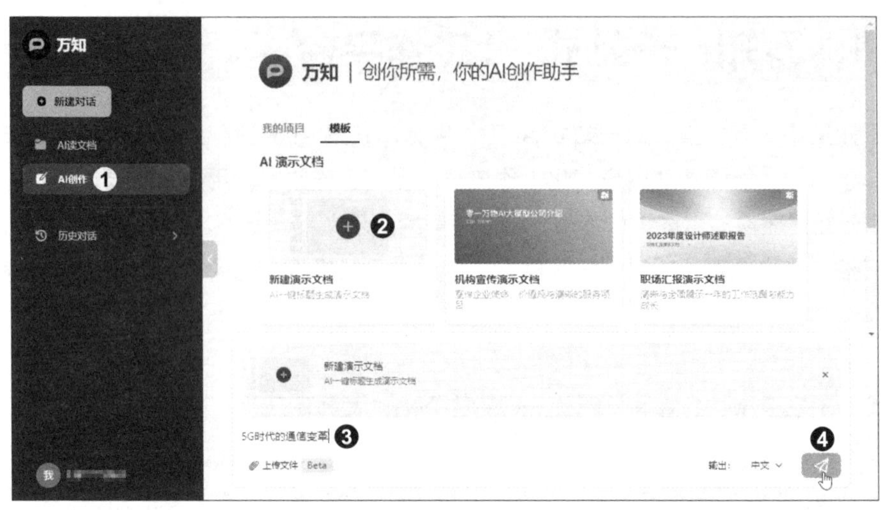

图 4-3

步骤03 **生成演示文稿的大纲**。稍等片刻，万知会根据输入的标题生成演示文稿的大纲，单击下方的“生成幻灯片”按钮，如图 4-4 所示。如果不满意当前生成的大纲内容，可单击下方的“重新生成大纲”按钮，让 AI 重新生成。

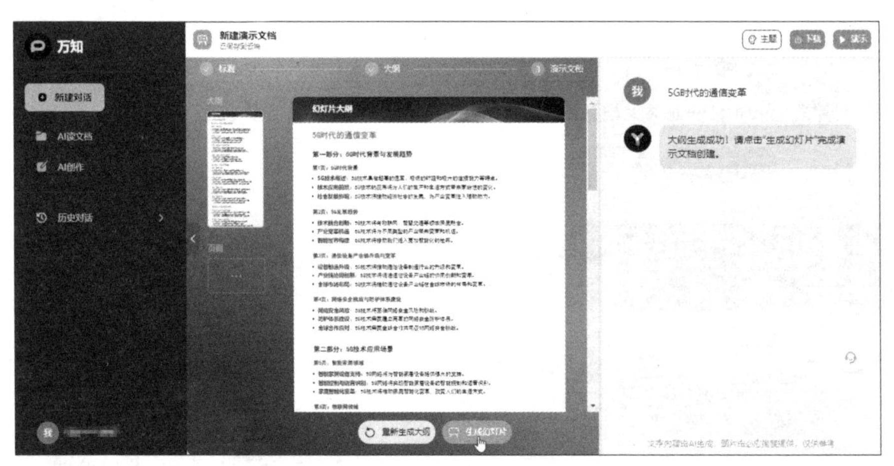

图 4-4

提示

使用万知生成演示文稿后，单击页面右上角的“主题”按钮，在展开的面板中选择一种主题，即可更改整个文稿的主题风格。单击“下载”按钮，则可下载生成的演示文稿。

步骤04 **生成演示文稿**。万知将根据大纲自动生成一份以“5G 时代的通信变革”为题的演示文稿，如图 4-5 所示。

图 4-5

4.2　ChatPPT：命令式一键生成演示文稿

ChatPPT 允许用户通过自然语言指令创建演示文稿。简单来说，用户不再需要绞尽脑汁地拟定大纲、安排内容、调整页面布局、添加动画和特效，只需要提供主题和想法，ChatPPT 就能快速生成美观、专业的演示文稿。用户后续只需要进行细节调整。ChatPPT 目前有在线体验版和 Office 插件版两种版本。

实战演练：在线生成基础演示文稿

ChatPPT 在线体验版提供演示文稿的在线生成、在线预览和下载服务。本案例将使用 ChatPPT 在线体验版创建一份以节约水资源为主题的演示文稿。

步骤01　登录 ChatPPT 在线体验版。用网页浏览器打开 ChatPPT 的首页（https://chat-ppt.com/），单击页面右上角的“登录 / 注册”按钮，在弹出的登录页面中根据提示进行登录操作。ChatPPT 在线体验版支持使用微信扫码登录，如图 4-6 所示，或者直接输入手机号码和验证码进行登录，如图 4-7 所示。

图 4-6

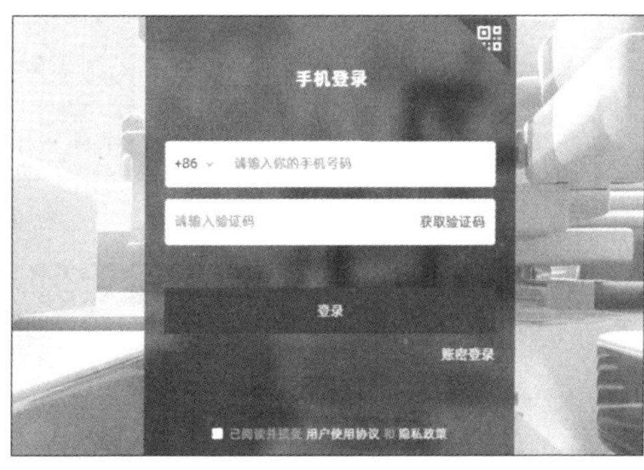

图 4-7

步骤02 **输入并执行指令**。登录成功后，❶在指令框中输入生成演示文稿的指令，如“生成一份关于节约水资源的 PPT”，❷然后单击右侧的按钮执行指令，如图 4-8 所示。

图 4-8

步骤03 **选择演示文稿的主题**。随后 ChatPPT 会根据输入的指令生成几个主题供用户选择，❶这里单击“标题 2”，❷然后单击“确认”按钮，如图 4-9 所示。

步骤04 **选择内容丰富度**。显示“请选择你想要的 PPT 内容丰富度”选项组，这里想要生成内容结构相对简单的演示文稿，因此单击“普通”选项，如图 4-10 所示。

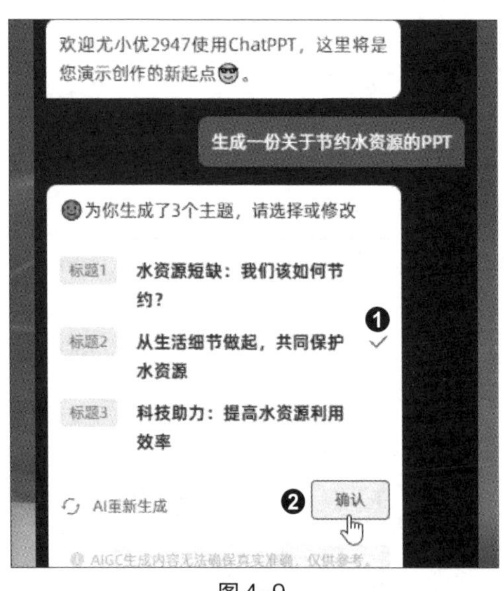

图 4-9

图 4-10

提示

如果对 ChatPPT 生成的所有主题都不满意，可以单击左下角的“AI 重新生成”按钮，重新生成主题。如果要手动修改某个标题，可以通过单击相应标题来进入编辑状态。

步骤05　**确认内容大纲**。ChatPPT 会根据所选的内容丰富度生成内容大纲，感到满意后单击“使用”按钮，如图 4-11 所示。

步骤06　**选择主题风格**。弹出“请选择 AI 生成的主题风格”选项组，默认提供 4 个主题风格，❶单击要应用的主题风格，❷然后单击“使用”按钮，如图 4-12 所示。

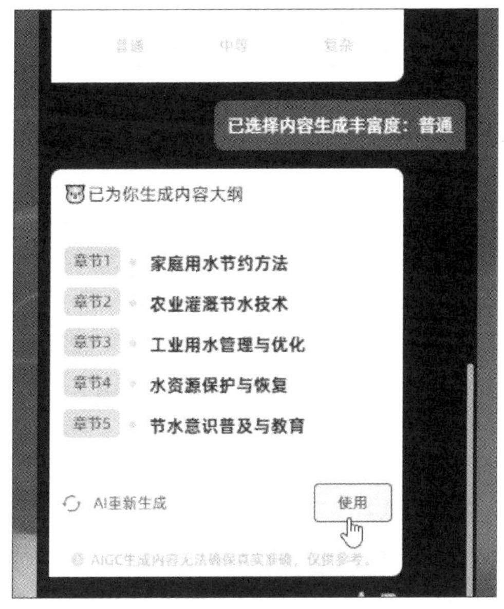

图 4-11

图 4-12

步骤07　**生成演示文稿**。ChatPPT 将开始演示文稿的生成与设计，指令框中会显示生成进度。稍等片刻，即可得到一份完整的演示文稿，如图 4-13 所示。

图 4-13

步骤08　**查看并下载演示文稿**。❶单击左侧的缩览图，可以切换查看每一页幻灯片，❷单击“下载”按钮，如图 4-14 所示，可以将演示文稿保存到计算机上。

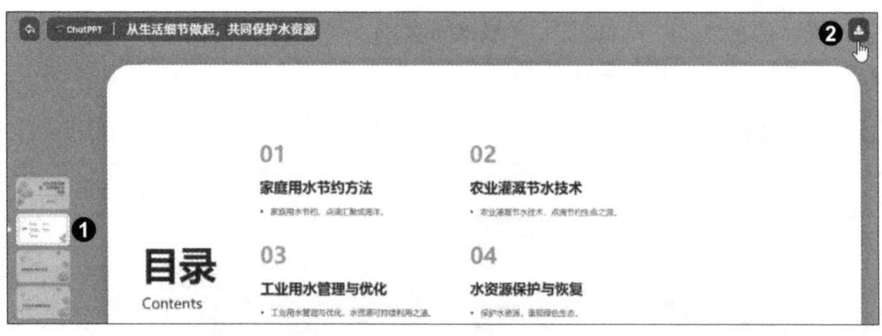

图 4-14

提示

ChatPPT 在线体验版生成的演示文稿仅有主题样式、目录结构、正文和配图等基础内容，没有特效、动画及交互内容。此外，该版本的体验次数有限，次数用完之后，只能通过安装插件来使用 ChatPPT。下一个案例将介绍 ChatPPT 的 Office 插件版的使用。

实战演练：对话式创建完整演示文稿

ChatPPT 的 Office 插件版支持微软 Office 与 WPS Office 这两款最常用的办公软件。它提供了完整的 AI 制作演示文稿的功能，包括 AI 生成演示文稿、AI 指令美化与设置、AI 绘图和配图等。本案例将使用 ChatPPT 的 Office 插件版生成一份互联网市场调研报告演示文稿。

步骤01 **登录账号**。安装好插件后，启动 PowerPoint 程序，新建空白演示文稿，可以看到功能区中多了一个“ChatPPT”选项卡。❶切换至该选项卡，❷单击“登录”按钮，❸然后在弹出的界面中根据提示使用微信扫码进行登录，如图 4-15 所示。

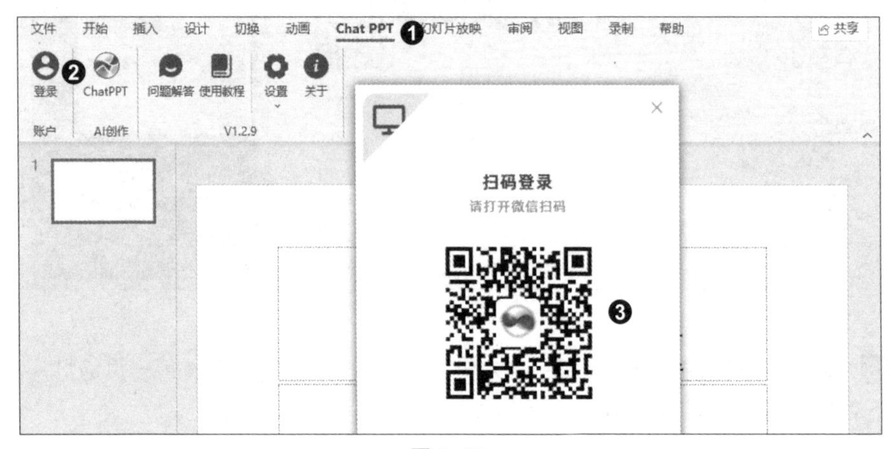

图 4-15

提示

ChatPPT 的 Office 插件版安装比较简单，只需要在 ChatPPT 的首页（https://chat-ppt.com/）单击“下载插件安装包”按钮，下载并运行安装包，再根据界面中的提示操作即可。

步骤02 **展开 ChatPPT 窗格**。登录成功后，❶单击“ChatPPT”按钮，❷在程序窗口右侧将会展开相应的窗格，如图 4-16 所示。

图 4-16

步骤03 **输入生成指令**。❶在指令框中输入生成演示文稿的指令，如“生成一份互联网市场调研报告 PPT”，❷单击指令框右侧的按钮执行指令，如图 4-17 所示，即可开始生成演示文稿。

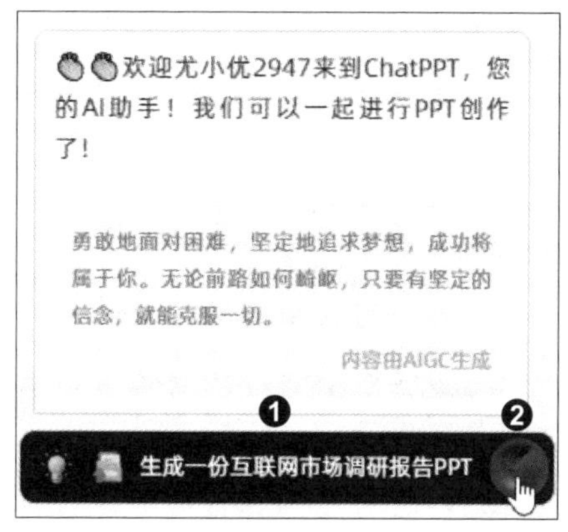

图 4-17

步骤04 **选择主题**。ChatPPT 会根据输入的指令生成几个主题供用户选择。❶单击选择合适的主题，❷然后单击“确认”按钮，如图 4-18 所示。

步骤05 **选择内容丰富度**。显示“请选择你想要的 PPT 内容丰富度”选项组，这里想要生成内容结构较为丰富的演示文稿，因此单击“中等”选项，如图 4-19 所示。

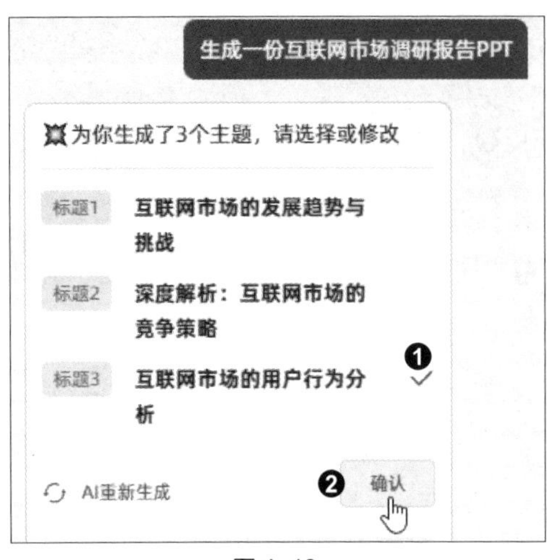

图 4-18

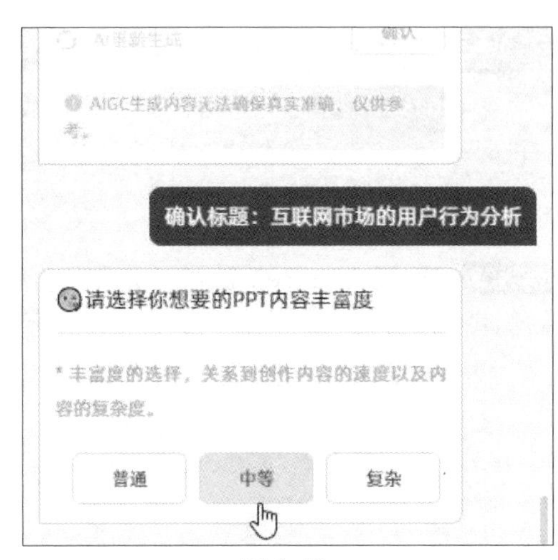

图 4-19

步骤06 **确认目录**。ChatPPT 会根据所选的内容丰富度生成目录，如图 4-20 和图 4-21 所示，若感到满意，单击“使用”按钮进行确认。

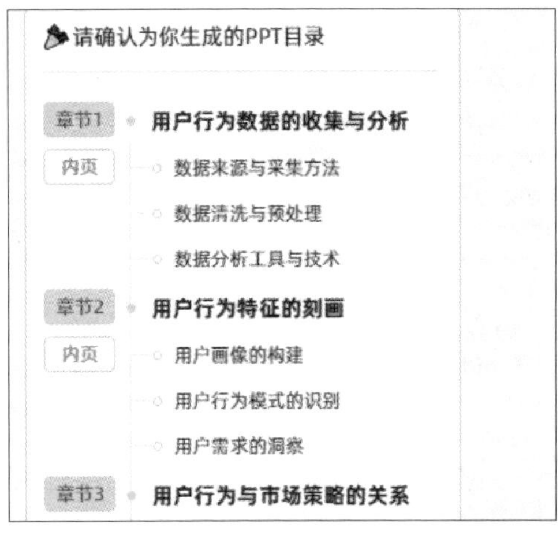

图 4-20

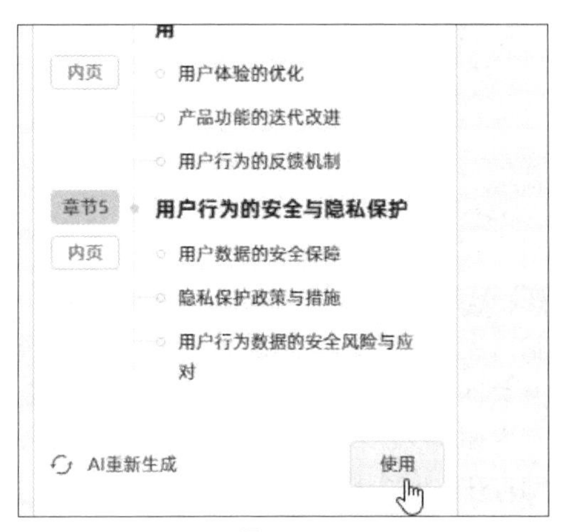

图 4-21

提示

单击目录中的任意标题，即可进入编辑状态，对标题进行手动修改。此外，标题右侧还会显示“缩进”“添加”“删除”等按钮，单击按钮即可执行相应操作。

步骤07 **选择主题设计**。ChatPPT 会参照内容生成几个主题设计供用户选择，❶单击要应用的主题设计，❷然后单击“使用”按钮，如图 4-22 所示。

步骤08 **选择图片 / 图标的生成模式**。弹出“请选择图片 / 图标等的生成模式”选项组，单击“高质量”按钮，如图 4-23 所示。

图 4-22

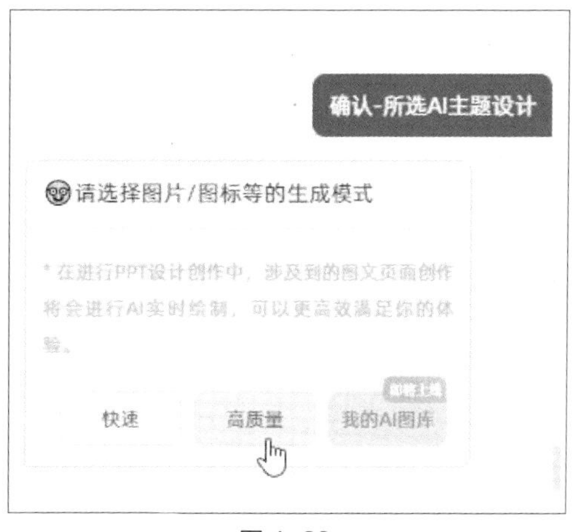

图 4-23

步骤09　**选择不生成演讲备注**。弹出“是否需要为你生成演讲备注（演讲稿）？”选项组，生成演讲备注会消耗页面生成权益，这里单击“不需要”按钮，如图 4-24 所示。

步骤10　**选择生成演示动画**。弹出“是否根据您的内容为你生成演示动画？”选项组，单击“需要”按钮，如图 4-25 所示。

图 4-24

图 4-25

步骤11　**生成演示文稿**。随后进入全自动的 AI 创作流程，ChatPPT 将根据前面所选择的主题设计、图片 / 图标生成模式等生成相应的演示文稿，如图 4-26 所示。

步骤12　**更换主题色**。如果对 ChatPPT 生成的演示文稿不是很满意，还可以对其进行修改。继续在 ChatPPT 窗格中操作，❶在指令框中输入指令“更换主题色”，按〈Enter〉键发送指令，ChatPPT 就会根据演示文稿内容重新提供 4 种主题色风格，❷单击选择合适的主题色风格，❸然后单击“使用”按钮，如图 4-27 所示。❹稍等片刻，ChatPPT 将根据所选择的主题色更改演示文稿的配色，如图 4-28 所示。

图 4-26

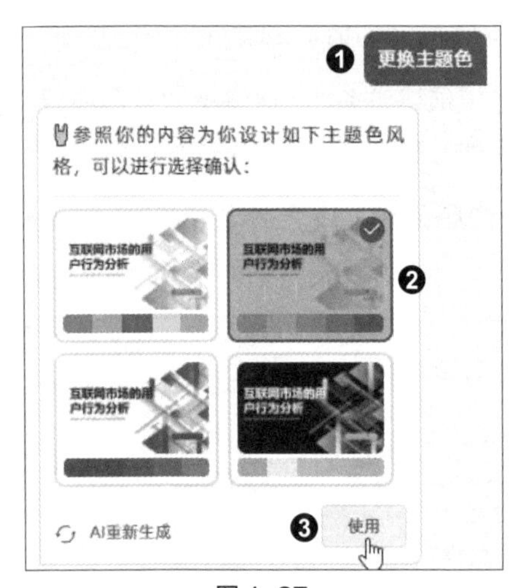

图 4-27

图 4-28

步骤13 **输入更换图片的指令**。❶单击选中第 4 页幻灯片，❷单击选中幻灯片中的任意一张图片，❸在指令框中输入指令“更换为用户浏览网页的图片”，按〈Enter〉键发送指令，如图 4-29 所示。

图 4-29

步骤14　更换图片。随后所选图片会被替换为 AI 生成的图片，如图 4-30 所示。采用相同的方法更换另外两张图片，或者在选中图片后，单击上一步骤发送的指令左侧的“再次执行此指令”按钮，进行图片的更换操作，更换后的效果如图 4-31 所示。

图 4-30

图 4-31

步骤15　输入美化页面的指令。❶选中第 13 页幻灯片，❷在指令框中输入指令“帮我美化一下这个页面”，按〈Enter〉键发送指令，如图 4-32 所示。

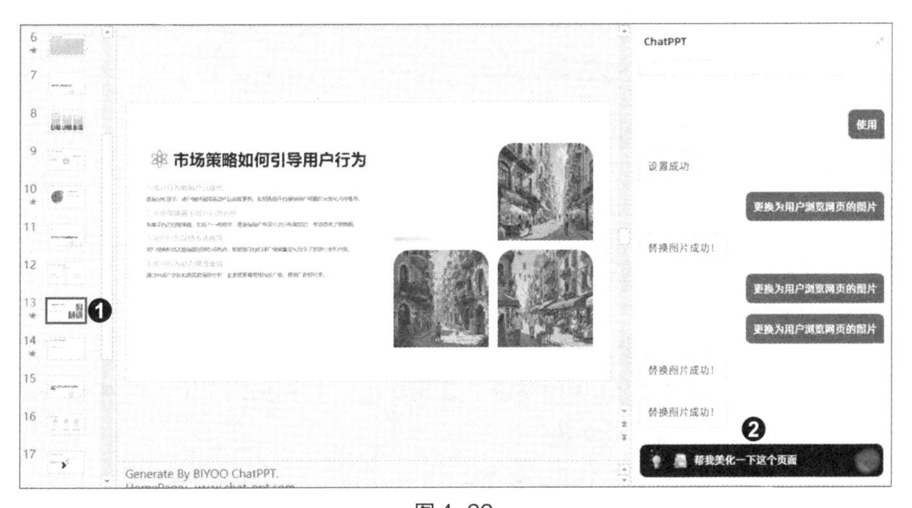

图 4-32

提示

本案例仅展示了使用 ChatPPT 通过指令生成演示文稿的一系列操作。另外，ChatPPT 还支持将 Word 文档、PDF 文档、X-Mind 文档、网页内容、剪贴板内容等转换为演示文稿，感兴趣的读者可以自行体验。

步骤16　选择页面布局。ChatPPT 会根据当前幻灯片内容生成 4 种页面布局供用户选择，❶单击要应用的页面布局，❷然后单击“使用”按钮，如图 4-33 所示。

步骤17 **查看美化页面的效果**。ChatPPT 会根据所选的布局调整页面，效果如图 4-34 所示。

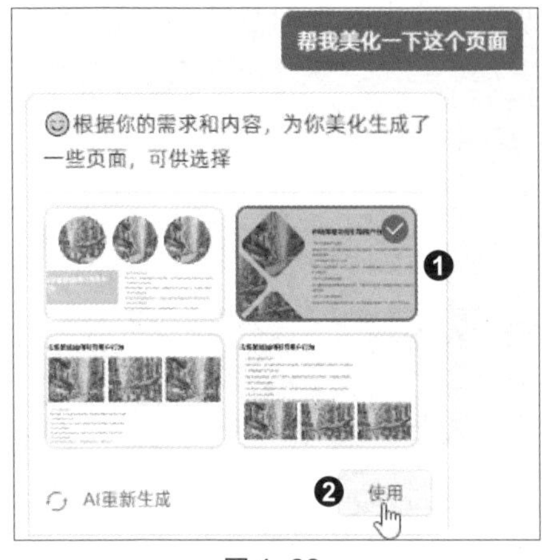

图 4-33

图 4-34

4.3 AiPPT：高质量的演示文稿生成工具

AiPPT 是一款 AI 驱动的演示文稿在线生成工具，只需要输入主题，即可一键生成高质量的演示文稿。此外，AiPPT 还支持在线自定义编辑和文档导入生成，并配置了超 10 万套定制级演示文稿模板及素材，助力用户快速产出专业级演示文稿。

实战演练：轻松创建特定主题的演示文稿

在制作演示文稿时，若仅拥有主题却缺乏明确的方向，可以使用 AI 工具提供内容指引，快速明确思路，高效构建逻辑清晰的演示文稿。本案例将使用 AiPPT 创建主题为“青少年心理健康教育”的演示文稿。

步骤01 **登录账号**。用网页浏览器打开 AiPPT 的首页（https://www.aippt.cn/），❶单击页面右上角的“登录”按钮，如图 4-35 所示。❷在弹出的登录对话框中根据提示使用微信扫码进行登录，如图 4-36 所示。

图 4-35

图 4-36

步骤02 **选择创建方式**。登录成功后进入 AiPPT 的工作界面，可以通过输入指令或套用模板生成演示文稿。这里以套用模板为例，单击“挑选模板创建 PPT”按钮，如图 4-37 所示。

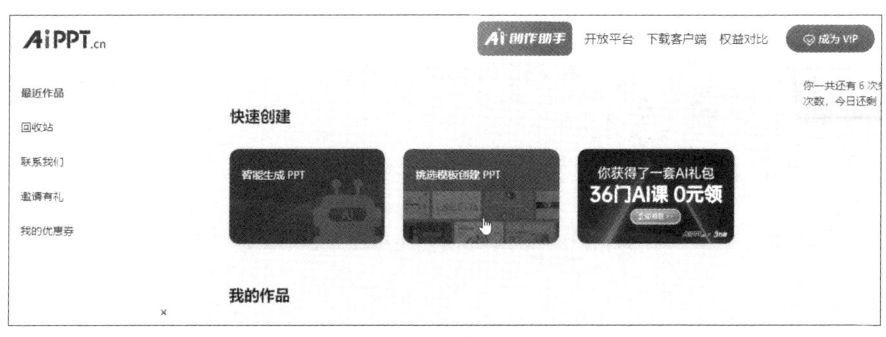

图 4-37

提示

AiPPT 拥有丰富的模板，这些模板按照应用场景、设计风格、主题颜色进行了细致的分类，以帮助用户快速筛选出合适的模板。

步骤03 **选择模板**。弹出模板窗口，用户可以根据自己的需求选择模板的应用场景和设计风格，❶这里单击“教育培训”模板场景，❷单击“卡通手绘”设计风格，❸从筛选出的模板中选择一个喜欢的模板，❹然后单击“下一步”按钮，如图 4-38 所示。

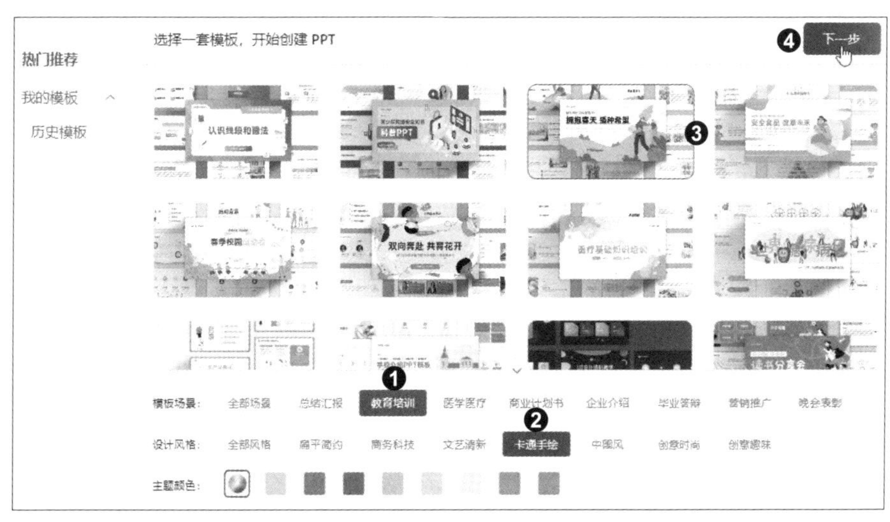

图 4-38

步骤04 **输入演示文稿标题**。❶在弹出的页面中显示所选择的模板，❷输入演示文稿的标题，如“青少年心理健康教育”，❸单击右侧的“发送”按钮，如图 4-39 所示。如果不知道写什么标题，也可以用 AiPPT 中预设的标题体验生成效果。

图 4-39

步骤05 **根据标题生成大纲**。稍等片刻，AiPPT 会根据输入的标题生成大纲内容。如果不满意某条大纲内容，❶可以单击该内容，进入编辑状态，对其进行修改，❷也可以单击“换个大纲”按钮，如图 4-40 所示，重新生成大纲内容。得到满意的大纲后，❸单击下方的“生成 PPT”按钮，如图 4-41 所示。

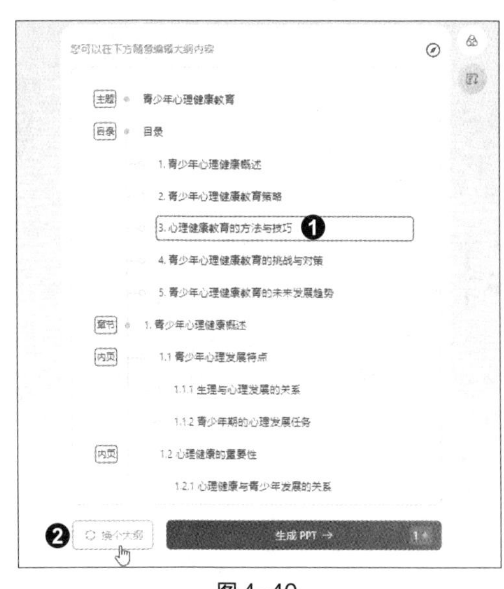

图 4-40

图 4-41

步骤06 **生成演示文稿**。随后 AiPPT 会加载前面选择的模板，并根据大纲内容生成一份演示文稿，如图 4-42 所示。如果想要下载 AiPPT 生成的演示文稿，需要充值成为会员。

图 4-42

4.4　Tome：创意演示，一键生成

Tome 是一款演示文稿智能生成工具，它借助 OpenAI 的 GPT 和 DALL-E 的 AIGC 技术，将文本和图像无缝结合，帮助用户快速、便捷地设计演示文稿。用户只需输入一个标题或一段文字描述，Tome 便能自动生成包括标题、大纲、内容和配图的完整演示文稿。与其他同类工具相比，Tome 制作的演示文稿具有出色的自适应能力，能够自动适配各种显示设备，确保在不同场合下都能呈现最佳的视觉效果。

实战演练：智能生成精美演示文稿

版面布局、配图和文字内容的质量共同决定了演示文稿的质量和效果。AI 工具能够依据演示文稿的主题，智能地选取与之匹配的版面布局、图片素材和文字内容，从而生成精美的演示文稿。本案例将使用 Tome 创建主题为“个人效率提升：掌握时间管理的秘籍”的演示文稿。

步骤01　**注册并登录**。用网页浏览器打开 Tome 的首页（https://beta.tome.app/），❶单击页面中的“Try Tome”按钮，如图 4-43 所示，弹出登录页面，❷根据提示完成账号的注册和登录，如图 4-44 所示。

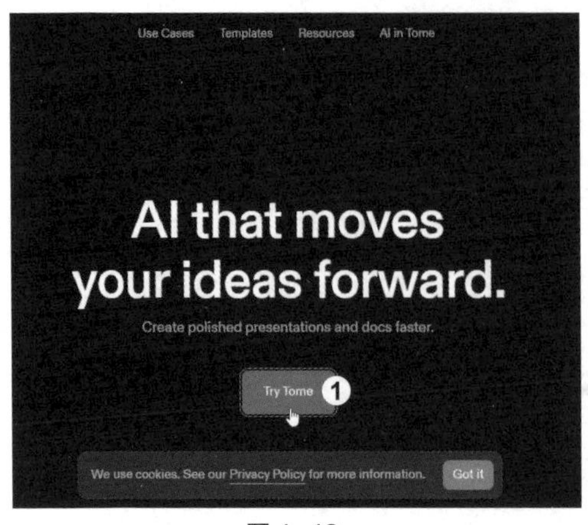

图 4-43

图 4-44

步骤02 **选择使用 AI 生成**。进入个人中心页面，可以看到 Tome 提供了一些模板供用户套用。如果不想使用模板，则单击页面右上角的“使用 AI 生成”按钮，创建新文档，如图 4-45 所示。

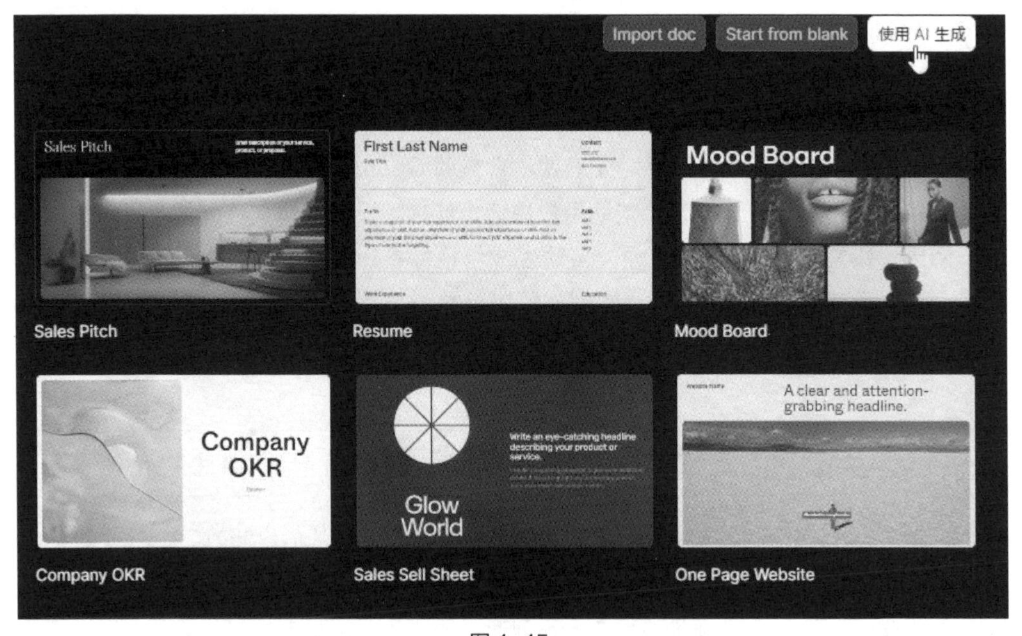

图 4-45

提示

Tome 会给新用户赠送 500 个 AI 积分，每次调用 AI 功能都会消耗一部分积分，积分用完之后，需要升级到专业版会员才能继续使用 AI 功能。

步骤03 **输入标题**。❶在指令框中输入演示文稿的标题，如“个人效率提升：掌握时间管理的秘籍”，❷单击下方的“生成大纲”按钮，如图 4-46 所示。

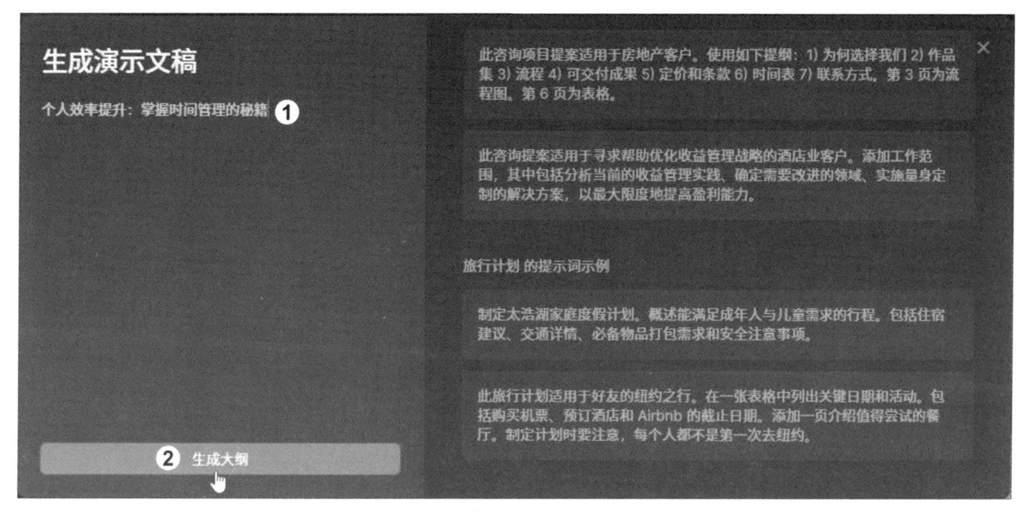

图 4-46

步骤04　**生成大纲**。Tome 将根据输入的标题自动生成演示文稿大纲，单击下方的“生成演示文稿”按钮，如图 4-47 所示。如果不满意当前给出的大纲，可以单击“重新生成大纲”按钮，让 AI 重新生成。

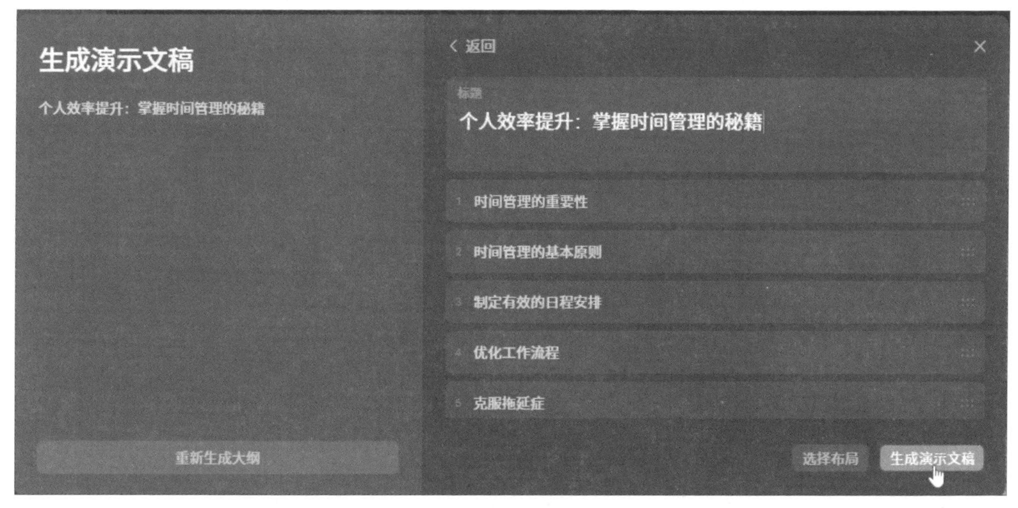

图 4-47

提示

使用 Tome 生成演示文稿时，如果想要手动指定每个页面的版面布局，可以单击“选择布局”按钮，然后在弹出的页面中进行设置。

步骤05　**生成演示文稿**。稍等片刻，Tome 就会根据大纲内容创作一份图文并茂的演示文稿，单击页面左侧的缩略图可查看指定页面的幻灯片效果，如图 4-48 所示。

图 4-48

步骤06 **更改主题**。如果对生成的结果不满意，还可以在线进行修改。❶单击页面右侧的“设置主题”按钮，展开相应的面板，❷在“Tome”选项卡下的“Tome 主题”下拉列表框中选择一种主题，如“深色”，即可更改整个文稿的主题，如图 4-49 所示。若只想更改当前幻灯片的主题，则切换至“页面”选项卡进行设置。

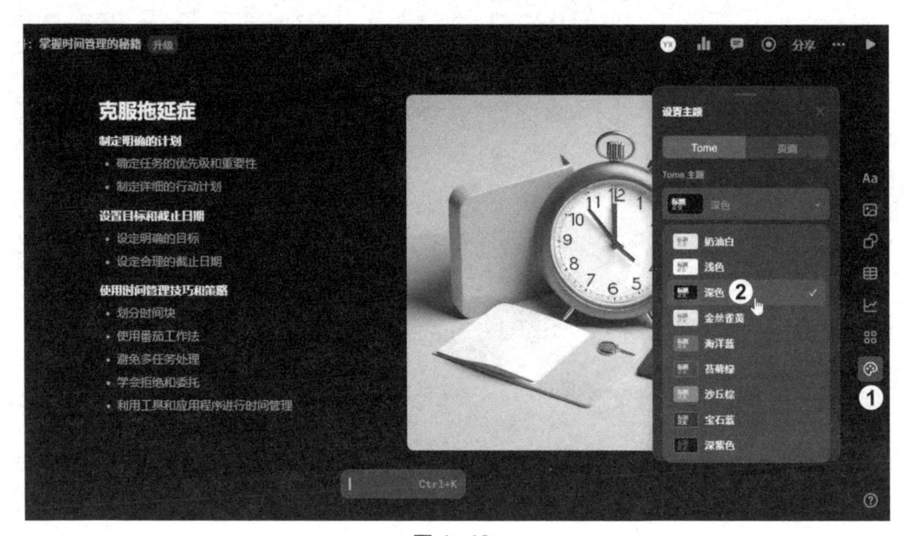

图 4-49

步骤07 **智能改写内容**。❶切换至第 5 张幻灯片，❷选中文字，在弹出的浮动工具栏中可设置文字的属性，如段落类型、项目符号、编号、粗体、斜体、下划线、删除线、字距及超链接等。❸单击最右侧的“AI 编辑”下拉按钮，展开的列表中有“改写”“调整语气”“修正拼写和语法”“缩减”“扩展”5 个选项，❹这里选择“调整语气”，❺在展开的二级列表中选择“有说服力”，如图 4-50 所示。

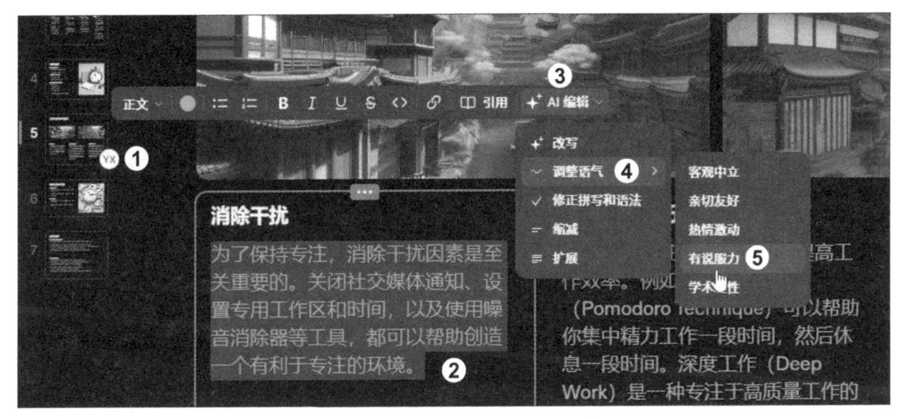

图 4-50

步骤08　查看改写结果。❶查看改写后的文字内容，若满足要求，❷单击提示栏中的“保留”按钮，如图 4-51 所示，确认修改。

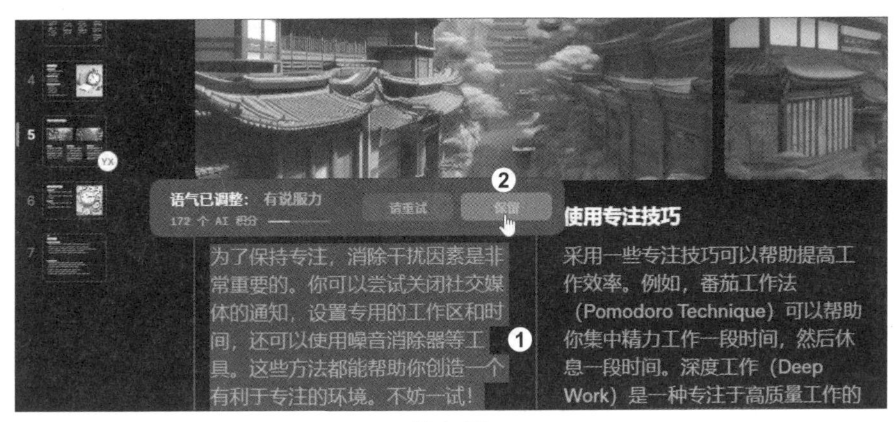

图 4-51

步骤09　选择需要替换的图片。❶选中幻灯片中的图片，❷单击图片上方的“单击查看选项”按钮，展开“媒体”面板，❸单击“生成”按钮，如图 4-52 所示。如果需要使用已有的图片，则可单击“上传”按钮，用上传的图片进行替换。

图 4-52

提示

如果想将当前演示文稿中的图片下载到计算机上，可以用鼠标右键单击该图片，在弹出的快捷菜单中单击“下载”命令。

步骤10 **用 AI 重新生成图片**。展开“生成”面板，❶在提示词框中输入生成图片的提示词，❷单击“生成”按钮，如图 4-53 所示。稍等片刻，面板中会显示生成的 4 幅图像，❸单击合适的图像，如图 4-54 所示。

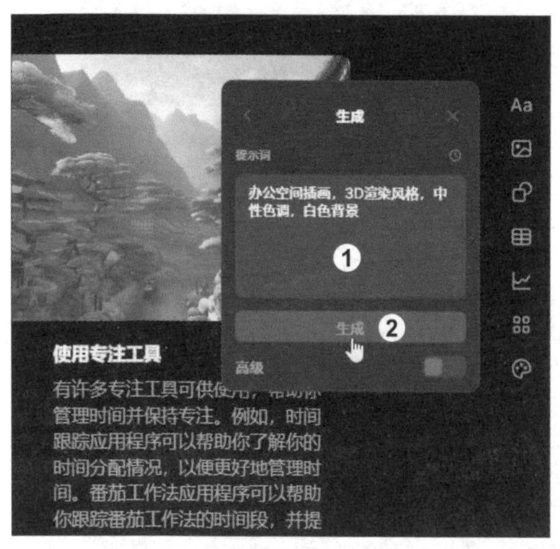

图 4-53

图 4-54

提示

使用 AI 生成配图时，可能需要尝试多次，才能得到满意的结果。此外，单击“高级”右侧的开关按钮，开启高级模式，可指定图片中不能出现的内容和图片的长宽比。

步骤11 **查看替换图片的效果**。此时选中的图片会被替换为 AI 生成的图片，替换后的效果如图 4-55 所示。

图 4-55

步骤12　分享演示文稿。用户可通过链接和二维码两种方式分享 Tome 生成的演示文稿。❶单击页面右上角的“分享”按钮，❷在展开的面板中单击“复制链接”按钮，如图 4-56 所示，即可将演示文稿的观看链接复制到剪贴板。单击“复制链接”按钮左侧的二维码按钮，则可生成当前演示文稿的二维码。用户可将复制的链接或生成的二维码分享给他人，对方通过单击链接或扫描二维码即可观看演示文稿。

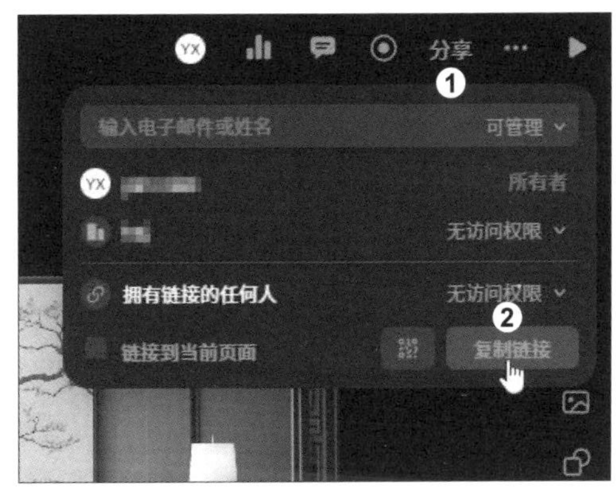

图 4-56

4.5　iSlide：让演示文稿设计更加简单高效

iSlide 是一款演示文稿设计增效工具，其功能特色主要分为 3 个方面：丰富的内置资源库，包括案例库、主题库、色彩库、图示库、图表库、图标库、图片库、插图库、组件库等，能够有效解决设计素材缺乏、审美能力不足等问题；便捷的排版设计工具，能够快速统一字体和段落格式、调整元素尺寸和布局等，让用户告别烦琐的手动排版工作；先进的 AI 文本优化功能，包括生成大纲、缩写 / 扩写、校对润色、生成标题等，能够大幅提高文本处理的效率和质量。目前，iSlide 有在线体验版和 Office 插件版两种版本，本节以 Office 插件版为例进行讲解。

实战演练：高效完成演示文稿设计

虽然使用 AI 工具能够快速生成演示文稿，但由于 AI 技术尚处于发展阶段，生成的内容往往还需要用户进行调整和完善。本案例将使用 iSlide 的 AI 功能生成一份演示文稿，然后对该文稿进行优化，包括清除冗余内容、统一段落格式、批量替换图形、对齐元素、替换图片等。

步骤01　登录账号。安装好 iSlide，启动 PowerPoint，将会弹出“密码登录”对话框，在对话框中根据提示进行登录，如图 4-57 所示。用户可以输入账号和密码进行登录，也可以通过微信扫码快速登录。

步骤02　输入演示文稿的主题。登录成功后，显示“iSlide AI”对话框，❶单击“生成 PPT”按钮，❷然后在下方的指令框中输入演示文稿的主题，如“新媒体公司总结报告”，❸单击右侧的“发送”按钮，如图 4-58 所示。

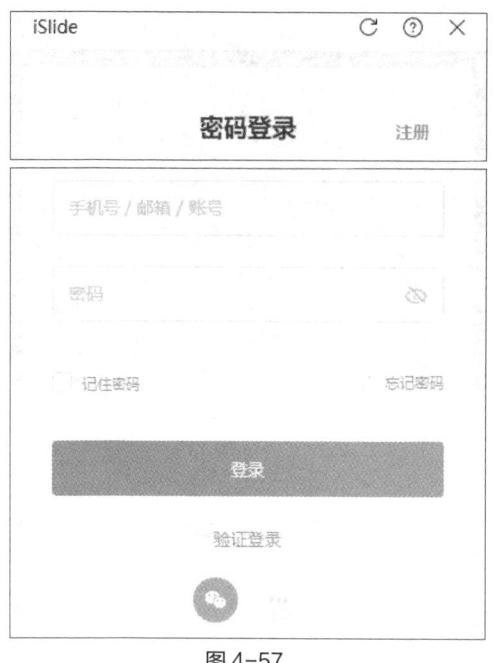

图 4-57

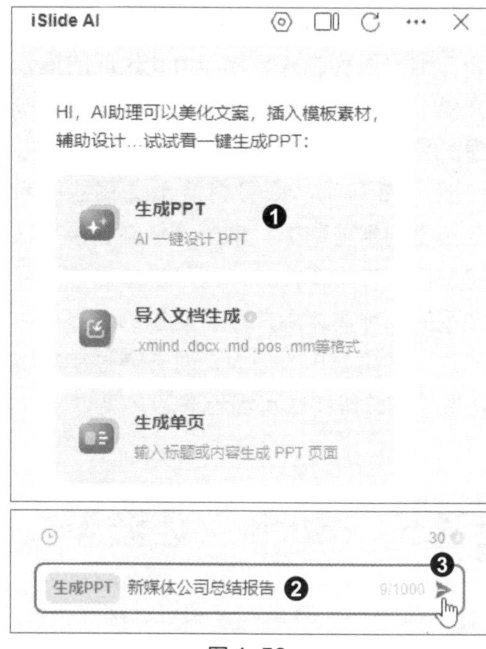

图 4-58

步骤03 **生成演示文稿**。稍等片刻，iSlide AI 会根据输入的主题生成演示文稿的大纲，单击大纲下方的“生成 PPT”按钮，如图 4-59 所示。iSlide AI 会根据该大纲生成一份完整的演示文稿，并提供多种风格的主题皮肤，如图 4-60 所示，如果不需要更换主题，则单击右上角的“关闭”按钮，关闭对话框。

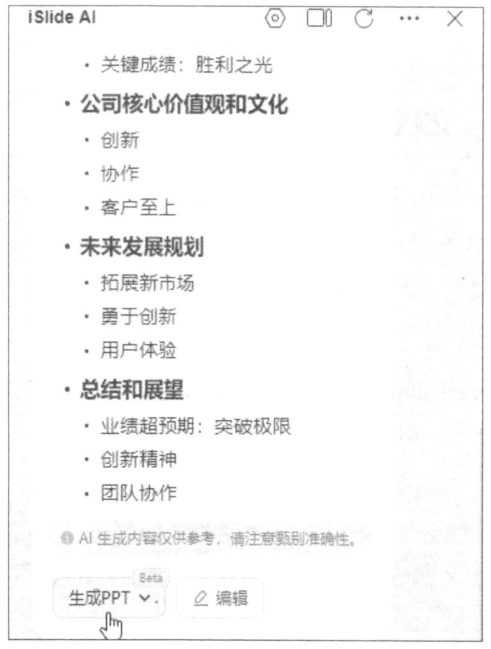

图 4-59

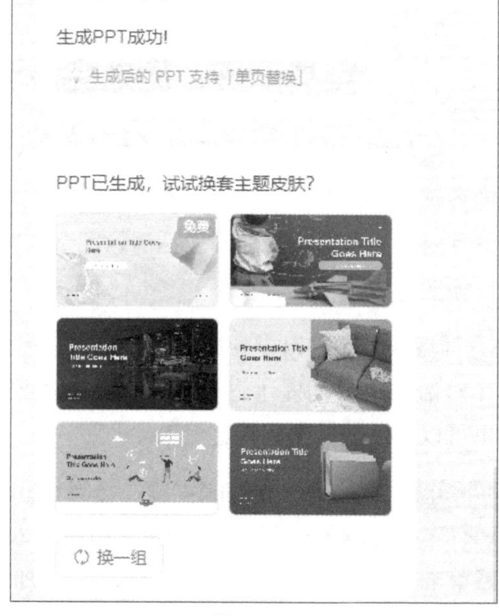

图 4-60

提示

iSlide 插件版的安装比较简单，用网页浏览器打开 iSlide 的下载页面（https://www.islide.cc/download），下载并运行对应系统的安装包，然后根据界面中的提示操作即可，这里不做详述。

步骤04 **选择诊断功能**。进入 PowerPoint 的工作界面，先使用 iSlide 对 AI 生成的演示文稿进行分析，看看存在哪些问题。❶切换至“iSlide”选项卡，❷单击“设计”组中的“PPT 诊断”按钮，如图 4-61 所示。

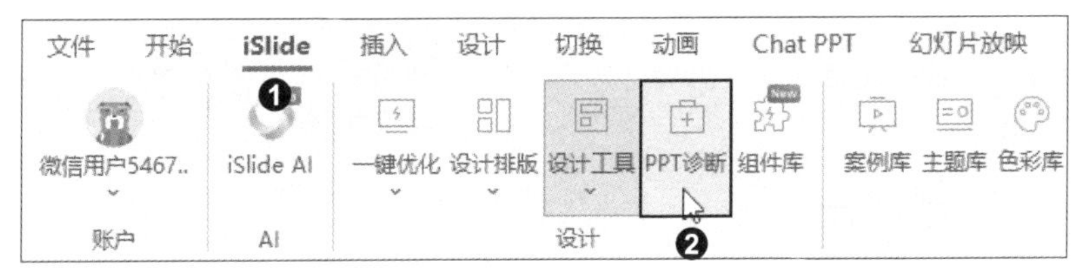

图 4-61

步骤05 **进行诊断**。在打开的对话框中可看到该工具能够检测的问题类型。❶单击“一键诊断”按钮，如图 4-62 所示。稍等片刻，诊断完毕，发现的问题下方的“优化”按钮会变为可用状态。❷单击“存在未使用的冗余版式”下方的“优化”按钮，如图 4-63 所示。

图 4-62

图 4-63

步骤06 **进行优化**。弹出“PPT 瘦身”对话框，❶默认勾选“无用版式”复选框，❷单击下方的“应用”按钮，如图 4-64 所示，即可删除勾选的项目。❸单击对话框右上角的“关闭”按钮，如图 4-65 所示，关闭对话框。

图 4-64

图 4-65

步骤07 **统一段落格式**。❶单击“设计”组中的“一键优化”按钮，❷在展开的列表中选择“统一段落”选项，如图 4-66 所示。❸在弹出的“统一段落”对话框中设置“行距”为 1.5、“段前间距”和“段后间距”为 1，默认应用于所有幻灯片，❹单击“应用”按钮，如图 4-67 所示。

图 4-66

图 4-67

步骤08 **智能选择图形**。切换至第 8 张幻灯片，❶选中第 1 个标题前的图形，❷在“设计工具”窗格中单击“选择”组中的“智能选择”按钮，如图 4-68 所示，❸在弹出的对话框中勾选“相同形状”和“相同填充”复选框，❹单击“选择相同”按钮，❺当前幻灯片中与所选图形拥有相同的形状和填充属性的图形都会被选中，如图 4-69 所示。

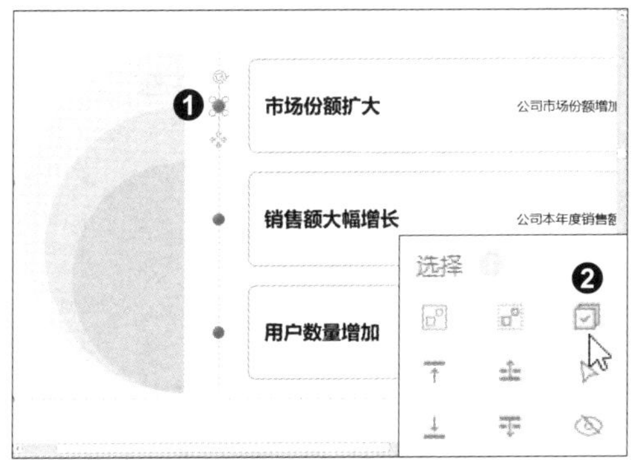

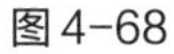
图 4-68

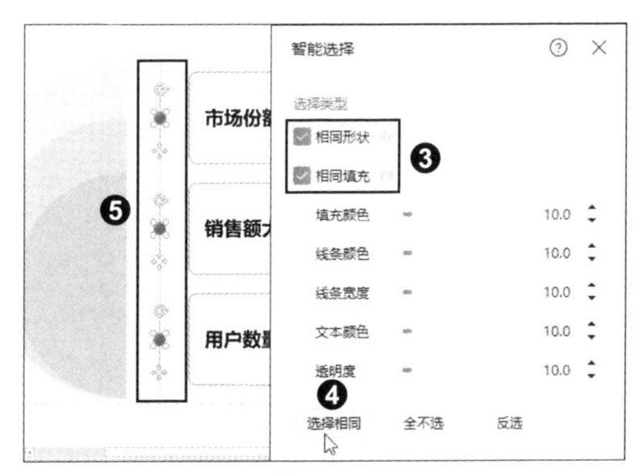

图 4-69

提示

注册用户可以免费使用 iSlide 插件版的部分功能，若想体验更丰富的功能和服务，则需要付费订阅。

步骤09　替换所有选中的图形。❶在“iSlide”选项卡下单击“资源”组中的“图标库”按钮，如图 4-70 所示，打开“图标库”窗格，将鼠标指针放在合适的图标上，❷单击图标上显示的“替换”按钮，如图 4-71 所示，❸即可将上一步骤中选中的图形替换为该图标，并维持原图形的填充属性和大小属性，如图 4-72 所示。

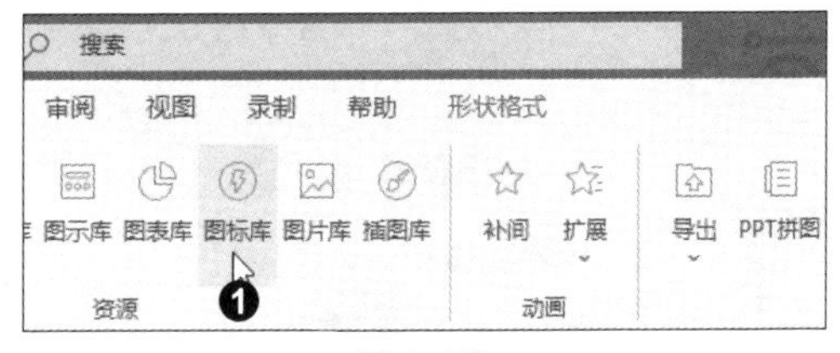

图 4-70

图 4-71

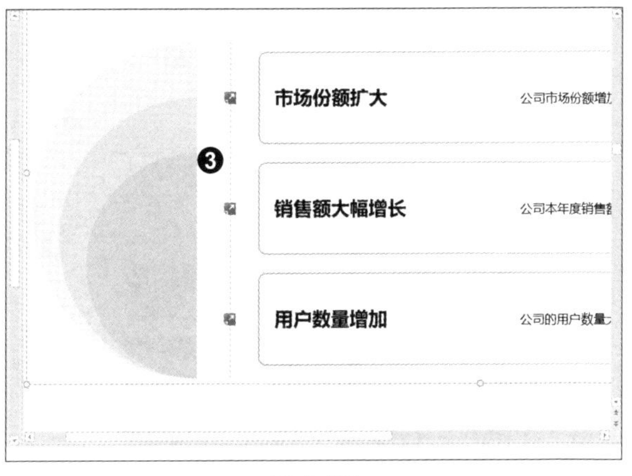

图 4-72

步骤10　将文本框对齐到参考线。切换至第 20 张幻灯片，选中正文内容文本框，❶在“设计工具”窗格中单击“参考线布局”组中的“对齐到右侧参考线”按钮，如图 4-73 所示，❷对齐后的效果如图 4-74 所示。

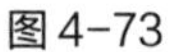

图 4-73

图 4-74

步骤11 **通过资源库替换图片**。❶选中幻灯片中的图片，如图 4-75 所示，❷在“iSlide”选项卡下单击“资源”组中的“图片库”按钮，如图 4-76 所示，在打开的“图片库”窗格中找到合适的图片，❸将鼠标指针放在该图片上，单击图片上显示的“替换”按钮，如图 4-77 所示，❹替换图片后的效果如图 4-78 所示。

图 4-75

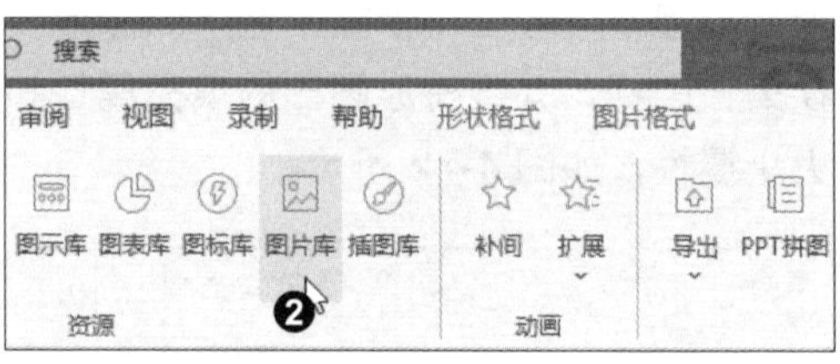

图 4-76

图 4-77

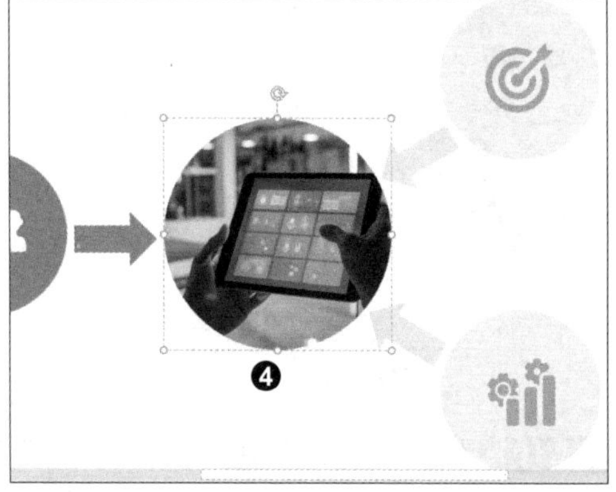

图 4-78

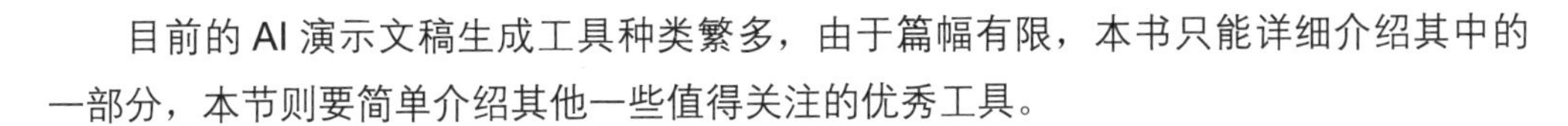

4.6 高效演示：更多 AI 演示文稿生成工具

目前的 AI 演示文稿生成工具种类繁多，由于篇幅有限，本书只能详细介绍其中的一部分，本节则要简单介绍其他一些值得关注的优秀工具。

1．美图 AI PPT

美图设计室推出的美图 AI PPT 是一款免费的演示文稿智能设计工具。用户只需要输入一段描述演示文稿主题的文字，美图 AI PPT 便可在 10 秒内生成一套包括标题、大纲、内容、配图的完整演示文稿。美图 AI PPT 不仅能快速生成演示文稿，还允许用户根据个人需求为演示文稿更换模板和风格，或者添加自己的图片和文字。此外，美图 AI PPT 还支持自动调整文字和图片的位置和大小等智能排版操作，使演示文稿呈现更加美观和专业的效果。

2．比格 AI PPT

比格 AI PPT 是一款使用 AI 技术辅助制作演示文稿的工具，用户只需输入演示文稿的主题，它便能自动生成演示文稿的大纲，然后根据大纲生成一套完整的演示文稿，并且支持大纲二次编辑、一键更换模板和配色、实时协作等。此外，比格 AI PPT 还提供了强大而灵活的编辑工具，用户可以轻松添加文字、图片、图表等元素，并进行自定义设置，从而根据自身需求打造出独特而有吸引力的演示文稿。

3．讯飞智文

讯飞智文是基于星火认知大模型开发的智能文档创作平台。在讯飞智文的主题创建模式下，只需使用自然语言描述所需的演示文稿主题，AI 便能将用户的想法快速转换成专业的演示文稿；而在文本创建模式下，用户可以输入一段话或一篇文章，AI 便会帮助用户总结、拆分和提炼内容，最终生成与主题高度契合的演示文稿。此外，讯飞智文还内置 SPARK AI 助手，可以对生成的演示文稿进行文案优化，如润色、扩写、翻译、纠错等。

4．轻竹办公 PPT

轻竹办公 PPT 是北京智未创想科技开发的演示文稿专业制作工具。依托其先进的 AI 技术，轻竹办公 PPT 实现了演示文稿的一键化快速制作，极大地简化了制作流程。用户只需输入演示文稿的主题，并选择演示文稿的篇幅，它便能套用相应的模板快速生成演示文稿。此外，轻竹办公 PPT 还支持将用户输入的大段文本、用户上传的 Word 文档和 PDF 文档等多种格式的文件快速转化为精美的演示文稿。

5．万彩智演

万彩智演是一款智能生成演示文稿的办公软件，集成了先进的 AI 技术，用户只需要输入主题，软件就可以一键生成完整的演示文稿内容，从而节省创建演示文稿的时间。同时，软件内置了大量精美模板，支持智能语义匹配和一键换肤，用户可以套用合适的模板，轻松制作出具有独特魅力的演示文稿。此外，万彩智演还支持思维导图式演示文稿制作，帮助用户快速梳理思路，并且能够一键转换为适配 Focusky 动画演示的格式，让演示效果更加酷炫。

6. 彩漩

彩漩是一款方便易用的演示文稿创作工具，支持在 PowerPoint 和 WPS Office 中使用。用户可以直接输入一个主题或一段文本，或者选择一篇微信公众号文章作为输入源，彩漩就可以生成逻辑清晰、内容连贯的演示文稿，并允许用户编辑演示文稿，例如，通过智能配图功能替换幻灯片中的图片，或通过内容优化功能缩写和扩写文案。此外，彩漩还支持多人协同编辑演示文稿，包括任务指派、实时讨论、版本管理、多端同步等，从而简化协作过程，提升团队整体的工作效率。

第5章 用 AI 生成创意图像

AI 图像生成技术基于深度学习算法，通过训练神经网络模型来生成新的图像。这种技术可广泛应用于广告营销、多媒体制作、艺术与设计等诸多领域，极大地提高了设计师的工作效率和创作质量。本章将介绍几款简单易用且功能强大的 AI 图像创作工具，帮助读者更好地了解和掌握这一前沿技术。

5.1 AI 绘画提示词的基本结构

提示词的质量在很大程度上决定了最终生成图像的质量。一般来说，提示词由画面内容、风格描述、附加细节 3 个基本部分组成。其中，画面内容是必不可少的，而风格描述和附加细节则可根据具体情况添加或省略。

1. 画面内容

画面内容是提示词的核心，它决定了图像的主体和整体布局。构思画面内容时，首先要明确主要对象或场景，例如，描绘一个人物（如一名宇航员）、一片风景（如森林中的小径）或一个场景（如城市的街道）等。在描述时，需要注重细节，详细描述主要对象或场景的特征，如人物的动作、表情、穿着，或者环境的布局、色彩、光影等。此外，还需要适当考虑画面中的其他元素，如背景、陪体、道具等，以及它们与主要对象或场景的关系。总之，描述得越具体，AI 生成的图像就越有可能符合预期。

在如图 5-1 所示的案例中，提示词对画面内容的主体、环境、道具都做了详细描述。其中，主体是一位中国女孩，提示词包含她的面部特征（精致的五官）、整体气质（东方美女）、发型（齐肩卷发）、动作（坐、对着镜头）、表情（微笑）等，十分全面，对环境（火车后座）和道具（五颜六色的花朵）的描述则让画面变得更加生动。

一张美丽的中国女孩的照片，精致的五官，东方美女，齐肩卷发，坐在火车后座上，周围是五颜六色的花朵，正对着镜头微笑

图 5-1

2. 风格描述

风格描述可以让生成的图像具有独特的视觉效果。风格描述可以是油画、水彩、素描等传统的绘画风格，也可以是赛博朋克、蒸汽波等现代的数字艺术风格，还可以是著名艺术家或艺术流派的风格，如凡·高、毕加索、现实主义、印象派等。

在如图 5-2 所示的案例中，提示词中的风格描述是“水彩画”，期望通过柔和的色彩和流畅的线条来营造梦幻感。在如图 5-3 所示的案例中，提示词中的风格描述是“二次元人物”和“动漫”，期望通过夸张的比例和生动的表情来增强画面的趣味性。

樱花树下，一辆浅粉色的复古敞篷汽车，大众甲壳虫，背景是蓝天白云，奇幻森林，阳光明媚，色彩明亮，光线充足，水彩画

图 5-2

一个可爱的女孩，扎着两条编好的小辫子，辫子上有蓝色的绑带，穿着镶白色花边的蓝色连衣裙，二次元人物，动漫，高清画质

图 5-3

3. 附加细节

附加细节是对画面内容和风格的补充和完善，它可以进一步提升图像的深度和丰富性。附加细节的描述可以围绕光影效果、色彩搭配、视角等方面展开。例如，可以通过调整光影的明暗和方向来增强画面的立体感和层次感，通过选择合适的色彩搭配来营造特定的情感氛围，通过选择不同的视角来呈现不同的视觉效果。

在如图 5-4 所示的案例中，提示词通过对比强烈的光影效果（灯光、阴影、明暗）、鲜艳的色彩搭配（五彩斑斓）、独特的视角（俯视图）来增强画面的层次感、空间感和趣味性，营造出现代都市夜生活的繁华和活力。

城市夜景，高楼大厦，五彩斑斓的霓虹灯光闪烁，远处建筑物轮廓在夜幕中若隐若现，街道上车辆来回穿梭，俯视图，超详细，超现实，灯光，阴影，明暗，复杂的细节，逼真

图 5-4

5.2　AI 绘画常用关键词

传统绘画要结合使用笔触与颜料进行创作，而 AI 绘画则是将用户根据自己想象的画面精心选择的一系列关键词转化为令人惊艳的视觉作品。关键词不仅仅是简单的指令，更是连接创作者与 AI 绘画世界的桥梁。从图像风格到画面构图，从材质纹理到光影效果，每一个关键词都能帮助 AI 更加精准地捕捉创作者的意图和灵感，将其转化为一幅幅生动而富有感染力的画作。

1. 风格

风格关键词能在很大程度上决定 AI 绘画作品的艺术走向，具体可分为绘画风格和艺术风格。绘画风格是艺术家在创作过程中形成的一种独特的画面表达方式，包括对色彩、线条、构图等元素的运用；艺术风格则是艺术家在创作过程中形成的一种独特的艺术表现形式，它不仅涵盖了绘画风格所包含的内容，还扩展到了艺术家的创作理念、表现手法等多个方面。表 5-1 列出了一些常用的绘画风格关键词的中英文对照。

表 5-1

英文	中文	英文	中文	英文	中文
sketch drawing	素描	Japanese manga	日式漫画	ukiyo-e art	浮世绘
graffiti	涂鸦	cartoon	卡通画	8-bit/16-bit pixel art	8 位 /16 位像素
oil painting	油画	manuscript	手稿	Cyberpunk	赛博朋克
pastel painting	粉彩画	realistic	写实	Michelangelo	米开朗琪罗
watercolor painting	水彩画	photography	摄影	Leonardo da Vinci	达·芬奇
Chinese freestyle painting	写意画	Renaissance art	文艺复兴艺术	Rembrandt	伦勃朗
Chinese elaborate-style painting	工笔画	Baroque	巴洛克风格	Monet	莫奈
Chinese ink wash painting	水墨画	Rococo	洛可可风格	Vincent van Gogh	凡·高
pencil drawing	铅笔画	Neoclassicism	新古典主义	Picasso	毕加索
acrylic painting	丙烯画	Impressionism	印象派	Alphonse Mucha	阿方斯·穆哈
gouache painting	水粉画	Post-Impressionism	后印象派	Frida Kahlo	弗里达·卡洛
fresco painting	壁画	Fauvism	野兽派	Andy Warhol	安迪·沃霍尔
impasto painting	厚涂	Surrealism	超现实主义	Qi Baishi	齐白石
illustration	插画	Minimalism	极简主义	Wu Guanzhong	吴冠中
comic	漫画	pop art	波普艺术	Hayao Miyazaki	宫崎骏

2．画面构图

画面构图是塑造作品视觉层次和表达意图的重要手段。它决定了画面元素的排列组合方式，以及如何利用这些元素来引导观众的视线和感受。画面构图不仅仅指居中构图、对称构图等传统构图方式，它还涵盖了视角、景别和元素之间的空间关系等多个方面。表 5-2 列出了一些常用的画面构图关键词的中英文对照。

表 5-2

英文	中文	英文	中文	英文	中文
first-person view	第一人称视角	paraxial photography	旁轴摄影	chest shot	胸部以上
third-person view	第三人称视角	tilt-shift	移轴摄影	face shot	脸部特写
satellite view	卫星视图	wide angle shot	广角镜头	tight shot	近距离景
aerial view	鸟瞰图	ultra-wide shot	超广角镜头	detail shot	细节镜头
top view	顶视图	cinematic shot	电影镜头	over the shoulder shot	过肩景
bottom view	底视图	full shot	全景	loose shot	松散景
front view	前视图	extreme long shot	大远景	scenery shot	风景照
rear view	后视图	long shot	远景	bokeh	背景虚化
back view	背视图	medium long shot	中远景	foreground	前景
side view	侧视图	medium shot	中景	background	背景
upward view	仰视图	medium close-up shot	中近景	center composition	居中构图
isometric view	等轴测视图	close-up shot	特写	S-shaped composition	S 形构图
high angle view	高角度视图	extreme close-up shot	大特写	symmetrical composition	对称构图
super side angle	超侧角	macro shot	微距	diagonal composition	对角线构图
product view	产品视图	full body/length shot	全身人像	rule of thirds composition	三分法构图
close-up view	特写视图	knee shot	膝盖以上	horizontal composition	水平构图
microscopic view	微观视图	waist shot	腰部以上	—	—

3. 材质

材质是指物体表面的质地。在提示词中为主体、背景或其他物体添加描述材质的关键词，可以为这些对象赋予纹理质感，从而极大地增强画面的真实感。表 5-3 列出了一些常用的材质关键词的中英文对照。

表 5-3

英文	中文	英文	中文	英文	中文	英文	中文
fabric	织物	cuprite	赤铜	ivory	象牙	ceramic	陶瓷
cotton	棉	bronze	青铜	stone	石材	glass	玻璃
linen	麻	gold	黄金	concrete	混凝土	plastic	塑料
silk	丝绸	silver	银	clay	黏土	acrylic	亚克力
satin	缎面	aluminum	铝	sand	沙子	rubber	橡胶
velvet	天鹅绒	pearl	珍珠	gravel	沙砾	foil	箔
wool	毛料	agate	玛瑙	brick	砖块	wood	木材
leather	皮革	jade	玉石	marble	大理石	cardboard	纸板
nylon	尼龙	diamond	钻石	plaster	石膏	—	—
metal	金属	amber	琥珀	latex	乳胶	—	—

4．光线

光线在绘画和摄影中扮演着非常重要的角色，能够起到突显主体、烘托氛围、传达情感等作用。AI 绘画中的光线设置同样不容忽视。表 5-4 列出了一些常用的光线关键词的中英文对照。

表 5-4

英文	中文	英文	中文	英文	中文
front light	顺光 / 正面光	volumetric light	体积光	natural light	自然光
back light	逆光 / 背光	hard light	硬光	sun light	太阳光
raking light	侧光	soft light	柔光	morning light	晨光
top light	顶光	warm light	暖光	golden hour light	黄金时段光
rim light	轮廓光	cold light	冷光	mood light	氛围光
edge light	边缘光	bright light	明亮的光线	cinematic light	电影光

续表

英文	中文	英文	中文	英文	中文
studio light	影棚光	neon light	霓虹灯光	global illuminations	全局照明
dramatic light	戏剧光	Rembrandt light	伦勃朗光	soft illumination	柔光照明
cyberpunk light	赛博朋克光	soft candlelight	柔和烛光	—	—

5.3 腾讯元宝：对话式图像创作

腾讯元宝是基于腾讯混元大模型研发的聊天机器人，具备跨领域的知识储备和卓越的自然语言理解能力。它集成了 AI 问答、AI 绘画等多项功能，能够通过人机自然对话的方式理解并执行用户的指令。与其他的独立绘画工具不同，腾讯元宝允许用户在对话过程中进行图像创作，实现“边聊边画”的便捷体验。

实战演练：快速生成文章配图

在撰写文章时，适当的配图不仅能为文字内容提供直观的视觉解释，帮助读者更好地理解和吸收信息，还能为文章增添趣味性和吸引力。本案例将使用腾讯元宝为一篇文章快速生成配图。

步骤01 **登录账号**。用网页浏览器打开腾讯元宝的首页（https://yuanbao.tencent.com/），单击页面左下角的“登录”按钮，如图 5-5 所示，在弹出的登录框中按提示登录账号。

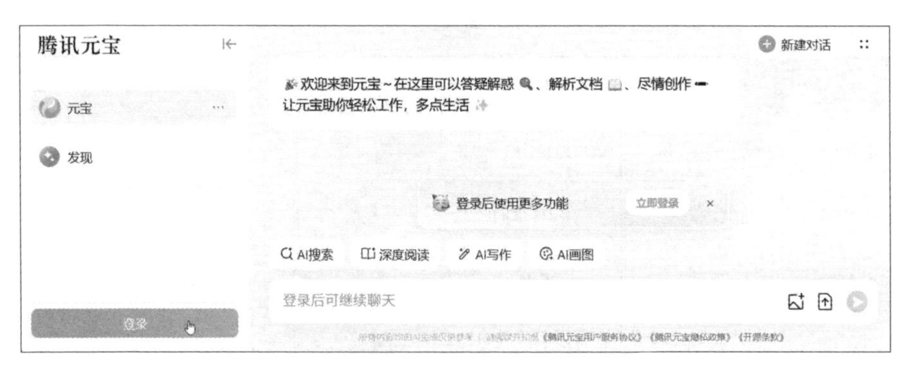

图 5-5

步骤02 **输入问答提示词**。登录成功后，进入腾讯元宝的聊天界面。❶在界面底部的提示词输入框中输入要求为一篇文章提供配图建议的提示词，❷然后单击右侧的▶按钮，如图 5-6 所示。

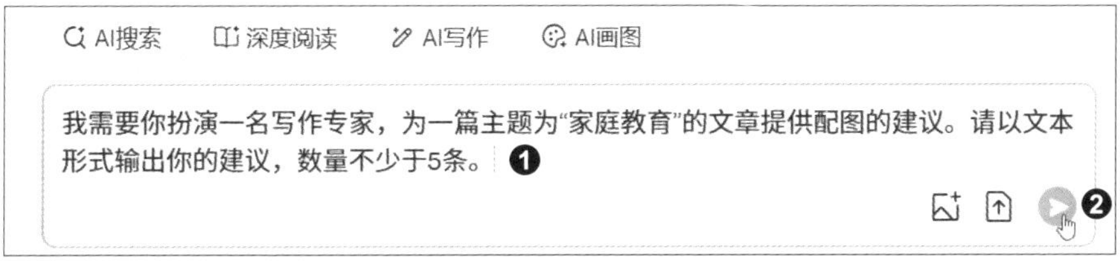

AI搜索　深度阅读　AI写作　AI画图

我需要你扮演一名写作专家，为一篇主题为“家庭教育”的文章提供配图的建议。请以文本形式输出你的建议，数量不少于5条。❶

❷

图 5-6

步骤03 **查看回答**。等待片刻，界面中会以“一问一答”的形式依次显示用户输入的提示词和腾讯元宝的回答，如图 5-7 所示。

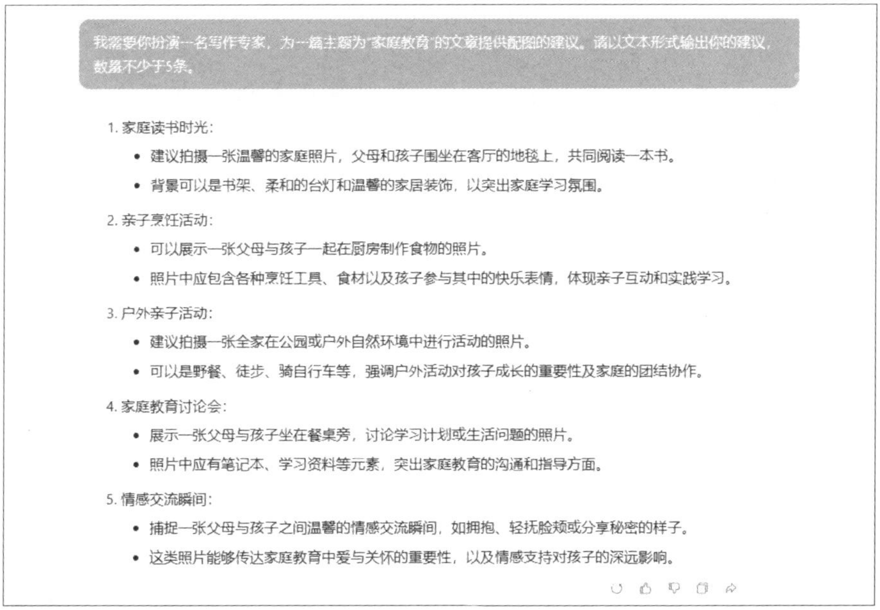

我需要你扮演一名写作专家，为一篇主题为“家庭教育”的文章提供配图的建议。请以文本形式输出你的建议，数量不少于5条。

1. 家庭读书时光：
    - 建议拍摄一张温馨的家庭照片，父母和孩子围坐在客厅的地毯上，共同阅读一本书。
    - 背景可以是书架、柔和的台灯和温馨的家居装饰，以突出家庭学习氛围。
2. 亲子烹饪活动：
    - 可以展示一张父母与孩子一起在厨房制作食物的照片。
    - 照片中应包含各种烹饪工具、食材以及孩子参与其中的快乐表情，体现亲子互动和实践学习。
3. 户外亲子活动：
    - 建议拍摄一张全家在公园或户外自然环境中进行活动的照片。
    - 可以是野餐、徒步、骑自行车等，强调户外活动对孩子成长的重要性及家庭的团结协作。
4. 家庭教育讨论会：
    - 展示一张父母与孩子坐在餐桌旁，讨论学习计划或生活问题的照片。
    - 照片中应有笔记本、学习资料等元素，突出家庭教育的沟通和指导方面。
5. 情感交流瞬间：
    - 捕捉一张父母与孩子之间温馨的情感交流瞬间，如拥抱、轻抚脸颊或分享秘密的样子。
    - 这类照片能够传达家庭教育中爱与关怀的重要性，以及情感支持对孩子的深远影响。

图 5-7

提示

当腾讯元宝的回答质量不高或不符合要求时，可以单击回答下方的“重新生成”按钮↻，让它重新回答。

步骤04 **输入绘图提示词**。❶单击提示词输入框上方的“AI 画图”按钮，进入绘图状态，❷在提示词输入框中输入根据腾讯元宝的配图建议编写的绘图提示词，❸然后单击▶按钮，如图 5-8 所示。

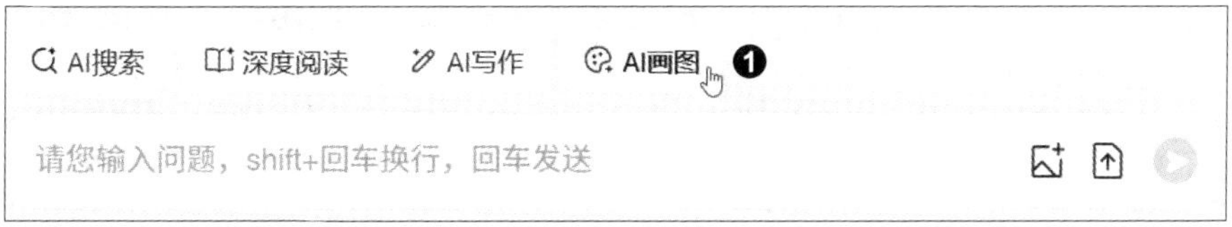

AI搜索　深度阅读　AI写作　AI画图 ❶

请您输入问题，shift+回车换行，回车发送

图 5-8

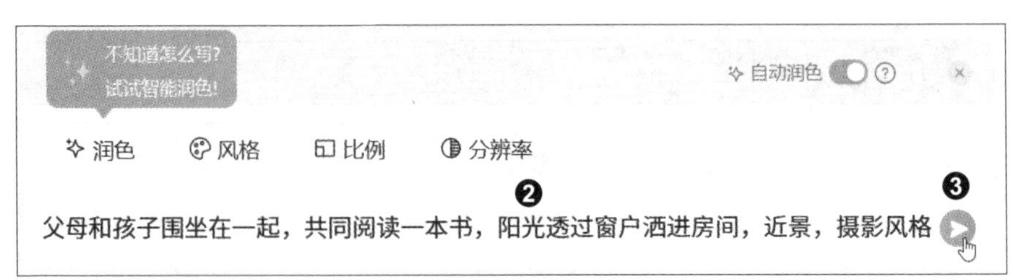

图 5-8（续）

步骤05 **生成图片**。等待片刻，界面中将再次以“一问一答”的形式依次显示用户输入的提示词和腾讯元宝生成的图像，如图 5-9 所示。

图 5-9

5.4 Vega AI：简单易用的 AI 绘画平台

Vega AI 是由右脑科技推出的 AI 绘画平台。该平台具备强大的生成能力和简单易用的操作界面，支持文生图、图生图、条件生图等多种绘画模式。用户可以通过输入文本描述或上传图片文件，选择喜欢的风格和尺寸，生成高质量的艺术作品。此外，Vega AI 的风格广场还提供其他用户分享的海量绘画风格，涵盖了游戏、人物、插画等各种热门画风，用户可以直接套用这些风格快速生成自己的作品。

实战演练：生成大气恢宏的 CG 场景图

传统的 CG 场景图创作流程通常涉及一系列复杂的操作，包括概念设计、3D 建模、骨骼绑定、场景搭建、灯光设置、渲染和后期处理等。AI 绘画技术的问世为 CG 场景图的创作提供了新的思路。本案例将使用 Vega AI 轻松创作出大气恢宏的 CG 场景图。

步骤01　**选择图像风格**。用网页浏览器打开 Vega AI 的首页（https://vegaai.art/），❶单击页面左侧的“风格广场”标签，在风格广场中提供了非常多的风格模板，❷单击“场景”标签，❸在下方选择一种风格，如图 5-10 所示。

图 5-10

步骤02　**应用所选风格**。在打开的页面中单击“应用”按钮，如图 5-11 所示。

图 5-11

步骤03　**刷新提示词**。跳转至“文生图”页面，页面中会提供一些预设提示词，单击按钮，刷新提示词，如图 5-12 所示。

图 5-12

步骤04 **添加预设提示词**。如果想要使用预设提示词，❶直接单击预设提示词，如图 5-13 所示，❷即可将该提示词填入下方的文本框中，❸单击右侧的“生成”按钮，如图 5-14 所示。

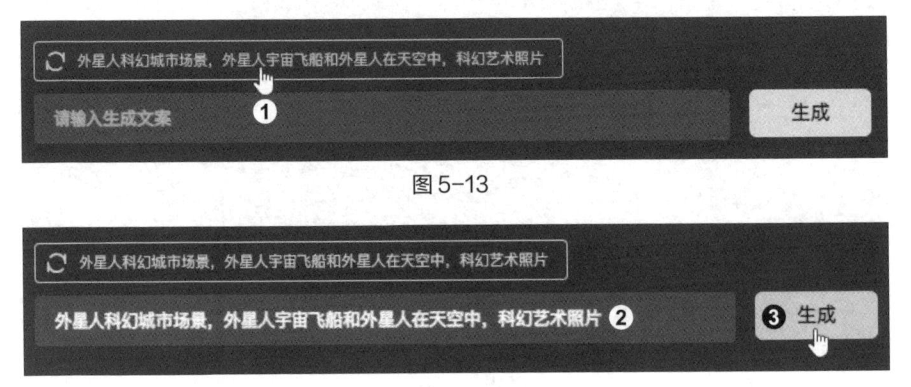

图 5-13

图 5-14

步骤05 **生成图像**。等待片刻，Vega AI 就会根据提示词生成图像，默认一次生成两张图像，如图 5-15 所示。

图 5-15

步骤06　**重新输入提示词**。如果对预设提示词的生成结果不满意，可以在文本框内修改或重新输入提示词。例如，输入提示词“华丽的惊人场景，空间站，行星，太空中的电梯，热带朋克复古的外太空城市，雾，现实主义”，如图 5-16 所示。

图 5-16

步骤07　**设置更多选项**。输入提示词后，还可在右侧设置绘画选项。❶拖动“风格强度”下方的滑块，设置所选的风格对生成图像的影响大小，如图 5-17 所示，❷单击“图片尺寸”下的“16∶9”按钮，设置生成图像的长宽比，❸单击“张数”右侧的“4”按钮，设置生成图像的数量，如图 5-18 所示。

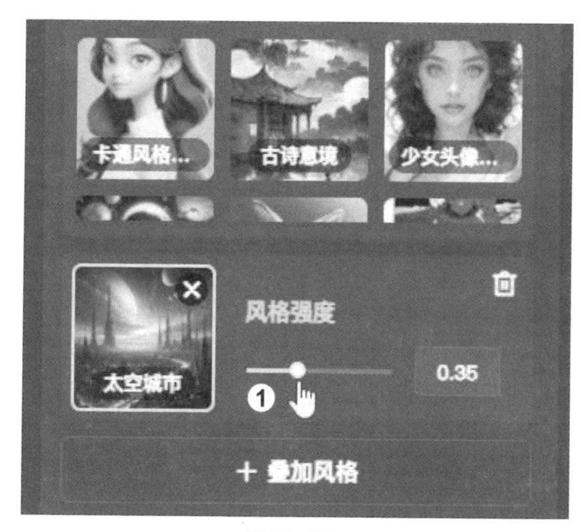

图 5-17

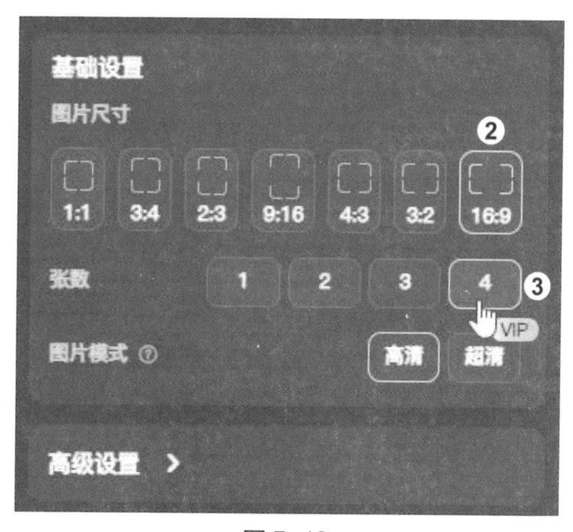

图 5-18

提示

在使用 Vega AI 生成图像时，如果觉得单一风格的图像太单调，可以尝试单击下方的“叠加风格”按钮，将多种风格进行融合，获得风格更加丰富多样的图像。

步骤08　**生成图像**。❶再次单击页面中的“生成”按钮，❷等待片刻，Vega AI 就会根据新的提示词生成图像，如图 5-19 所示。

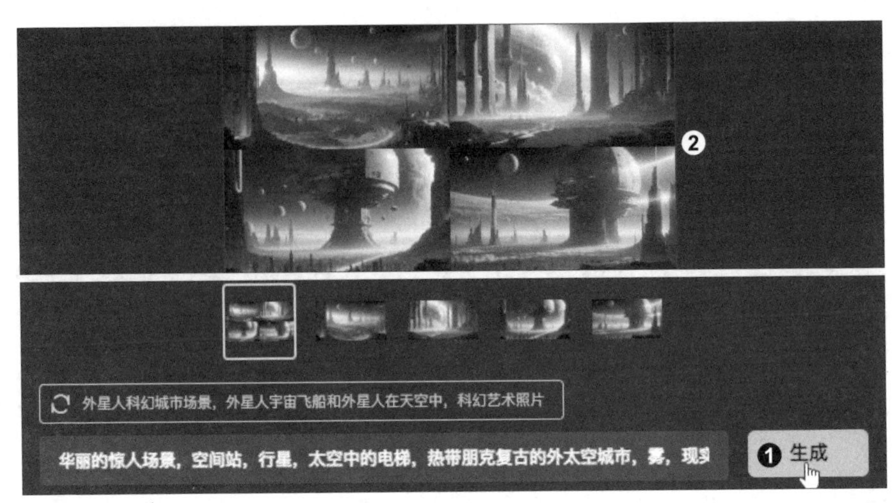

图 5-19

5.5 通义万相：基于通义大模型的 AI 绘画工具

通义万相是由阿里云基于通义大模型开发的 AI 绘画工具。使用通义万相进行创作非常方便，用户只需输入文本描述，选择风格和长宽比等绘画选项，即可轻松生成符合需求的创意画作。此外，通义万相还提供相似图像生成和图像风格迁移两种功能，可以满足更高层次的创作需求。

实战演练：生成新年主题插画作品

新年主题插画不仅具有深厚的文化内涵，还具备广泛的商业和社会应用价值，能够丰富人们的节日生活并传递美好的祝愿。本案例将使用通义万相快速生成几幅新年主题插画作品。

步骤01 **打开通义万相页面。** 用网页浏览器打开通义万相的首页（https://tongyi.aliyun.com/wanxiang/），单击页面中的“创意作画”按钮，如图 5-20 所示。

图 5-20

步骤02　**输入提示词并设置风格**。进入“创意作画”页面，❶在文本框中输入提示词，如“新年，中国龙，消散的颗粒效果，浅红色和浅琥珀色，留白”，❷单击“咒语书”下方的“更多咒语”，❸在展开的选项卡中单击“风格”标签，❹单击选择“浮世绘”风格，如图 5-21 所示。

图 5-21

步骤03　**设置风格和光线**。❶向下滑动，单击选择“涂鸦”风格，叠加风格效果，如图 5-22 所示，❷单击“光线”标签，❸在展开的选项卡中单击“镭射光”选项，❹然后单击“透镜光晕”选项，如图 5-23 所示。

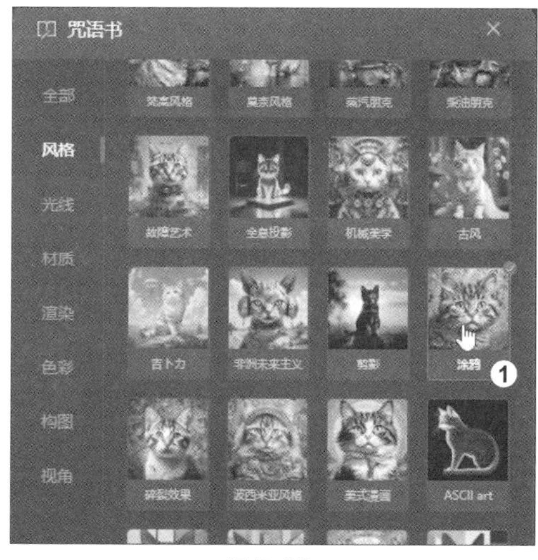

图 5-22

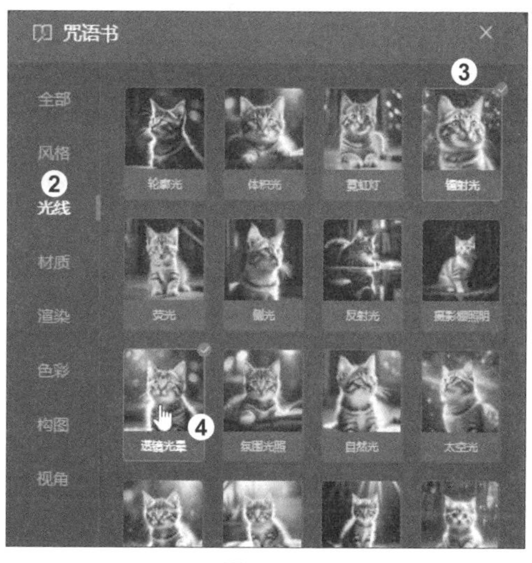

图 5-23

步骤04 **设置渲染方式**。❶单击“渲染”标签，❷在展开的选项卡中单击“Octane”选项，❸设置后可以看到所选“咒语”信息已被添加至提示词中，如图 5-24 所示。

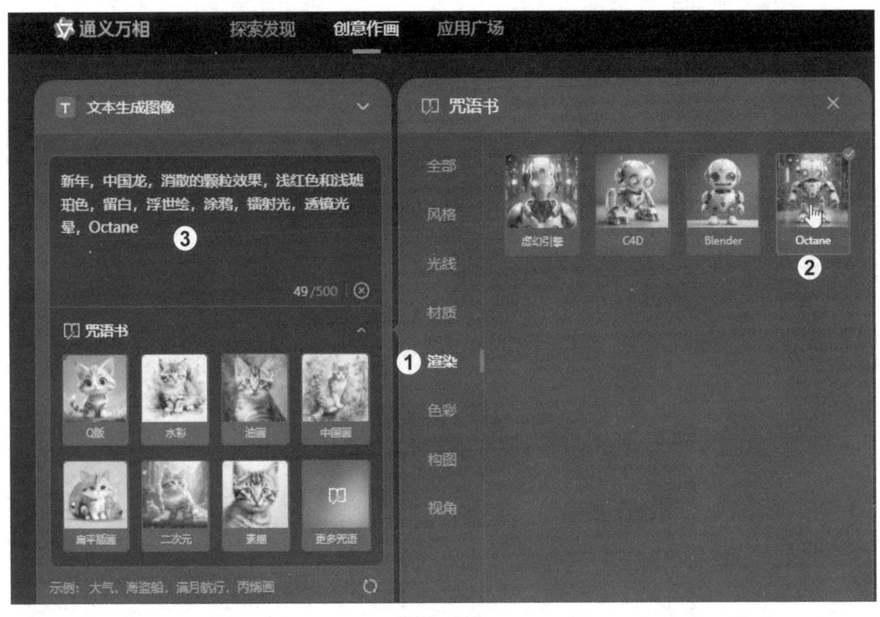

图 5-24

步骤05 **设置生成图像的长宽比**。接着设置图像长宽比，这里想要生成竖向的插画，❶因此选择长宽比为“9∶16”，❷然后单击“生成创意画作”按钮，如图 5-25 所示。

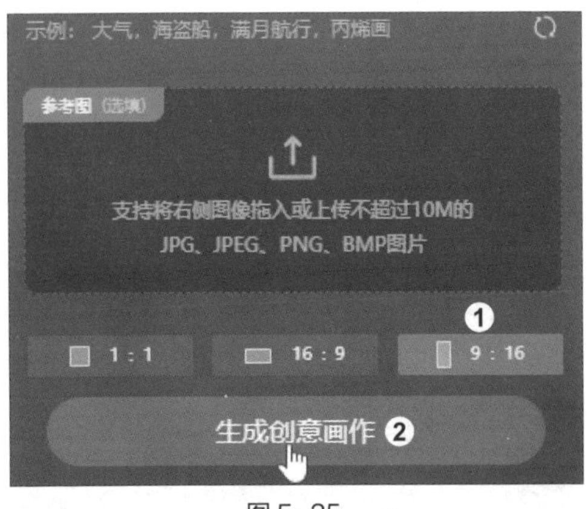

图 5-25

提示

除了文生图，通义万相还提供另外两种生图方式：“相似图像生成”（图生图）和“图像风格迁移”。单击“文本生成图像”右侧的下拉按钮，在展开的列表中即可选择生图方式，如图 5-26 所示。

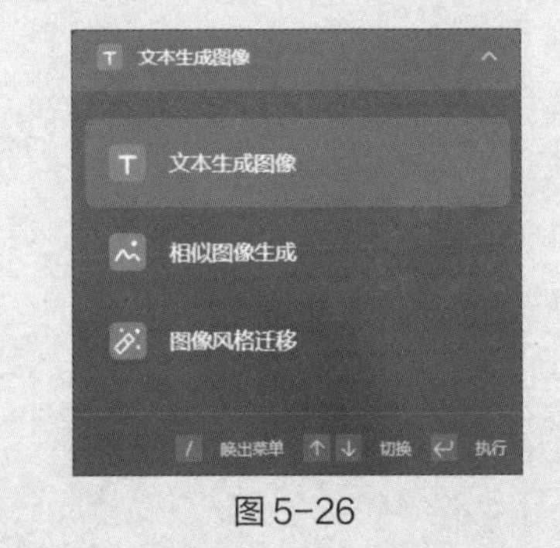

图 5-26

步骤06 **生成图像**。等待片刻，通义万相就会根据提示词生成 4 张不同的图像，如图 5-27 所示。将鼠标指针移到图像上方，单击“下载 AI 生成结果”按钮，即可下载并保存图像。

图 5-27

5.6　WHEE：一站式 AI 视觉创作

WHEE 是美图基于其强大的视觉大模型 MiracleVision 开发的 AI 视觉创作平台，提供文生图、图生图、风格模型训练、创作词库等图像生成功能，以及局部修改、画面扩展等图像编辑功能。本节将演示文生图和局部修改功能，其余功能读者可以自行体验。

实战演练：生成写实风格的人物肖像图

在过去，设计师们为了准备设计素材，需要从各种渠道搜集不同类型的图片，有时甚至要自行拍摄或绘制，非常耗时耗力。AI 绘画工具的出现为获取设计素材开辟了一条便捷且低成本的途径。本案例将使用 WHEE 生成一幅写实风格的人物肖像图。

步骤01 **调用文生图功能**。用网页浏览器打开 WHEE 的首页（https://www.whee.com/），单击页面中的“文生图”选项，如图 5-28 所示。

图 5-28

步骤02 **输入提示词和否定提示词**。进入 WHEE 文生图页面，默认选择的是“快捷创作”模式，❶单击“高级创作”标签，切换至“高级创作”模式，❷在“提示词”文本框中输入“女孩，活力四溢的形象，波浪卷，精致的五官，纤细的身材，学生装，绿色，温馨的小屋”，如图 5-29 所示，❸在“不希望呈现的内容”文本框中输入“画得不好的手、画得不好的脚、画得不好的脸、多余的肢体、变形、奇怪的身体姿势、模糊”，设置否定提示词，如图 5-30 所示。

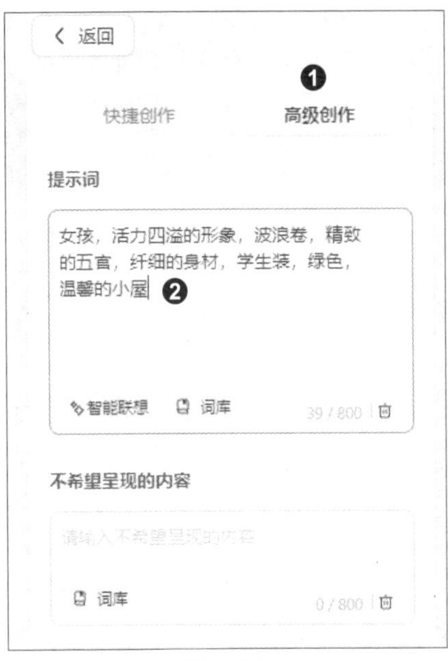

图 5-29

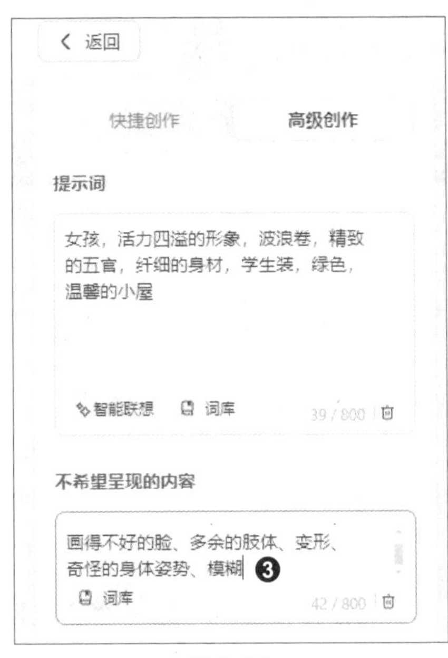

图 5-30

步骤03 **选择风格模型**。❶单击“添加风格模型”按钮，弹出“风格模型”对话框，❷单击选择符合创作需求的模型，如图 5-31 所示。

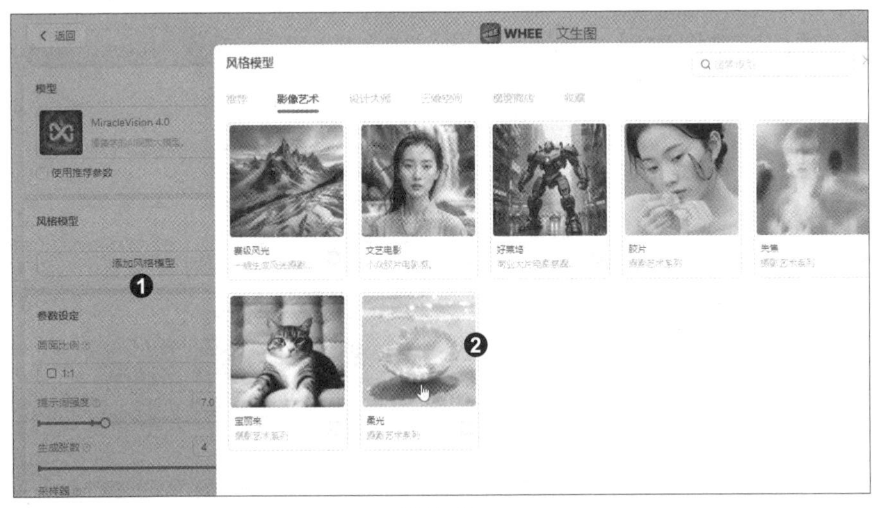

图 5-31

步骤04　**设置更多参数**。❶在“画面比例”下拉列表框中选择人像摄影常用的长宽比“4∶3”，如图 5-32 所示，❷向右拖动“提示词强度”滑块至 10.0，增加提示词对生成图像的影响力，❸最后单击“立即生成”按钮，如图 5-33 所示。

图 5-32

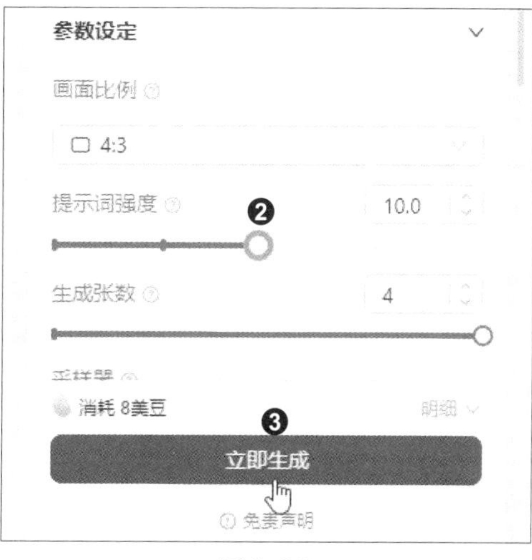

图 5-33

步骤05　**生成图像**。等待片刻，WHEE 将根据上述设置生成图像，如图 5-34 所示。单击缩览图，展开查看生成的另外几幅图像，如图 5-35 所示。

图 5-34

图 5-35

步骤06　**设置修改区域及内容**。生成图像后，还可以利用 WHEE 提供的 AI 改图功能对不满意的地方进行修改。单击图像右侧的“AI 改图”按钮，切换至“AI 改图”页面，❶拖动“画笔大小”滑块，将画笔调整至合适大小，❷然后在需要修改的位置涂抹，❸在“创意描述”文本框中输入提示词，这里要将绿色的学士帽修改为黑色，输入“黑色学士帽”，❹输入完成后单击下方的“立即生成”按钮，如图 5-36 所示。

图 5-36

步骤07 查看局部修改后的图像。等待片刻，WHEE 将根据“创意描述”文本框中的提示词重新生成 4 幅图像。单击缩览图，查看图像，可发现只有被画笔涂抹过的区域进行了修改，其他部分未发生变化，如图 5-37 和图 5-38 所示。

图 5-37

图 5-38

5.7 堆友 AI：多风格 AI 绘画神器

堆友 AI 是阿里巴巴设计师团队原创的一个平台，主要面向设计师群体，旨在让设计师能够不断接触并使用前沿技术，提高设计效率和质量。堆友 AI 平台上的“AI 反应堆”是一款多风格 AI 绘画生成器，支持怀旧日漫、场景插画、风光摄影、清新写真等多种风格，用户不需要掌握任何绘画技能就能轻松创作出独特的艺术作品。

实战演练：生成潮系 3D 动画角色

设计 3D 动画角色时，设计师需要先构思角色的外形、性格及动作特点，然后使用专业的 3D 建模软件创建角色的立体模型。如今借助 AI 绘画工具，不需要掌握建模软件也能创建真实、生动的角色模型。本案例将使用堆友 AI 快速生成潮系 3D 动画角色。

步骤01　打开“AI 反应堆”页面。用网页浏览器打开堆友 AI 的首页（https://d.design/），单击上方的“AI 反应堆”，如图 5-39 所示。

图 5-39

步骤02　选择模型并输入提示词。切换至“AI 反应堆”页面，❶单击“风格玩法”右侧的“Q 版”标签，❷选择下方的“3D 动画角色”，❸在下方的“画面描述”文本框中输入提示词“女孩，京剧人物，舞动的水袖，柔软的身段，面部精致，完美比例，玩具公仔，盲盒手办，动漫人物设计”，如图 5-40 所示。

步骤03　设置图像的长宽比及数量。❶单击“生成设置”下方的“2∶3”，更改图像长宽比，❷单击“图片数量”下的“1”，设置生成的图片数量，❸设置完成后单击“立即生成”按钮，如图 5-41 所示。

图 5-40

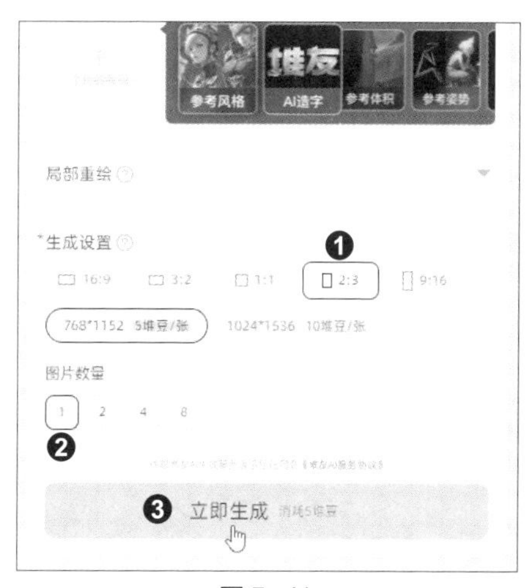

图 5-41

步骤04 **生成图像**。等待片刻，堆友 AI 会根据输入的提示词和设置的参数生成相应的图像，如图 5-42 所示。

图 5-42

提示

如果不知道怎么编写提示词，可以单击“画面描述”右侧的“咒语助手”按钮，打开“咒语助手”对话框，以鼠标单击的方式添加预设的关于图像画质、镜头构图、人物及主体的提示词。

实战演练：生成 Q 版创意表情包

在社交平台上聊天时，通常会使用表情包来活跃气氛或表达情感。表情包以其生动有趣的形象、简洁明了的表达方式，成为网络沟通的重要辅助工具。本案例将使用堆友 AI 生成 Q 版创意表情包。

步骤01 **启用自由模式**。打开“AI 反应堆”页面，❶单击“自由模式”标签，❷然后单击“底层模型”下方的“点击查看全部模型”按钮，如图 5-43 所示。

图 5-43

步骤02 **选择底层模型**。弹出“底层模型”对话框，单击选择“DB 漫画 Dabao MangaMix1.0_V1.0”模型，如图 5-44 所示。

图 5-44

步骤03 **添加第 1 种增益效果**。返回“AI 反应堆”页面，❶单击“增益效果”下方的“点击添加增益效果”，如图 5-45 所示，❷在弹出的“增益效果”对话框中单击选择“MW_ 表情包 _V1.0”增益效果，如图 5-46 所示。

图 5-45

图 5-46

步骤04 **叠加第 2 种增益效果**。❶可看到步骤 03 所选的增益效果已被添加至“增益效果”列表中，❷单击“增益效果”右侧的“添加”按钮，如图 5-47 所示，再次弹出“增益效果”对话框，❸单击选择“国风佛系萌 _V1.0”增益效果，如图 5-48 所示。

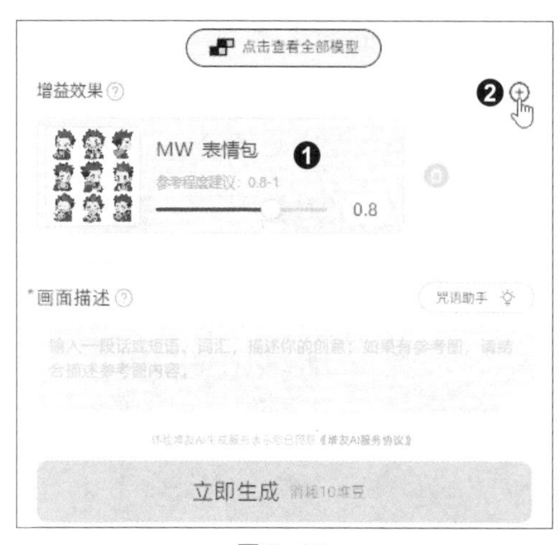

图 5-47

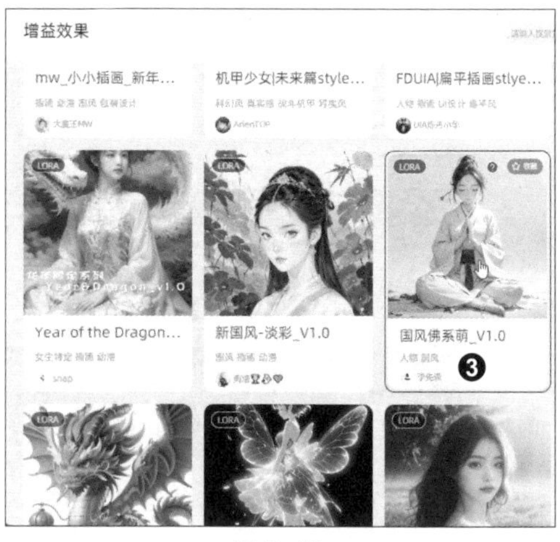

图 5-48

步骤05　输入提示词和否定提示词。❶选中的增益效果已被添加至列表中，❷在“画面描述”文本框中输入提示词“工作中的男孩，黑色头发，多表情，表情夸张，动作夸张，白色背景，增加细节，清晰度强化，细节强化”，❸单击“负面描述”右侧的倒三角形按钮，如图 5-49 所示，❹在展开的文本框中输入否定提示词“多余的手指，多余的头，不合理的身体，变形，丑”，❺单击“立即生成”按钮，如图 5-50 所示。

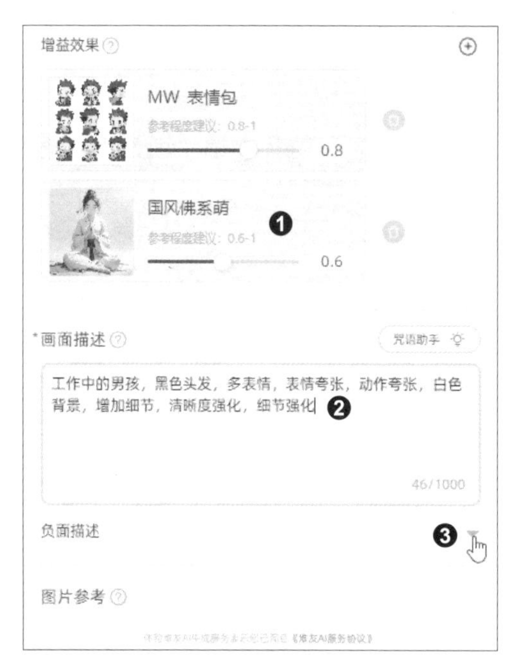

图 5-49

图 5-50

步骤06　生成表情包图像。等待片刻，堆友 AI 会根据输入的提示词和设置的选项生成相应的图像，如图 5-51 所示。

图 5-51

5.8 触手 AI：免费的专业 AI 创作平台

触手 AI 是一款国产 AI 创作平台，它为插画、漫画、设计等行业的用户提供了强大的 AI 创作能力。该平台集成了市面上主流绘图软件的完整功能，包括文生图、图生图、ControlNet 控图、姿势生图、高清修复、智能修图、模型训练等一系列实用功能。触手 AI 的特色在于其友好的工具设计，让用户告别复杂的操作，同时支持“极简”和“专业”两种模式，能够满足不同用户的需求。

实战演练：一键生成经典国风插画

在触手 AI 的“广场社区”页面可以看到其他用户的图像作品。我们可以从中挑选自己感兴趣的图像，然后利用触手 AI 提供的“画同款”功能，快速生成风格类似的图像。本案例将使用该功能生成经典国风插画。

步骤01 **打开触手 AI 页面**。用网页浏览器打开触手 AI 的首页（https://www.acgnai.art/），在“广场社区 - 作品”区域选择一幅自己喜欢的作品，❶单击作品缩览图右上角的“画同款”按钮，❷在弹出的“画同款”对话框中单击“继续”按钮，如图 5-52 所示。

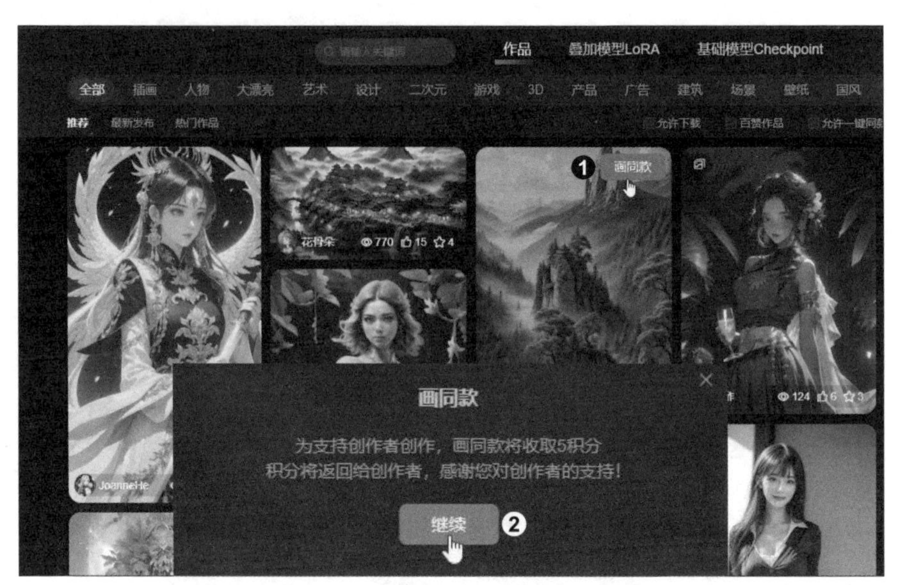

图 5-52

步骤02 **自动设置选项**。跳转至“AI 绘画”页面，可以看到“描述词”框中自动填入了该作品的提示词，右侧的“参数”面板中也设置好了模型，这里直接单击“开始绘图”按钮，如图 5-53 所示。

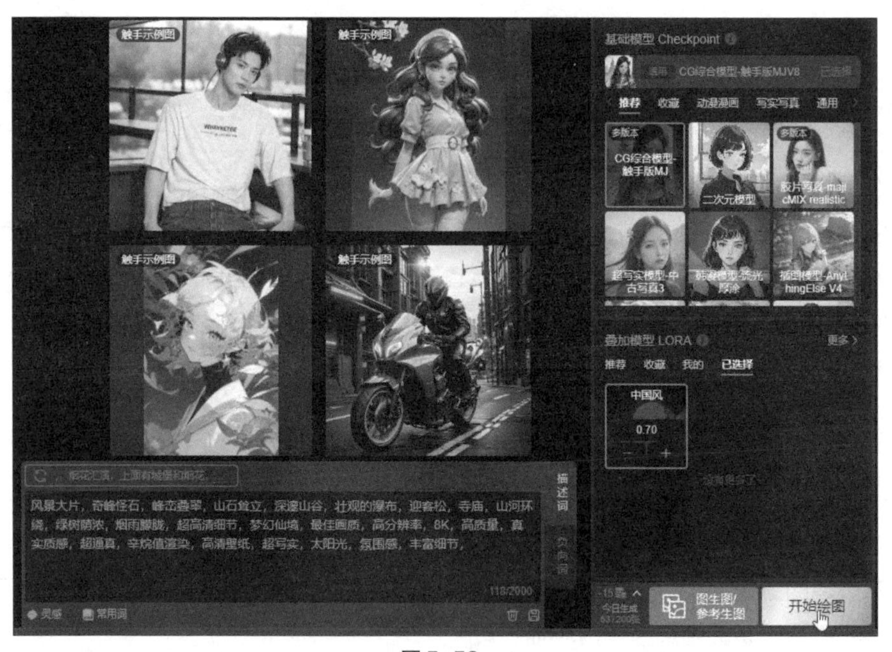

图 5-53

步骤03 **生成图像**。等待片刻，触手 AI 会生成新的图像，如图 5-54 所示，可以看到新图像与原图像的风格非常相似。

图 5-54

实战演练：专业调校生成产品包装设计图

一个策略定位准确、符合消费者心理的产品包装设计，能帮助企业在竞争中脱颖而出。传统的产品包装设计往往依赖于设计师的创意和经验，而 AI 技术的引入，不仅极大地提高了设计效率，还能快速响应市场需求和消费者喜好的变化。本案例将使用触手 AI 生成茶叶的产品包装设计图。

步骤01　切换专业模式。在触手 AI 的“AI 绘画”页面中，单击左侧的“专业模式”按钮，如图 5-55 所示，切换至专业模式。

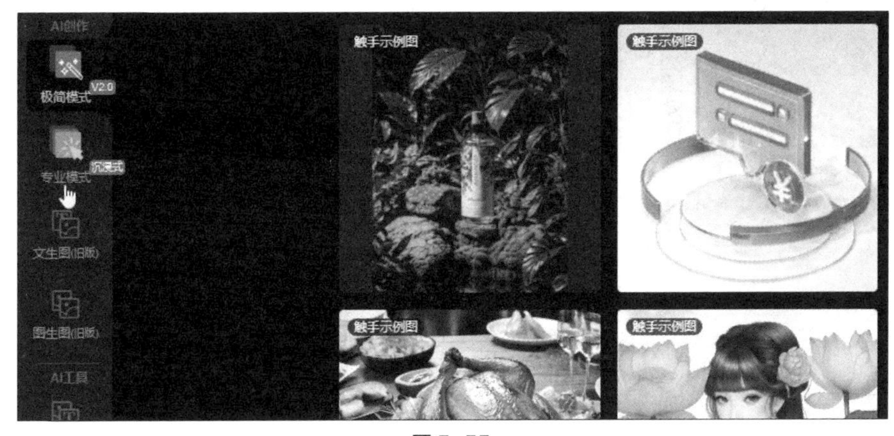

图 5-55

步骤02　选择基础模型。❶单击“基础模型 Checkpoint”下方的“美漫模型 V03”，如图 5-56 所示，❷在弹出的对话框中单击选择“CG 综合模型 - 触手版 MJ”模型，如图 5-57 所示。

图 5-56

图 5-57

步骤03 **选择叠加模型**。❶单击“叠加模型 Lora”下方的“待添加”按钮，如图 5-58 所示，❷在弹出的对话框中单击“设计”标签，❸选择下方的“产品包装渲染模型 v1.0”，❹单击“确认”按钮，如图 5-59 所示。

图 5-58

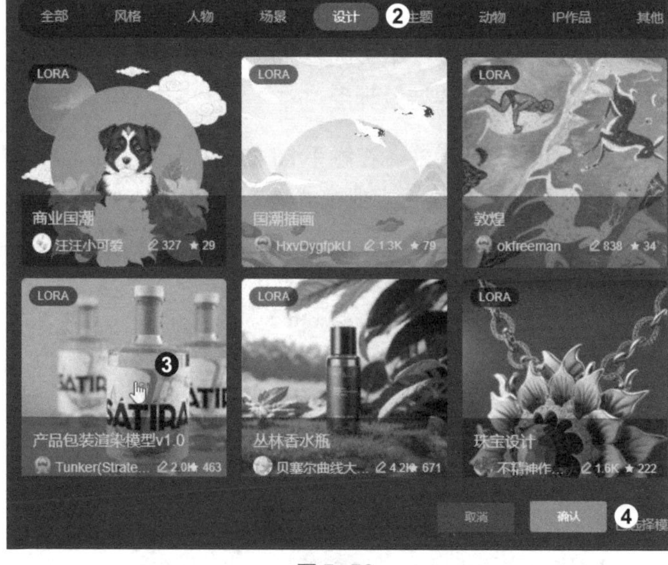

图 5-59

步骤04 **继续叠加模型并输入提示词**。❶使用相同的方法叠加“增加细节 Add More Details”和“包装设计 v1.0”模型，❷在页面右下方的提示词输入框中输入生成图像的提示词“茶叶包装设计，纸盒，包装以墨绿色为主金色为辅，印有关于茶叶的线条插画，大胆而灵动的线条，留白，特写，逼真，细节真实，摄影”，如图 5-60 所示。

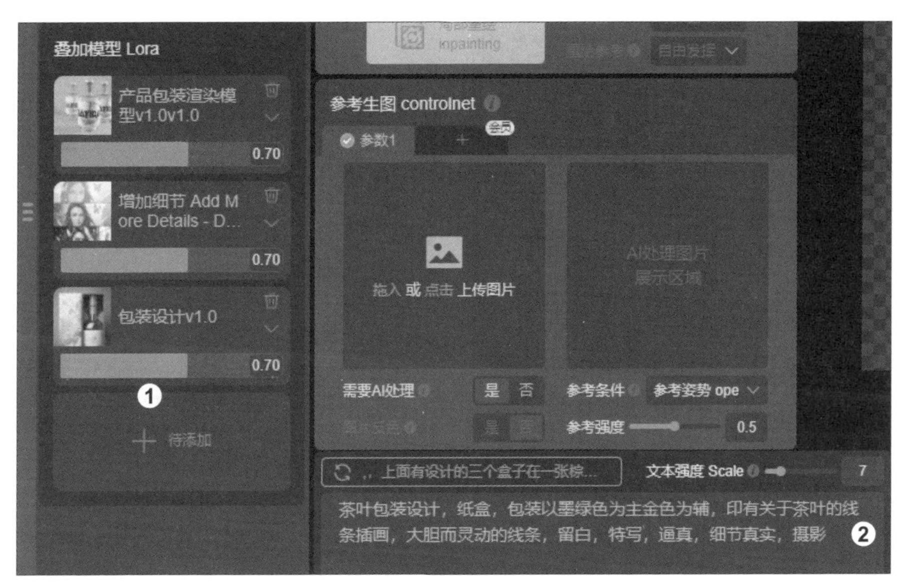

图 5-60

步骤05　**设置“基础设置”选项**。❶单击“精绘倍数”下方的“1.5x”，❷在“精绘方式 upscaler”下拉列表框中选择“ESRGAN_4x（适合写实类）”选项，❸单击“出图张数”下方的“4 张”按钮，指定生成图像的数量，如图 5-61 所示。

步骤06　**设置“高级设置”选项**。❶向右拖动“绘画步数 Steps”滑块以获得更丰富的图像细节，❷在“采样模式 Sampler”下拉列表框中选择更适合写实的“强文本插画模式—景深进阶（DPM++_2M_karras）”选项，如图 5-62 所示。

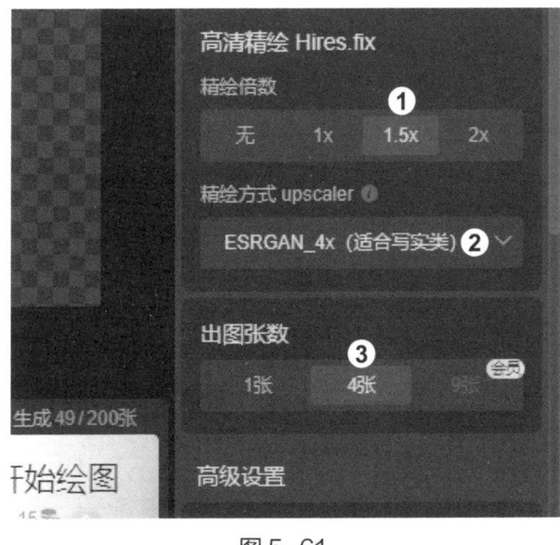

图 5-61

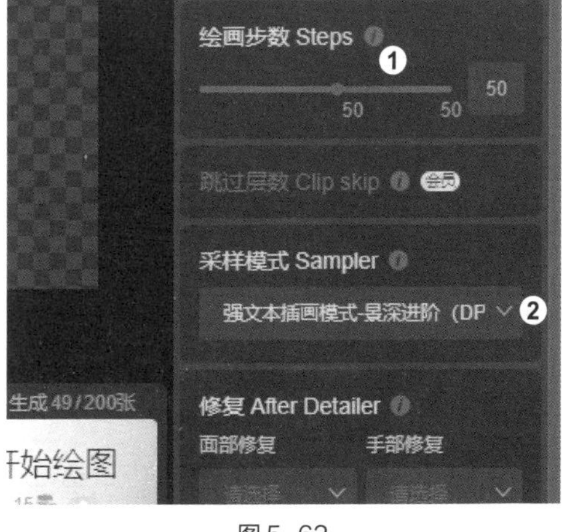

图 5-62

步骤07　**生成图像**。设置完成后单击“开始绘图”按钮。等待片刻，❶触手 AI 会根据输入的提示词和设置的各项参数生成 4 幅图像，如图 5-63 所示。❷单击图像下方的缩览图即可预览各图像的效果，如图 5-64 所示。

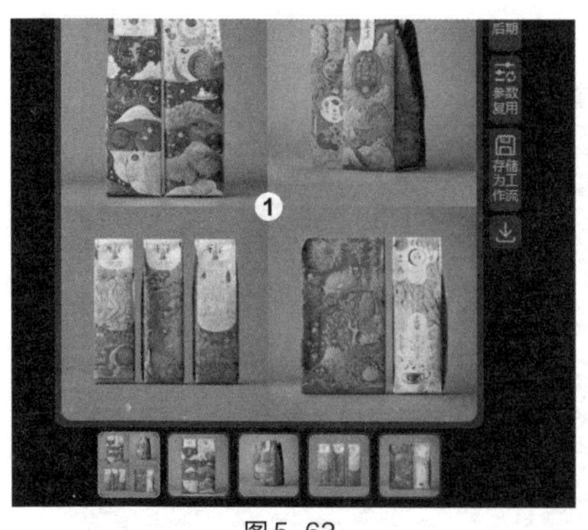

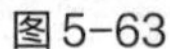
图 5-63

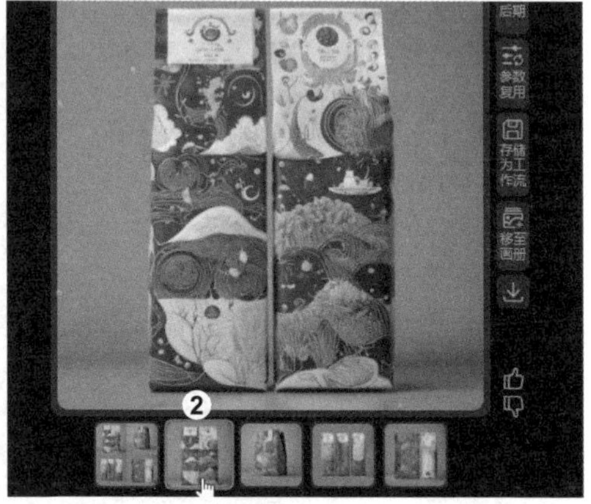

图 5-64

5.9 数字艺术：更多 AI 图像生成工具

目前的 AI 图像生成工具数量很多，由于篇幅有限，本书只能详细介绍其中的一部分，本节则要简单介绍其他一些值得关注的优秀工具。

1. 文心一格

文心一格是百度依托飞桨、文心大模型的技术创新推出的 AI 艺术和创意辅助平台，能根据用户输入的自然语言描述生成国风、油画、水彩、动漫、写实等十余种不同风格的高清画作。此外，文心一格还支持批量生成画作，即用户可以一次输入多段文字描述，生成多幅画作。这对需要使用大量画作进行设计或创作的用户来说非常方便。

2. 即时灵感

即时灵感是国内专业 UI 设计工具即时设计推出的一款可控式 AI 绘图工具，它能让没有任何美术或设计功底的用户轻松创建自己的专属绘画作品。用户只需使用文字描述脑海中构思的画面，包括基础图形、颜色、构图、场景、精细度等内容，AI 就能根据给出的信息快速生成画作。生成作品之后，还可以对其中一张进行精绘，并进行局部调整、尺寸扩展、图层拆分等操作。

3. LiblibAI

LiblibAI（哩布哩布 AI）是一个基于 Stable Diffusion 模型开发的 AI 绘画平台，同时也是一个汇聚创意与灵感的模型分享社区。LiblibAI 提供了丰富的模型资源，涵盖了各种主题和风格，如动漫、游戏、摄影、插画、品牌及视觉设计、建筑及空间设计等。用户可以在 LiblibAI 官网的“模型广场”中找到所需的模型资源，并按照平台提供的指导进行使用，也可以通过输入简单的文本描述来生成独特的艺术作品。

4．造梦日记

造梦日记是西湖心辰联合西湖大学共同研发的一款AI绘画工具，具备多模态模型训练和图像生成的能力，广泛应用于绘画、动漫、游戏、运营策划和电商等多个领域，助力用户实现自己的创作梦想。造梦日记提供“造梦画板”和“ControlNet画板”两种画板模式。“造梦画板”模式是利用文本生成图像，用户只需输入提示词，并选择不同的风格滤镜，即可生成图像。而“ControlNet画板”模式则增加了姿势识别、轮廓检测、深度立体和线稿上色等创作方式，让用户能更加自由和灵活地进行创作。

5．360智绘

360智绘是奇虎360科技公司推出的一款AI绘图工具，拥有文生图、图生图、涂鸦生图、局部重绘、AI写真等多种功能，全面帮助用户将想象转化为现实。用户可以自由选择CG、写实、动漫、剪纸等多种风格，并设定长宽比、光线、渲染方式等参数。此外，360智绘还支持中英双语提示词，操作便捷，用户体验良好。

6．无界AI

无界AI是一款综合性AI绘画工具，为用户提供一站式的提示词和AI画作的搜索、创作、交流与分享服务。无界AI拥有丰富的绘画模型，支持多种绘画风格，能够满足不同用户的创作需求。值得一提的是，无界AI的“咒语生成器”功能对新手来说非常实用。该功能提供了人物、角色、五官、镜头、装饰、风格、环境等多种描述维度，并预设了丰富的描述词，能够激发用户的创作灵感，帮助用户更具体地描述自己的创作需求。

7．Hulu AI

Hulu AI是一个聚合式全能AI工具，提供AI对话、AI绘画、AI写作、AI音乐等功能。在AI绘画方面，Hulu AI不仅支持Midjourney、Dall·E作图，还支持图片解析、多图融合、线稿模型、水墨画模型、油画模型等几大场景。如果用户没有创作灵感，也可以在“画廊”里选择喜欢的图像，一键生成同款画作。

第6章 用AI一键编辑图像

AI修图工具的飞速发展极大地简化了图像编辑的流程，在这些工具的帮助下，用户不需要精通Photoshop等专业图像处理软件，也能轻松地完成画质增强、去除水印、修复瑕疵、抠图换背景等操作。本章将介绍几款简单易用且功能强大的AI修图工具。

6.1　remove.bg：强大的 AI 图片背景移除工具

remove.bg 是一款在线自动抠图工具，能够借助 AI 技术快速而精确地识别出图片中的前景主体与背景，并将背景删除。这一系列操作均可自动完成，基本上不需要用户的介入。

实战演练：一键轻松抠图去背景

抠图处理是网店商品图像处理和证件照制作中的常见操作。它将商品图像或人物图像从原始背景中分离，以便更换新的背景。本案例将使用 remove.bg 完成一键抠取图像并更换背景。

步骤01　打开 remove.bg 页面。用网页浏览器打开 remove.bg 的首页（https://www.remove.bg/zh），单击页面中的"上传图片"按钮，如图 6-1 所示。

图 6-1

步骤02　上传图像并去除背景。弹出"打开"对话框，❶选中需要处理的素材图像，❷单击"打开"按钮，上传图像，如图 6-2 所示。图像上传成功后，❸ remove.bg 会自动识别图像中的主体人物并去除背景，❹此时可以单击图像右侧的"下载"按钮或"下载高清版"按钮下载并保存图像，如图 6-3 所示。

图 6-2

图 6-3

步骤03 **为图像添加背景**。接下来还可以根据需要为去除背景后的图像添加新的背景。❶单击图像右侧的“添加背景”按钮，如图 6-4 所示，❷在弹出的对话框中单击选择一张合适的背景图像，❸单击下方的“完成”按钮，如图 6-5 所示。

图6-4

图6-5

提示

如果在内置的背景图像中没有找到满意的选项，也可以单击 按钮，上传一张自己喜欢的图像作为背景。

步骤04 **上传证件照**。remove.bg 还支持将图像背景设置成纯色，利用这一功能可以制作证件照。❶单击左下角的 按钮，如图 6-6 所示，弹出“打开”对话框，❷选中需要处理的素材图像，❸单击“打开”按钮，如图 6-7 所示，上传图像。

图6-6

图6-7

步骤05 **更改背景颜色**。图像上传成功后，remove.bg 会自动识别图像中的主体人物并去除背景，❶单击“添加背景”按钮，如图 6-8 所示，❷在弹出的对话框中单击“颜色”标签，❸单击选择需要的背景颜色，如图 6-9 所示。

图 6-8

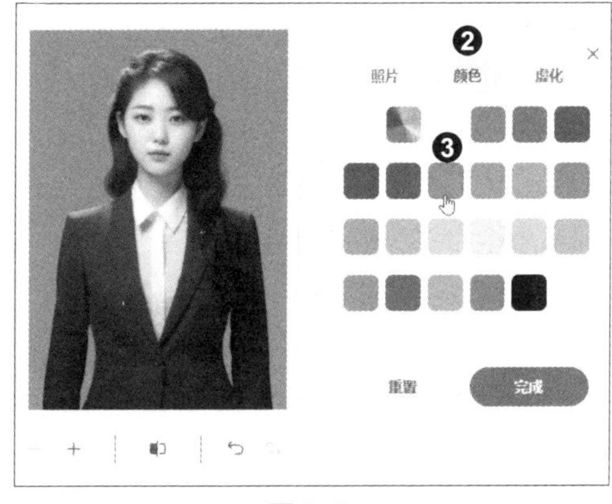

图 6-9

6.2　佐糖：专注于图像处理的 AI 工具

佐糖是一个一站式的在线图片处理平台，提供多项基于 AI 技术开发的图片编辑功能，包括一键抠图、合成背景、画质提升、无损放大、瑕疵消除、老照片修复、黑白照片上色等。如果在计算机或手机上安装佐糖客户端，还能实现批量操作。

实战演练：轻松去除图片上的水印

将图片素材上的水印去除，可以提升图片的美观性和专业性，使图片更适合用于正式场合。本案例将使用佐糖的“在线消除笔”功能去除图片素材上的水印。

步骤01 **打开“在线消除笔”**。用网页浏览器打开佐糖的首页（https://picwish.cn/），❶单击页面左上角的“图片编辑”，❷在展开的菜单中单击“在线消除笔”选项，如图 6-10 所示。

图 6-10

步骤02 上传素材图像。❶在打开的新页面中单击“上传图片”按钮，如图 6-11 所示，❷在弹出的“打开”对话框中选中需要去除水印的素材图像，❸单击“打开”按钮，如图 6-12 所示。

图 6-11

图 6-12

步骤03 使用笔刷涂抹水印区域。素材图像上传成功后，❶在打开的页面中拖动“笔刷大小”滑块，调整笔刷大小，❷然后在图像右下角的水印上涂抹，❸单击“开始去除”按钮，如图 6-13 所示。

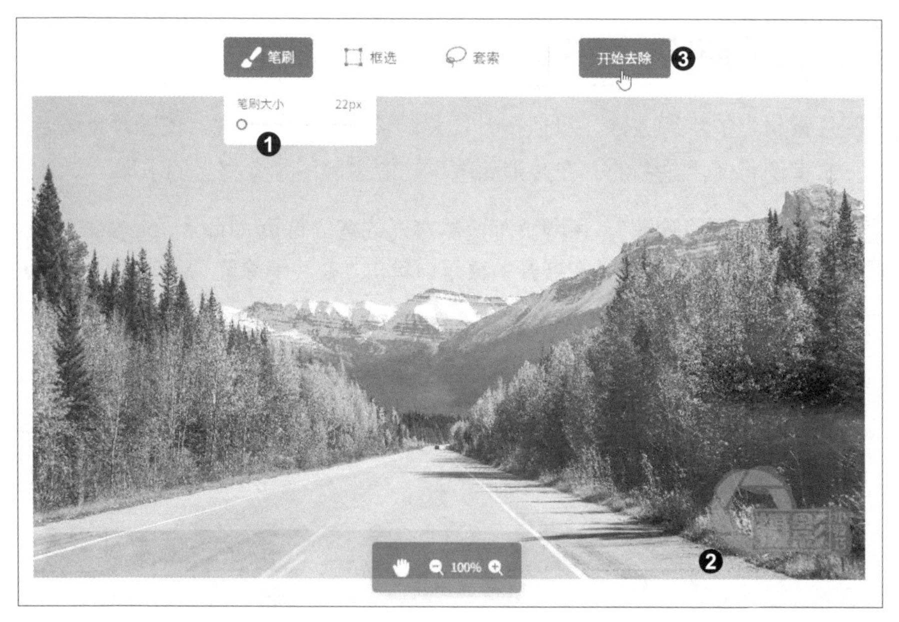

图 6-13

步骤04 查看去除水印的效果。等待片刻，可看到图像右下角的水印已被去除，单击右上角的“下载图片”按钮，如图 6-14 所示，即可下载去除水印后的图片。

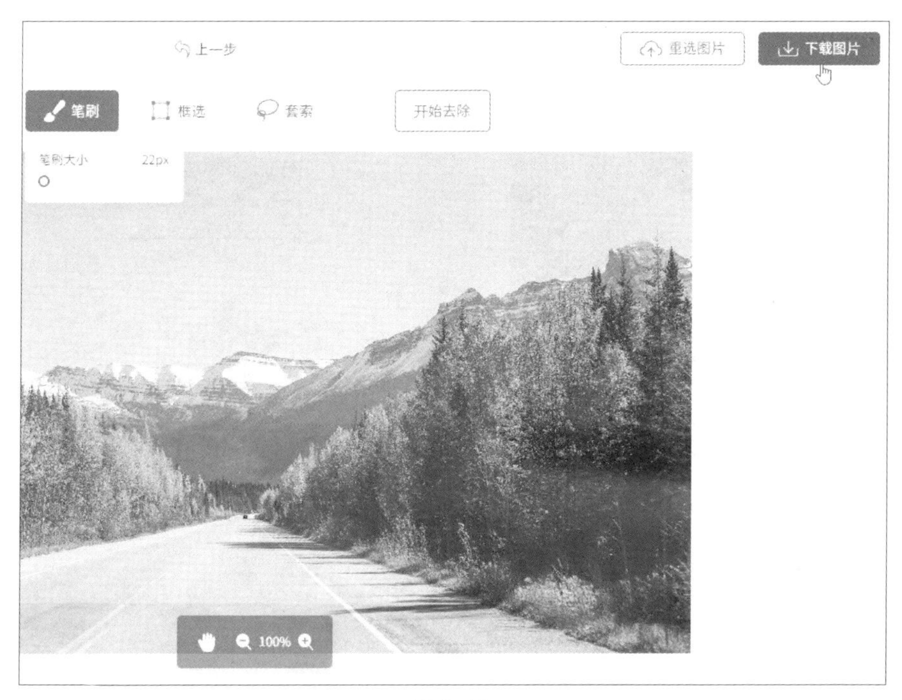

图 6-14

6.3　Nero AI Image Upscaler：AI 图片无损放大

Nero AI Image Upscaler 是一款在线修图工具。它运用先进的 AI 技术智能分析图像内容和质量，将低分辨率图像转换成高分辨率图像，以提升图像的清晰度和细节质量。Nero AI Image Upscaler 支持 JPG、PNG、BMP 等多种图像格式，并且支持对多张图像进行批量处理，能够满足用户在各种场景下的图像处理需求。

实战演练：一键放大低分辨率图像

模糊、质量低下的图像容易给人留下一种不专业、不严谨的印象。本案例将使用 Nero AI Image Upscaler 快速提升图像的清晰度，以增强图像的品质。

步骤01　打开 Nero AI Image Upscaler 页面。用网页浏览器打开 Nero AI Image Upscaler 的首页（https://ai.nero.com/zh-cn/image-upscaler），单击页面中的“上传图片”按钮，如图 6-15 所示。

图 6-15

步骤02 **上传单张素材图像**。弹出“打开”对话框，❶在对话框中选中一张需要放大处理的素材图像，❷然后单击“打开”按钮，上传图像，如图 6-16 所示。

图 6-16

步骤03 **选择 AI 模型**。上传成功后，在页面左侧可以看到上传的原图效果、原图尺寸和大小。接下来需要在右侧选择要使用的 AI 模型，❶这里根据原图选择适用于漫画的“Anime”模型，❷然后单击下方的“开始”按钮，如图 6-17 所示。

图 6-17

步骤04　**放大图像**。等待片刻，Nero AI Image Upscaler 会将图像放大至原来的 4 倍，并在页面左侧以对比的方式显示放大前后的效果（左半边为原图，右半边为放大后的图），如图 6-18 所示。单击右侧的“下载”按钮，可下载放大后的高分辨率图像。

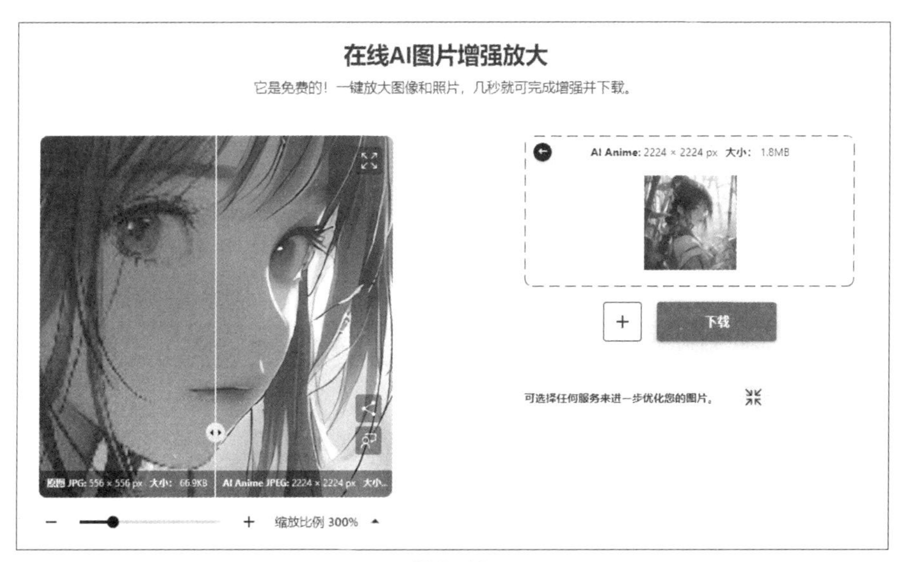

图 6-18

步骤05　**上传多张素材图像**。接下来对多张图像进行批量放大处理。❶单击页面中的“返回上一步”按钮，如图 6-19 所示。返回首页，再次单击“上传图片”按钮，弹出“打开”对话框，❷按住〈Ctrl〉键依次单击选中多张图像，❸单击“打开”按钮，如图 6-20 所示。

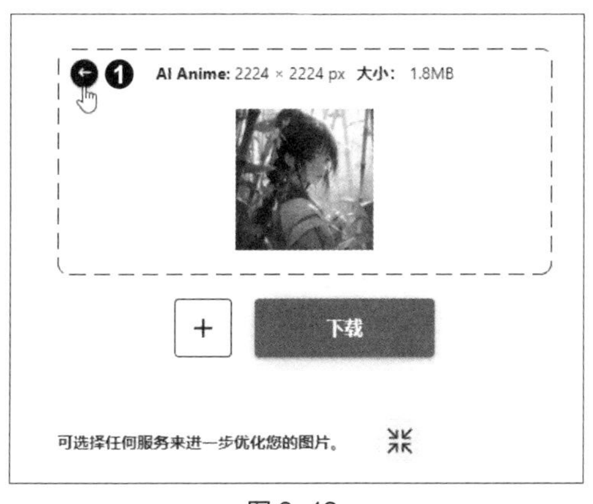

图 6-19

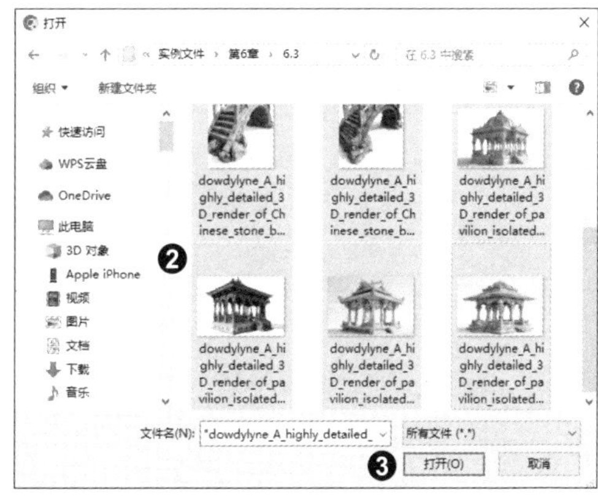

图 6-20

步骤06　**选择全部开始**。图像上传成功后，单击下方的“全部开始”按钮，即可开始对图像进行批量放大处理，如图 6-21 所示。

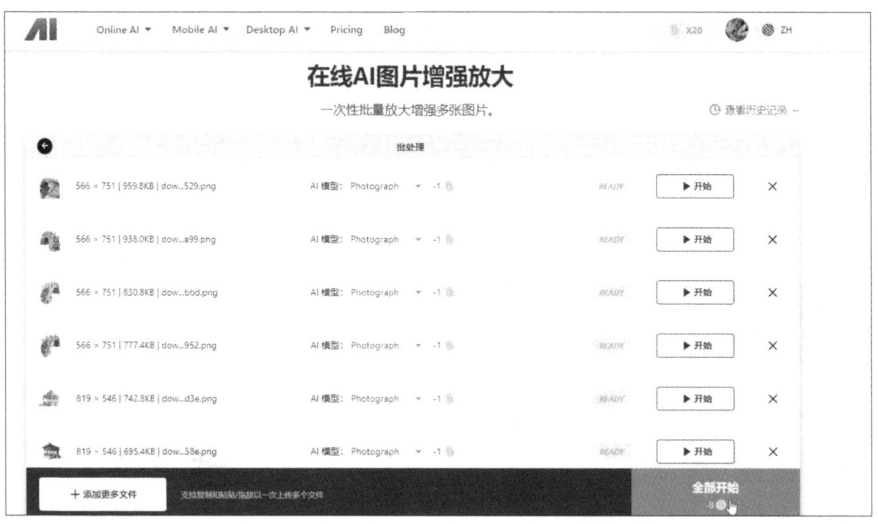

图 6-21

提示

对多张图像进行批量放大处理时，如果需要更改对某张图像应用的 AI 模型，则单击该图像右侧的“AI 模型”倒三角形按钮，在展开的列表中选择模型，如图 6-22 所示；如果需要统一更改 AI 模型，在页面底部单击“将 ××× （模型名）应用于所有”中间的倒三角形按钮，在展开的列表中选择模型，如图 6-23 所示。

图 6-22　　图 6-23

步骤07 **放大多张图像**。等待片刻，Nero AI Image Upscaler 会将所有上传的图像放大至原来的 4 倍。如果要下载放大后的单张图像，可单击该图像右侧的“下载”按钮；如果要下载所有放大后的图像，则单击页面底部的“全部下载”按钮，如图 6-24 所示。

图 6-24

6.4　创客贴：多元化的图像编辑平台

创客贴是一个在线 AI 创作平台，集成了多款 AI 图片生成和编辑工具，如文生图、图生图、线稿上色、智能改图、智能抠图、智能外拓、智能设计、AI 商品图等，可满足设计、修图等多种创作需求。

实战演练：AI 商品图，智能生成展示场景

高质量的商品图不仅能够直观地展示商品的外观、颜色和质感，帮助消费者更好地了解商品特性，而且能够塑造商品和品牌的形象，增加消费者的信任感，从而激发购买欲望。创客贴的“AI 商品图”功能能够自动、精准地从素材图像中抠出商品主体，并根据用户指定的描述快速生成自然、美观的展示场景图像，从而显著提升设计效率，降低设计成本。本案例将使用该功能快速制作一款背包的商品场景图。

步骤01　**选择“AI 商品图”功能**。用网页浏览器打开创客贴的首页（https://aiart.chuangkit.com/matrix），单击页面中的“AI 商品图”按钮，如图 6-25 所示。

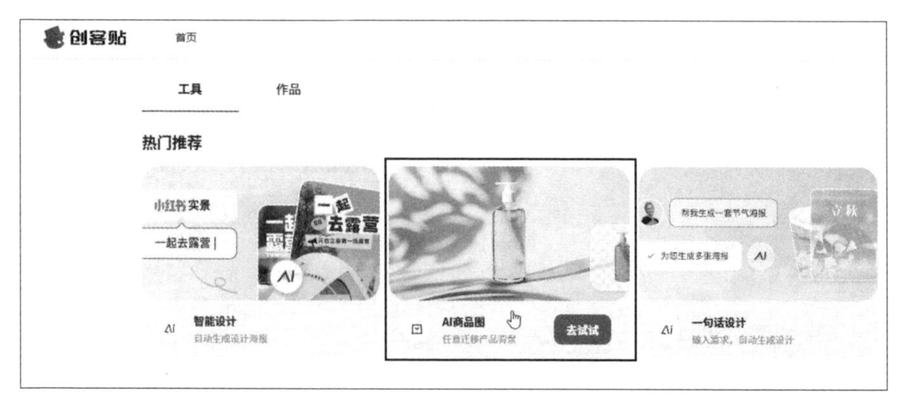

图 6-25

步骤02 **上传商品图像**。进入“AI 商品图”页面，❶在页面左侧切换至“上传”选项卡，❷单击“上传”按钮，如图 6-26 所示，❸在弹出的“打开”对话框中选中需要处理的商品图像，❹单击“打开”按钮，如图 6-27 所示，上传图像。

图 6-26

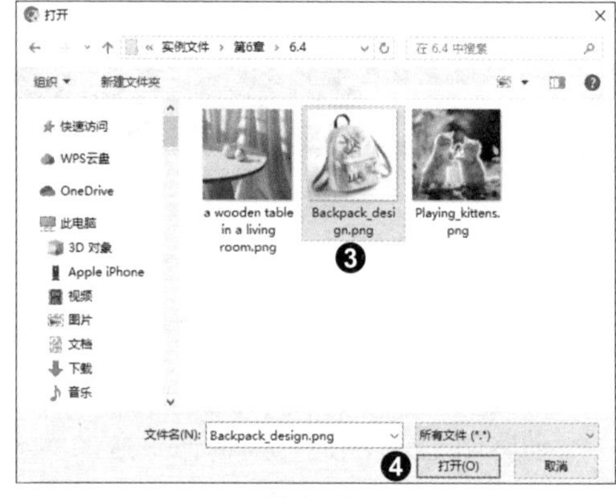

图 6-27

步骤03 **自动抠图**。图像上传完毕后，❶单击图像的缩览图，❷AI 工具会自动抠出商品主体并将其添加到右侧的画布中，如图 6-28 所示。

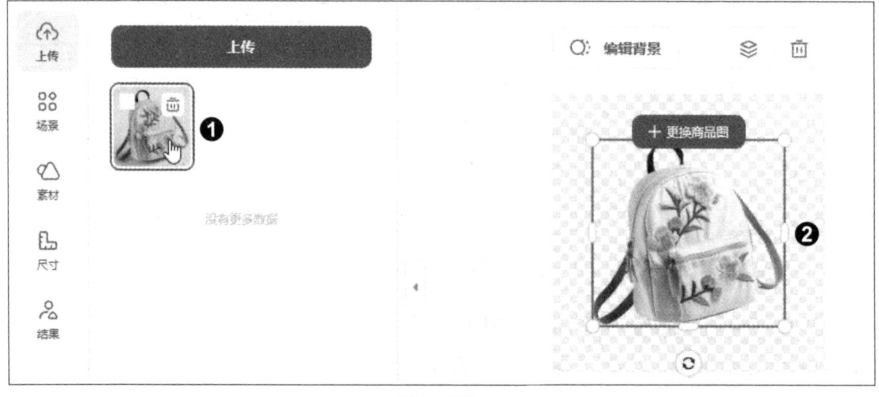

图 6-28

步骤04　**选择场景**。❶在页面左侧切换至“场景”选项卡，❷在预设场景中单击选择一个合适的场景，如图 6-29 所示。如果想自定义场景，可以在“自定义”选项卡下的提示词模板中按照需求填写产品描述、站位、元素、背景描述等信息，如图 6-30 所示。

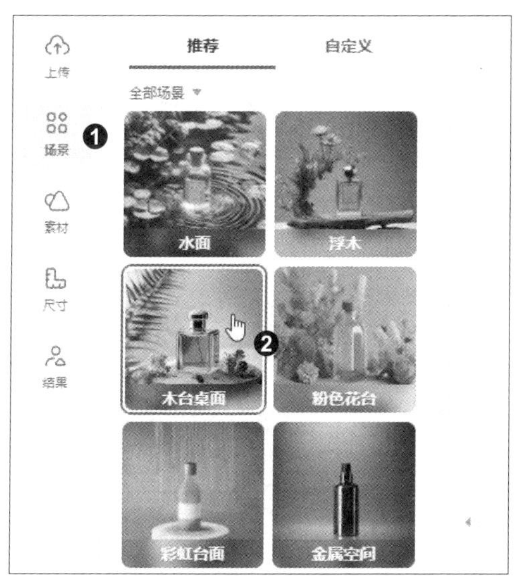

图 6-29

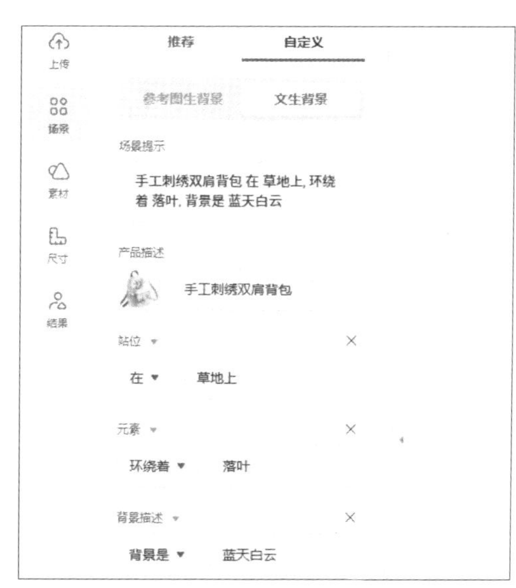

图 6-30

步骤05　**生成场景图**。❶在画布中适当调整商品图像的位置和大小，❷单击“立即生成”按钮，❸等待片刻，可在页面右侧看到生成的场景图，如图 6-31 所示。

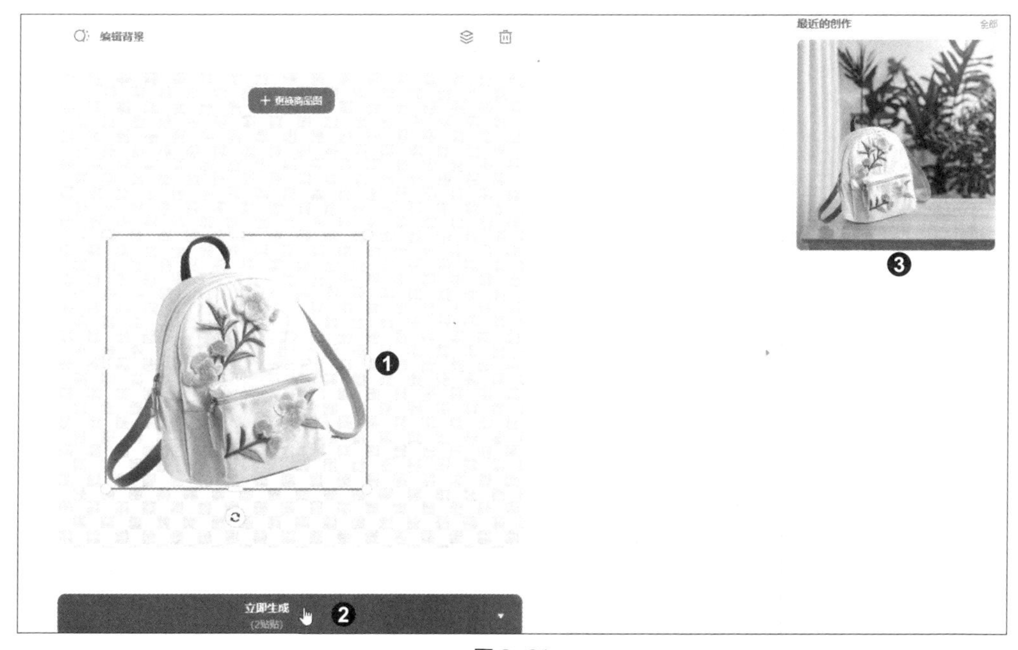

图 6-31

实战演练：智能改图，一键修改画面内容

使用 AI 工具生成的图像可能会存在不符合预期的局部内容。本案例将使用创客贴提供的“智能改图”功能修改图像的局部内容，快速获得满意的图像。该功能提供 3 种标记修改区域的方式：涂抹、框选、圈选。这里以框选方式为例进行讲解。

步骤01 **选择“智能改图”功能**。在创客贴的首页单击“智能改图”按钮，如图 6-32 所示。

图 6-32

步骤02 **上传素材图像**。进入“智能改图”页面，❶单击页面左上角的“点击 / 拖拽上传图片”按钮，如图 6-33 所示，❷在弹出的“打开”对话框中选中需要修改的素材图像，❸单击“打开”按钮，如图 6-34 所示，上传图像。

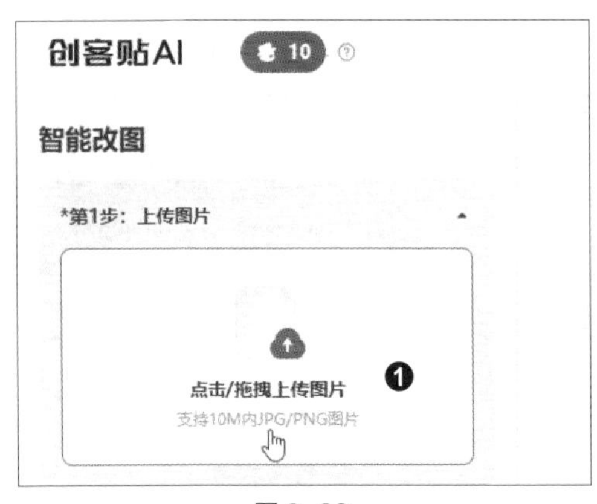

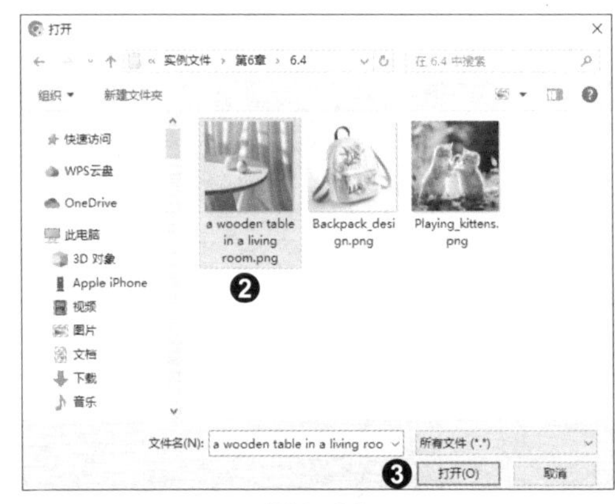

图 6-33　　图 6-34

步骤03 **标记修改区域并描述修改内容**。❶在上传的图像上拖动鼠标，标记修改区域，如图 6-35 所示，❷在左侧“第 3 步：描述修改内容”下方的文本框中输入想要呈现的画面内容，如“一瓶沐浴露，沐浴露的旁边放着毛巾”，❸单击“立即生成”按钮，如图 6-36 所示。

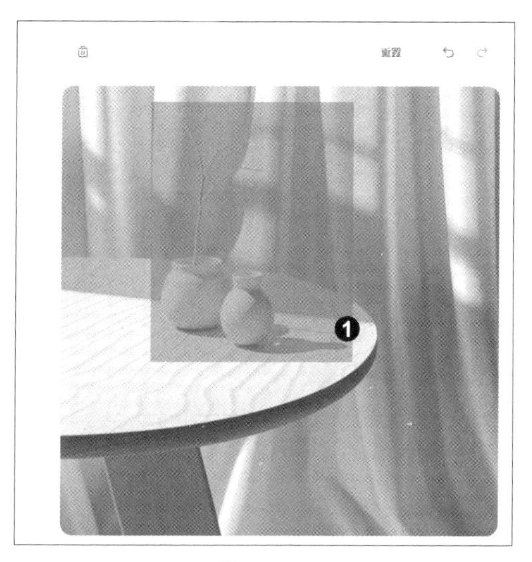

图 6-35

第3步：描述修改内容

一瓶沐浴露，沐浴露的旁边放着毛巾

文本联想　16/1000

生成张数

1　2　3　4

立即生成

消耗(1贴贴)

使用创客贴AI创作服务表示您已同意《AI创作服务协议》

图 6-36

步骤04 **修改图像**。等待片刻，AI 工具便会根据输入的提示词修改框选区域内的图像，效果如图 6-37 所示。

> **提示**
>
> 更改画面内容后，将鼠标指针移到图像上方，单击“继续改图”按钮，可以对图像做进一步修改；如果要下载修改后的图像，则单击“下载”按钮。

图 6-37

实战演练：智能补图，扩展画面内容

智能补图是指在保持现有图像质量和细节的基础上扩大画面范围，并运用 AI 技术基于现有图像自动生成合理的填充内容，保持整体画面的一致性和自然性。本案例将使用创客贴提供的“智能外拓”功能一键扩展画面内容。

步骤01 **选择“智能外拓”功能**。在创客贴的首页单击“智能外拓”按钮，如图 6-38 所示。

图 6-38

步骤02 **上传素材图像**。进入“智能外拓”页面，❶单击页面左上角的“点击 / 拖拽上传图片”按钮，如图 6-39 所示，❷在弹出的“打开”对话框中选中需要扩展画面的素材图像，❸单击“打开”按钮，如图 6-40 所示，上传图像。

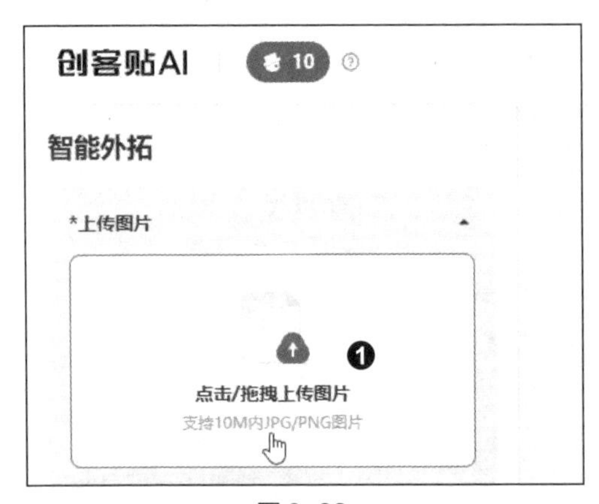

图 6-39

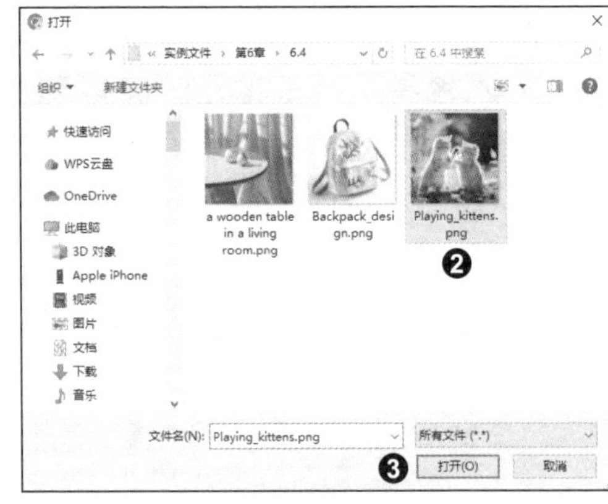

图 6-40

步骤03 **指定生成图像的长宽比**。上传图像后，可以通过拖动边缘按钮调整图像的目标尺寸，❶也可以单击“画布比例”下拉列表框，❷在展开的列表中选择预设的长宽比，如图 6-41 所示。

图 6-41

步骤04　**描述扩展画面的内容**。❶在左侧“拓展内容描述”下方的文本框中输入想要呈现的画面内容，如“秋天，草地，落叶”，❷单击“立即生成”按钮，如图 6-42 所示。

步骤05　**扩展图像**。等待片刻，AI 工具会根据输入的提示词在原图像周围的扩展画布中填充新的图像，效果如图 6-43 所示。

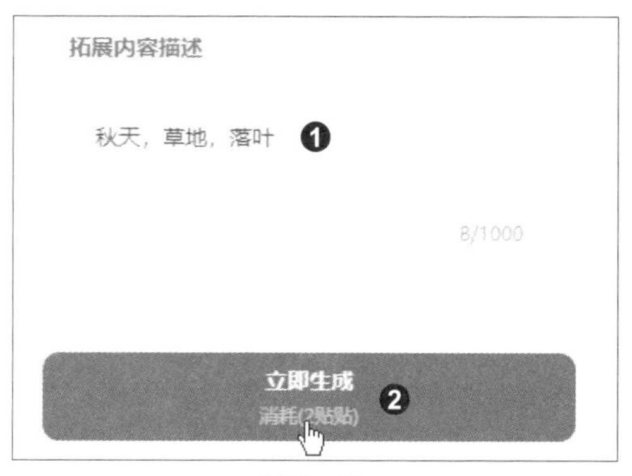

图 6-42

图 6-43

6.5　改图鸭：在线图片处理平台

改图鸭是一个在线图片处理平台，提供照片修复、智能证件照、智能抠图、照片变漫画、艺术签名、模板拼图等多项功能。改图鸭的客户端还支持图片批量处理，极大地提高了处理效率。

实战演练：将实拍照片转换为动漫风格插画

动漫风格插画的应用场景十分广泛，借助改图鸭的“照片变漫画”功能，不需要掌握绘画技能，也能将实拍照片快速转绘成动漫风格插画。

步骤01　**选择“照片变漫画”功能**。用网页浏览器打开改图鸭的首页（https://www.gaituya.com/），单击页面中的“照片变漫画”按钮，如图 6-44 所示。

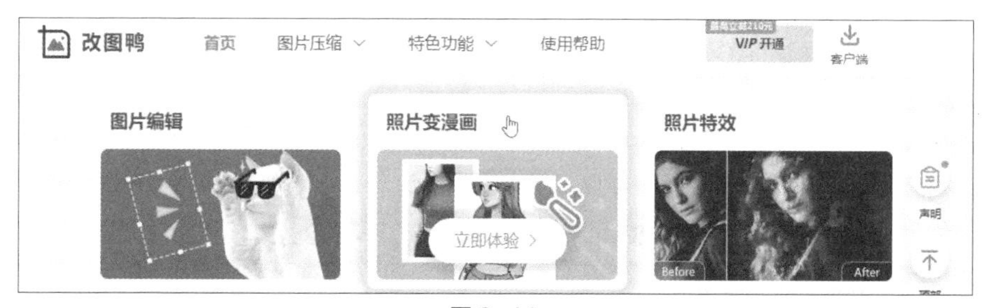

图 6-44

步骤02 **上传素材图像**。进入“漫画脸特效在线制作”页面，❶单击页面中的“添加图片”按钮，如图 6-45 所示。弹出“打开”对话框，❷在对话框中选中一张需要转换的素材图像，❸然后单击“打开”按钮，如图 6-46 所示，上传图像。

图 6-45

图 6-46

步骤03 **查看转换结果**。等待片刻，页面中就会显示上传的图像和转换后的图像，如图 6-47 所示。

图 6-47

6.6 灵动 AI：专业的 AI 商品图生成工具

灵动 AI 是由灵动无限科技推出的一款简单易上手的在线设计工具。该工具内置海量的精美模板和素材，涵盖美妆护肤、服饰鞋靴、数码家电等多个热门品类，让新手和老手都能快速制作出专业的商品图。

实战演练：一键切换商品展示场景

将商品放置在精心设计的场景中进行展示，有利于激发消费者的代入感和购买欲。

借助 AI 技术，不需要进行场景构思、道具准备、灯光调试等工作，就能生成类型多样、效果自然的场景图。本案例将使用灵动 AI 快速制作商品场景图。

步骤01 **选择“AI 商品图”功能**。用网页浏览器打开灵动 AI 的首页（https://www.redoon.cn/），单击右上角的“开始使用”按钮，按页面中的提示注册并登录账号，进入工作界面，单击右侧的“AI 商品图”按钮，如图 6-48 所示。

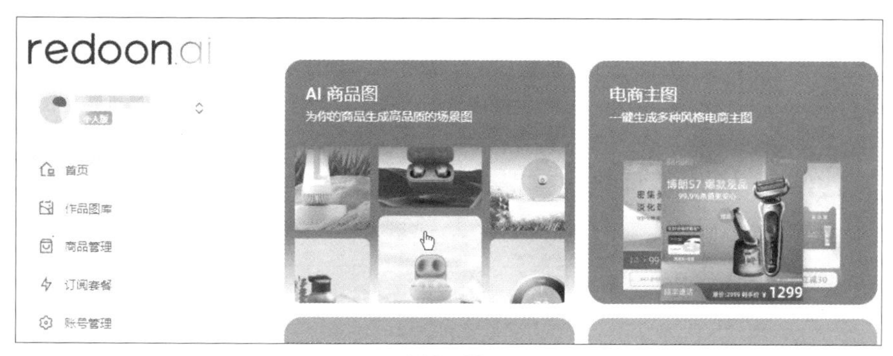

图 6-48

步骤02 **上传商品图像**。进入“AI 商品图”页面，❶单击右侧的“上传商品”按钮，如图 6-49 所示，❷在弹出的“打开”对话框中选中要使用的商品图像，❸然后单击“打开”按钮，如图 6-50 所示，上传图像。

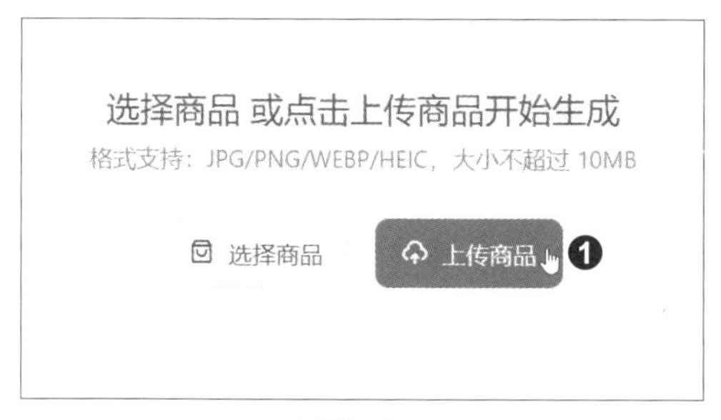

图 6-49

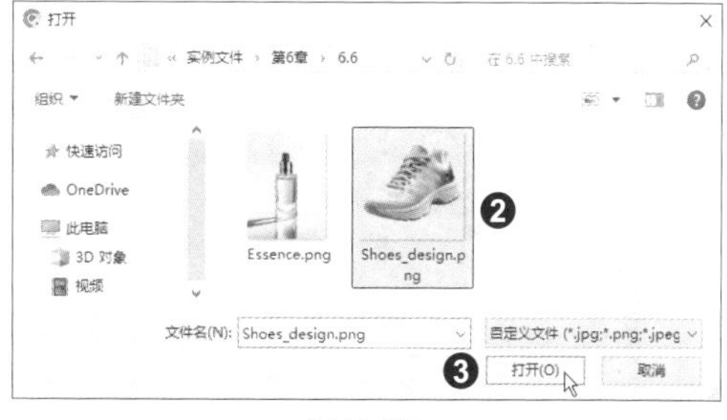

图 6-50

提示

如果想使用之前上传的商品图像，可以单击“选择商品”按钮，切换到“商品”选项卡进行选择。

步骤03 **选择场景类型**。上传成功后，❶灵动 AI 将自动分析商品图像并抠取商品主体，生成透明背景的商品图像，❷接下来根据设计需求在左侧选择场景类型，如“自然户外”，如图 6-51 所示。

步骤04 **选择场景**。展开“自然户外”类场景，❶单击选择一种合适的场景，❷拖动“场景变化”滑块，设为“多变”，❸单击图像下方的“生成数量”，❹在弹出的面板中将数量设为“2”，❺然后单击“立即生成”按钮，如图 6-52 所示。

图 6-51

图 6-52

步骤05 **生成商品场景图**。稍等片刻，灵动 AI 会根据上述设置生成 2 张不同的商品场景图。单击右侧的某一张缩览图，如图 6-53 所示，在弹出的对话框中可预览图像效果，如图 6-54 所示，单击“下载”按钮可下载图片。

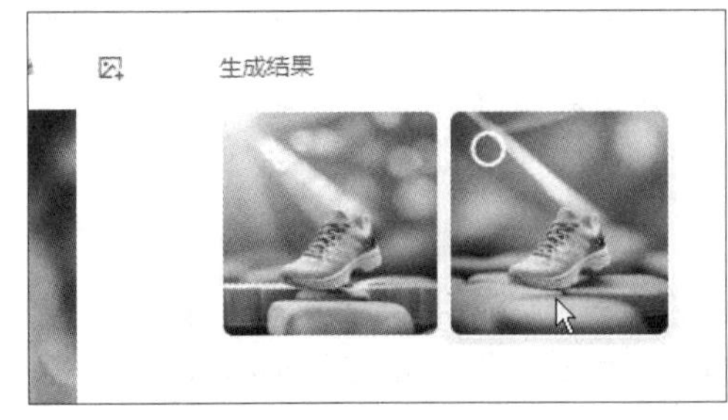

图 6-53

图 6-54

实战演练：快速生成电商主图

电商主图塑造了消费者对商品的第一印象，是决定消费者是否愿意进一步了解商品的关键因素。本案例将使用灵动 AI 快速生成专业的电商主图。

步骤01　选择“电商主图”功能。打开灵动 AI 的工作界面，单击“电商主图”按钮，如图 6-55 所示。

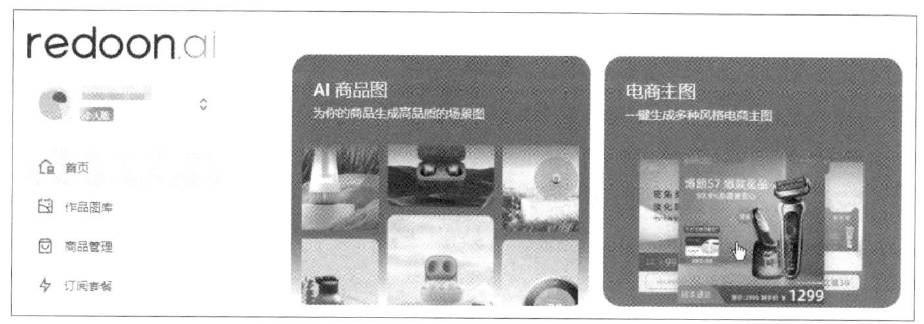

图 6-55

步骤02　单击“上传商品”按钮。进入“电商主图”页面，❶单击“选择商品”按钮，❷在弹出的对话框中单击“上传商品”按钮，如图 6-56 所示。

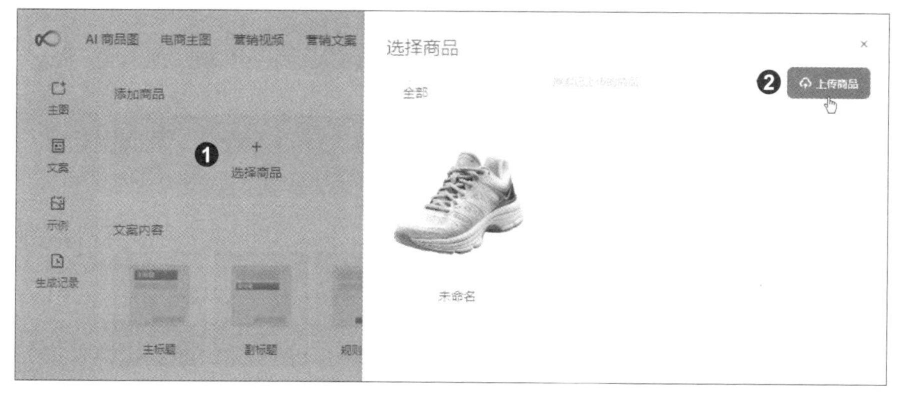

图 6-56

步骤03　上传商品图像。弹出“打开”对话框，❶在对话框中选中要使用的商品图像，❷单击“打开”按钮，如图 6-57 所示，上传图像。

图 6-57

步骤04 **选择商品图像**。上传成功后，单击缩览图来选择图像，如图 6-58 所示。

步骤05 **选择示例**。❶切换至“示例”选项卡，❷将鼠标指针放在要套用的示例上，单击浮现的“一键复用”按钮，如图 6-59 所示。

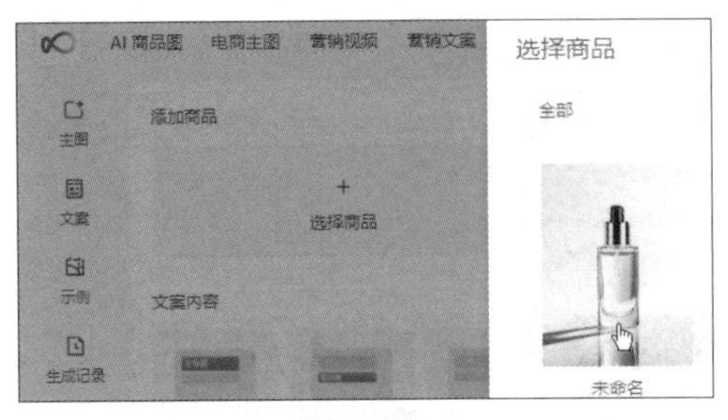

图 6-58

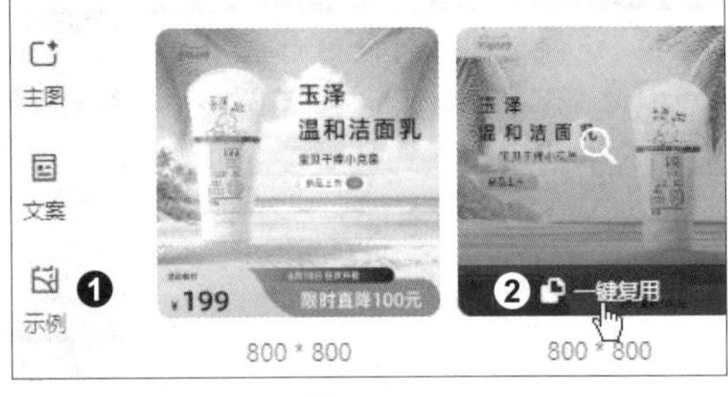

图 6-59

步骤06 **输入信息并生成主图**。❶在页面中间依次输入主标题、副标题、价格、价格说明等信息，❷单击左下角的“立即生成”按钮，❸等待片刻，灵动 AI 会生成一张与示例相近的电商主图，如图 6-60 所示。

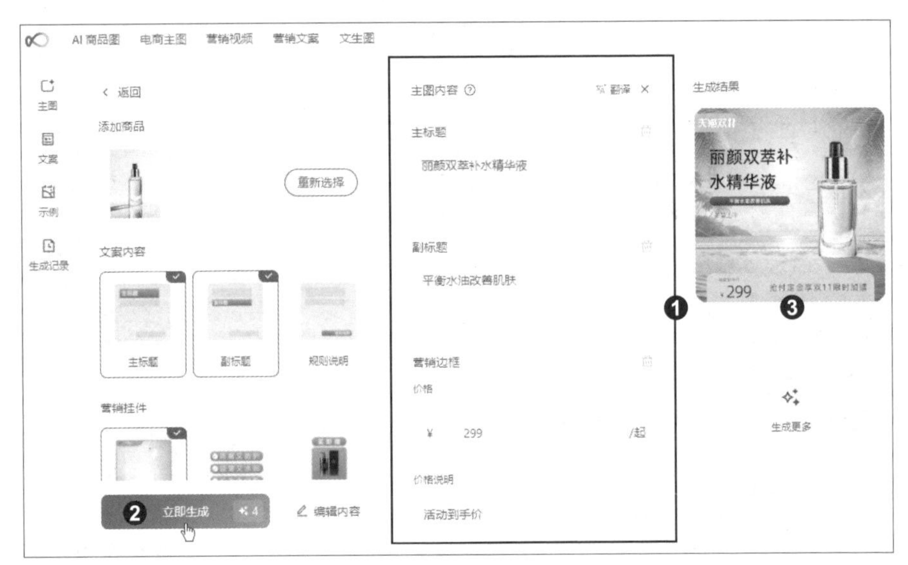

图 6-60

6.7 设计师的秘密武器：更多 AI 修图工具

目前的 AI 图像编辑工具数量很多，由于篇幅有限，本书只能详细介绍其中的一部分，本节则要简单介绍其他一些值得关注的优秀工具。

1. Pebblely

Pebblely 是一个基于 AI 技术开发的商品海报生成工具。用户只需上传商品图片，

Pebblely 便能自动去除背景，并根据用户选择的主题或自定义描述生成多种背景的商品海报。Pebblely 能够模拟真实环境中的材质和光影效果，让生成的图像更加生动逼真。利用 Pebblely，用户可以大大减少抠图与图像合成的时间，从而提高出图效率。无论是平面设计师还是电商运营人员，都可以使用 Pebblely 来快速创建各种场景中的商品图片，提升商品在电商平台和社交平台上的吸引力。

2．Slazzer

Slazzer 是一款强大的在线抠图工具。用户只需上传图像，Slazzer 就能运用深度学习和计算机视觉技术自动检测图像中的主体和背景，从而精准抠出主体并移除背景。Slazzer 还允许用户对自动抠取的图像进行编辑，修改 AI 判断错误的地方，或者为图像添加新的背景，得到质量更高的作品。

3．Magic Eraser

Magic Eraser 是一款便捷的在线修图工具，它能借助先进的 AI 技术去除图片中不需要的元素，如水印、背景杂物等。该工具的操作非常简单，用户只需上传图片并用鼠标涂抹不想要的部分，即可快速得到干净、高质量的图片。

4．悟空图像

悟空图像（PhotoSir）是一款专业的图像处理软件，采用了全新的设计理念和先进的 AI 算法，让用户能迅速上手，轻松完成图像处理。其特点主要有：支持高达 50 亿像素级的超大图片，双向兼容 PSD 文件格式，支持全平台运行；集成 AI 技术，能够自动识别图片中的人物和物体，实现一键抠图；提供海量素材和模板，如高清图片、风格贴纸、蒙版遮罩效果等，让创意设计更加得心应手。无论是初学者还是专业人士，都能借助悟空图像的强大编辑工具和智能功能，轻松打造专业级的图像。

5．稿定 AI

稿定 AI 是稿定设计推出的一款功能强大的 AI 工具，集成了 AI 文案写作、AI 设计、AI 绘画、AI 商品图生成、AI 场景素材生成等多项功能。这款工具内置了丰富的模板，能帮助用户迅速制作出高质量的海报、视频封面、商品图等设计作品。在图片处理方面，稿定 AI 基于深度学习技术提供多种实用功能，包括智能抠图、智能扩图、消除杂物、切图、图片压缩和调色等，能够大幅提升图片处理的速度和效率。

6．美图设计室

美图设计室是美图秀秀旗下的智能设计在线协作平台，围绕“AI 平面设计”和“AI 电商设计”两大板块，推出了智能抠图、AI 消除、AI 扩图、AI 海报、AI 商品图、AI 模特试衣等创新功能。该平台还拥有海量的模板素材库，覆盖电商、抖音 / 小红书 / 微信营销、微信公众号、行政办公 / 教育等多个场景，能够满足不同行业人群的作图需求。

7．BigJPG

BigJPG 是一款利用 AI 技术无损放大图片的工具，它采用深度卷积神经网络，对噪点和锯齿部分进行智能补充，从而实现图片的无损放大。其放大效果非常出色，色彩保留完好，图像边缘清晰，无毛刺和重影。BigJPG 的免费版可以将图片放大至 2 倍或 4 倍，并且可以选择不同程度的降噪选项；升级到付费版后，还能放大至 8 倍或 16 倍。BigJPG 的使用方法也非常简单，用户只需上传图像，并指定图像类型、放大倍数和降噪程度即可。

第 7 章

用 AI 辅助平面设计

第 5、6 章展示了 AI 技术在图像生成与编辑方面的强大能力。这些能力在平面设计领域具有巨大的应用潜力，能够帮助设计师们快速、低成本地生成各种类型的设计素材，或者轻松便捷地编辑和优化图像。本章将以电商平面设计中的商品主图制作为例，讲解如何结合使用多种 AI 工具高效地完成平面设计任务。

7.1 使用 Vega AI 生成商品图片

一张精致的商品图片不仅能清晰地展示商品的外观、细节和质感，还能激发消费者了解商品的兴趣和购买商品的欲望。本节将利用第 5 章介绍的智能图像生成工具 Vega AI 生成一款旅行背包的商品图片。

步骤01 **生成图片**。在网页浏览器中打开 Vega AI 创作平台的页面，❶切换至“文生图”界面，❷在文本框中输入提示词，如“背包设计，商品图片，白色背景，旅行背包，拥有多个外部口袋，由聚酯纤维制成，棕色与咖啡色”，❸设置生成图片张数为 4 张，其他参数不变，❹单击“生成”按钮，如图 7-1 所示。

图 7-1

步骤02 **查看并下载图片**。❶稍等片刻，查看生成的图片，如果感到满意，可单击“优化高清”按钮，获取高分辨率的图片，❷这里直接单击“下载图片”按钮，将其下载至本地硬盘中备用，如图 7-2 所示。

图 7-2

7.2 使用通义万相生成场景图片

为了让消费者能够直观地感受商品的使用情境或使用效果，通常需要将商品放置在一个特定的场景中进行展示。本节将利用通义万相的文生图功能生成适合用于展示旅行背包的森系场景图片。

步骤01 **生成图片**。在网页浏览器中打开通义万相的“创意作画”页面，❶在文本框中输入提示词，如“商品摄影场景，自然植物场景，自然和人造元素结合，围绕着小花、苔藓、蘑菇、木桩，极简主义背景风格，超高清图像”，如图 7-3 所示，❷单击下方的“生成创意画作”按钮，如图 7-4 所示。

图 7-3

图 7-4

步骤02 **查看并下载图片**。稍等片刻，即可看到根据提示词生成的 4 张图片。将鼠标指针放在满意的图片上，单击按钮，将其下载至本地硬盘中备用，如图 7-5 所示。

图 7-5

提示

如果对生成的 4 张图片都不满意，可以再次单击“生成创意画作”按钮，让通义万相重新创作。如果有可供参考的图像，可以选择“相似图像生成”，然后上传参考图，让通义万相以“图生图”的模式工作，根据参考图生成相似的图像。

7.3 使用 remove.bg 抠图换背景

获得所需的商品图片和场景图片之后，接下来利用 remove.bg 进行智能化抠图和背景替换，从而合成一张新的商品展示图。

步骤01 **打开 remove.bg 的页面**。在网页浏览器中打开 remove.bg 的页面，单击页面中的“上传图片”按钮，如图 7-6 所示。

图 7-6

步骤02 **上传商品图片**。弹出“打开”对话框，❶选中之前下载的商品图片，❷单击“打开”按钮，如图 7-7 所示。图片上传成功后，remove.bg 会自动抠出商品图像并去除背景。接下来需要为商品图像添加场景图片，❸单击右侧的“添加背景”按钮，如图 7-8 所示。

图 7-7

图 7-8

步骤03　上传场景图片。弹出“照片”对话框，❶单击下方的“+”按钮，如图 7-9 所示。弹出“打开”对话框，❷选中之前下载的场景图片，❸单击“打开”按钮，如图 7-10 所示。

图 7-9

图 7-10

步骤04　合成并下载图片。返回 remove.bg 页面，可看到合成后的图像，❶单击右侧的“下载高清版”按钮，如图 7-11 所示。弹出“下载高清版”对话框，❷单击“用 1 个积点下载高清版本”按钮，如图 7-12 所示，即可下载高清版本的图像。

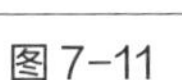

图 7-11

图 7-12

7.4　使用美图设计室制作商品主图

为了进一步丰富内容、提升视觉效果，并有效传达商品的特点和卖点，需要在合成好的商品图片上添加图形和文案。本节将利用美图设计室的“AI 海报”工具，高效便捷地制作一张完整的商品主图。

步骤01 **选择“AI 海报”工具**。在网页浏览器中打开美图设计室首页（https://www.designkit.com/），❶在左侧单击“工具”按钮，❷在右侧单击“AI 海报”按钮，如图 7-13 所示。

图 7-13

步骤02 **输入商品信息**。进入“AI 海报”页面，❶选择海报类型为“电商主图”，如图 7-14 所示，❷输入商品名、价格、营销利益点、商品卖点等信息，如图 7-15 所示。

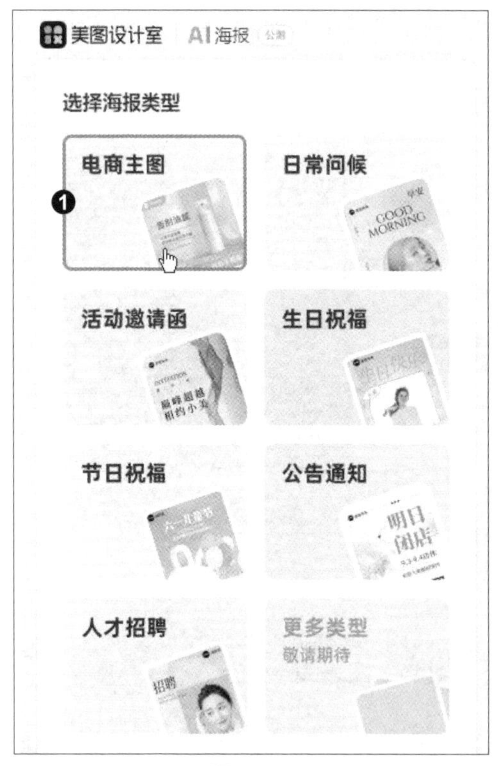

图 7-14

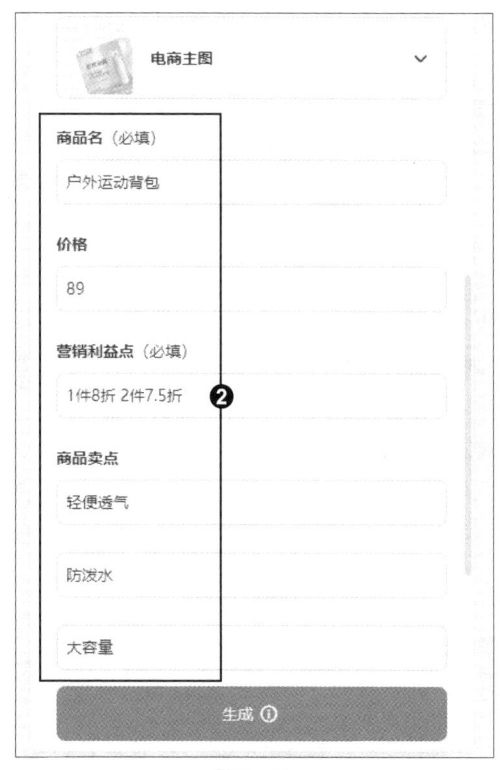

图 7-15

步骤03 **上传合成的商品图片**。❶单击下方的“+”按钮，如图 7-16 所示，弹出“打开”对话框，❷选中利用 remove.bg 合成的商品图片，❸单击“打开”按钮，如图 7-17 所示。

图 7-16

图 7-17

步骤04　生成商品主图。图片上传成功后，❶单击“生成”按钮，如图 7-18 所示。稍等片刻，AI 将根据输入的商品信息和上传的商品图片生成商品主图，❷单击下方的“生成更多”按钮，可以生成更多不同风格的主图，如图 7-19 所示。

图 7-18

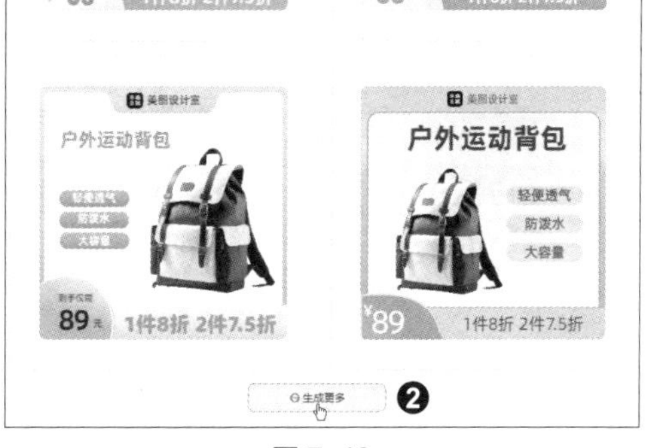

图 7-19

步骤05　编辑主图。❶选择一张最接近预期效果的商品主图，❷单击“编辑”按钮，如图 7-20 所示。进入“编辑”页面，❸根据需求修改版面布局和内容等，❹编辑完成后单击“下载”按钮，即可下载编辑好的商品主图，如图 7-21 所示。

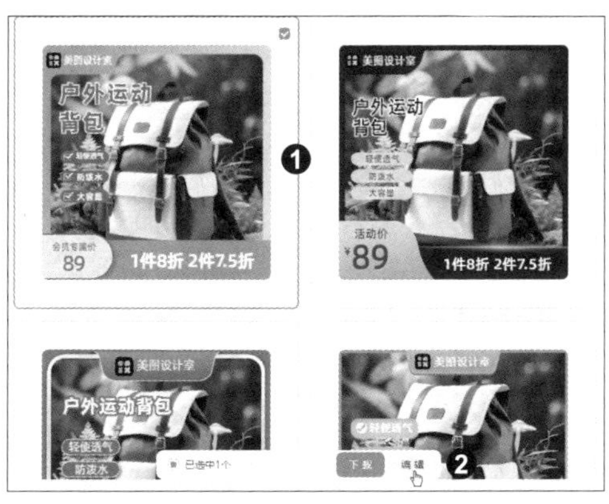

图 7-20

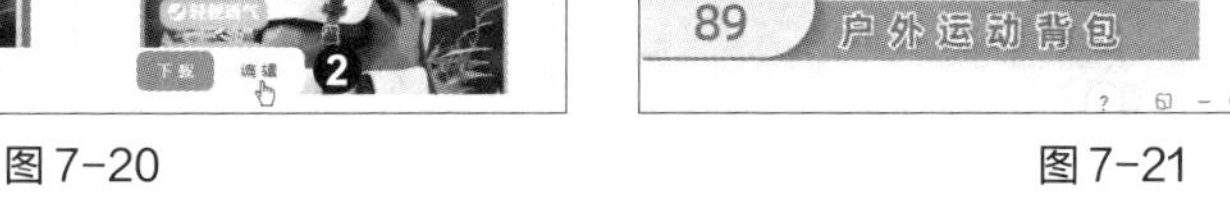

图 7-21

第 8 章

用 AI 创作高质量音频

相较于文字和图片，音频能以独特的方式触动人心，引发情感共鸣。无论是背景音乐的细腻渲染，还是配音、旁白、对话的生动演绎，音频都能为我们带来沉浸式的体验。如今，AI 技术的崛起为音频创作带来了全新的可能性。基于 AI 技术开发的音频创作工具不仅能生成各种风格的背景音乐，还能生成栩栩如生的人声语音，精准地模拟各种语调、语速、音色和情感。创作者利用这类工具能以较低的成本获得符合创意需求的音频素材，并在一定程度上规避潜在的版权纠纷。本章就来介绍几款简单易用的 AI 音频创作工具。

8.1　BGM 猫：智能生成背景音乐

BGM 猫是由北京灵动音科技有限公司开发的一款 AI 配乐工具，它能根据用户设置的时长、输入的描述、选择的标签生成背景音乐。

实战演练：一键生成视频配乐

BGM 猫目前提供“视频配乐”和“片头音乐”两种创作模式。其中，“视频配乐”支持的时长最短为 30 秒，最长为 5 分钟；“片头音乐”支持的时长最短为 1 秒，最长为 30 秒。本案例以创作视频配乐为例讲解具体操作。

步骤01　输入时长和描述文本。在网页浏览器中打开 BGM 猫的首页（https://bgmcat.com/home），❶选择“视频配乐”，❷在“输入时长”右侧输入所需的时长，如“0:33”，❸在“输入描述”右侧输入音频的描述文本，如“比较柔和、抒情的音乐，民谣”，如图 8-1 所示。

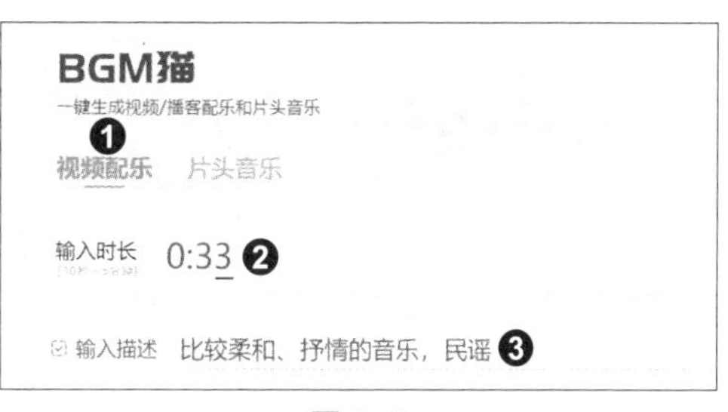

图 8-1

步骤02　生成并播放音乐。❶单击“生成”按钮，等待片刻，BGM 猫将根据输入的时长和描述文本生成音乐，❷单击“播放”按钮可播放音乐，如图 8-2 所示。

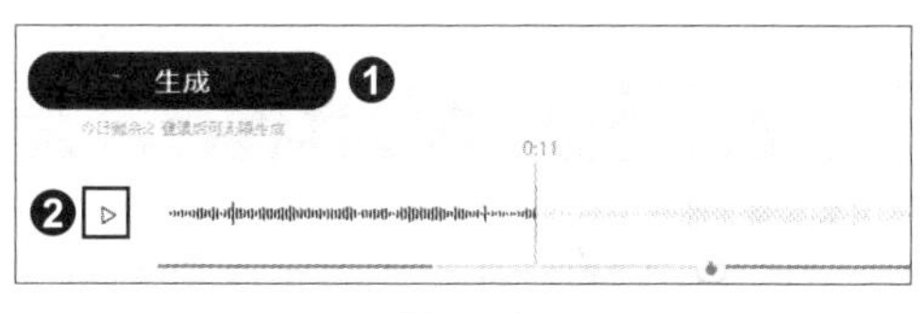

图 8-2

步骤03　通过选择标签生成音乐。如果不知道该如何描述自己的创意需求，还可以通过选择风格、场景、心情等类别下的标签来生成音乐。❶单击“选择标签”，❷单击“场景”类别，❸单击下方的“vlog”标签，如图 8-3 所示。❹单击“心情”类别，❺单击下方的“治愈 / 感动”标签，❻设置后单击“生成”按钮，如图 8-4 所示。

图 8-3

图8-4

步骤04 **生成并播放音乐**。等待片刻，BGM猫将根据输入的时长和选择的标签生成音乐，同样单击“播放”按钮可播放音乐，如图8-5所示。

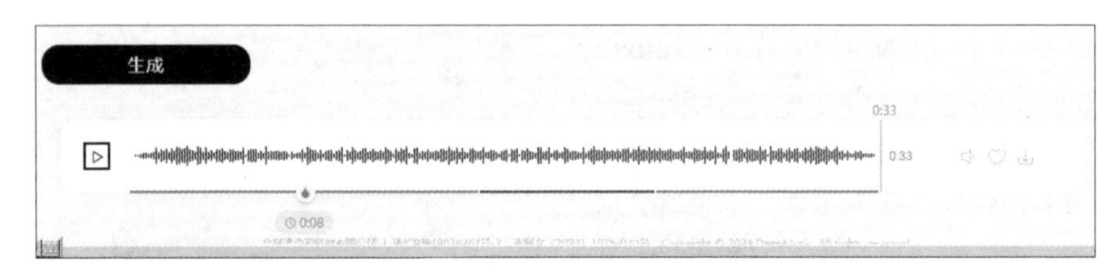

图8-5

8.2 SOUNDRAW：原创音乐生成平台

SOUNDRAW是一个采用前沿AI技术开发的平台，致力于为用户提供定制化的原创音乐。用户只需选择想要的流派、情绪、主题和时长，SOUNDRAW就能迅速生成独一无二的乐曲。该平台在训练AI模型时所使用的音乐素材均为公司内部的真人音乐团队的原创作品，从而确保用户在使用该平台生成的每一首乐曲时都不必担心会惹上版权纠纷。

实战演练：轻松定制个性化原创背景音乐

在过去，为视频作品定制原创背景音乐，不仅成本高昂，而且周期漫长，单枪匹马作战的自媒体人往往无力负担。本案例将利用SOUNDRAW为视频作品量身打造一段个性化的原创背景音乐，为自媒体人解决配乐难的烦恼。

步骤01 **打开SOUNDRAW页面**。在网页浏览器中打开SOUNDRAW首页（https://soundraw.io/），单击页面中的“Try it for free”按钮，如图8-6所示。

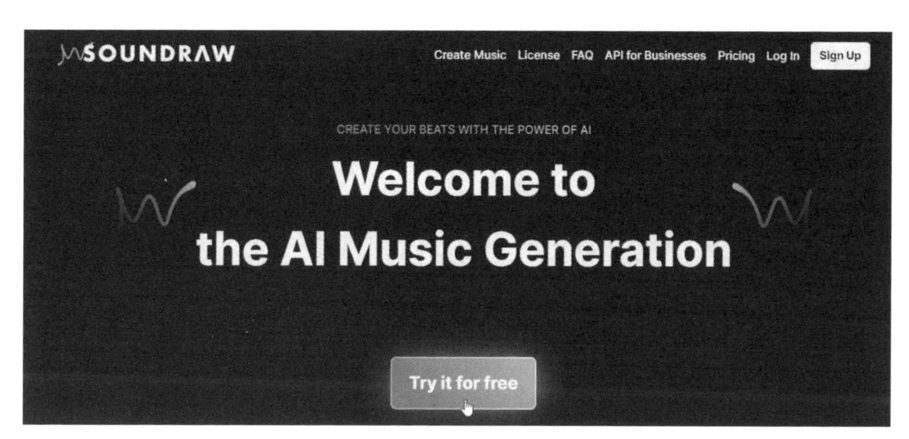

图 8-6

步骤02　**选择时长**。进入音乐创作页面，❶单击默认的时长“3:00”，❷在展开的列表中选择所需时长，如“0:30”，如图 8-7 所示。

图 8-7

步骤03　**设置音乐的节奏**。SOUNDRAW 提供了“Slow”“Normal”“Fast”3 种节奏。❶单击“Slow”选项，❷再单击“Fast”选项，取消二者的选中状态，将节奏设置为“Normal”，如图 8-8 所示。

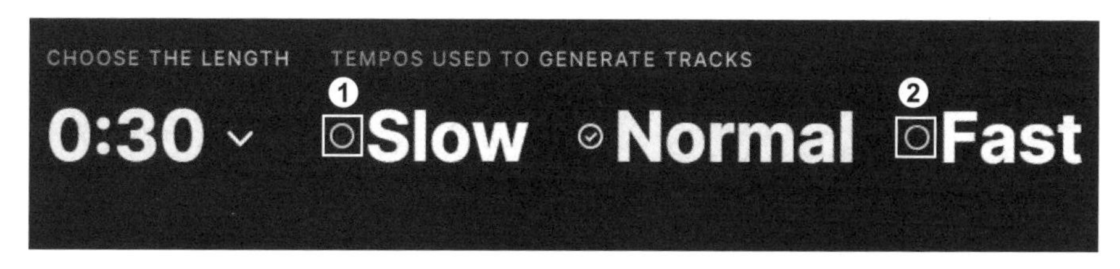

图 8-8

步骤04　**选择音乐的主题**。接下来要选择音乐的流派（genre）、情绪（mood）或主题（theme），通常只需选择其中一项。这里在“Select the Theme”下单击选择“Travel”主题，如图 8-9 所示。

图 8-9

步骤05 **生成音乐**。等待片刻，SOUNDRAW 会根据前面设置的选项生成多首音乐，如图 8-10 所示。默认情况下一次生成 15 首不同的音乐。

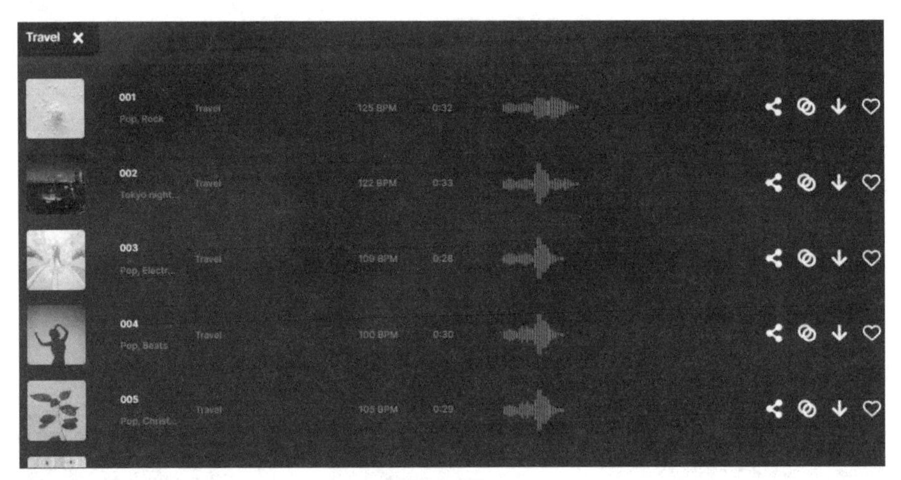

图 8-10

步骤06 **添加音乐情绪**。❶单击音乐列表上方的“Mood”标签，❷在展开的列表中单击要添加的情绪（可同时添加多种情绪），如图 8-11 所示。

图 8-11

步骤07 **重新生成音乐**。随后 SOUNDRAW 将根据添加的情绪生成新的音乐，如图 8-12 所示。此外，还可以使用相同的方法添加音乐流派或更改音乐主题，让生成的音乐更符合预期的效果。

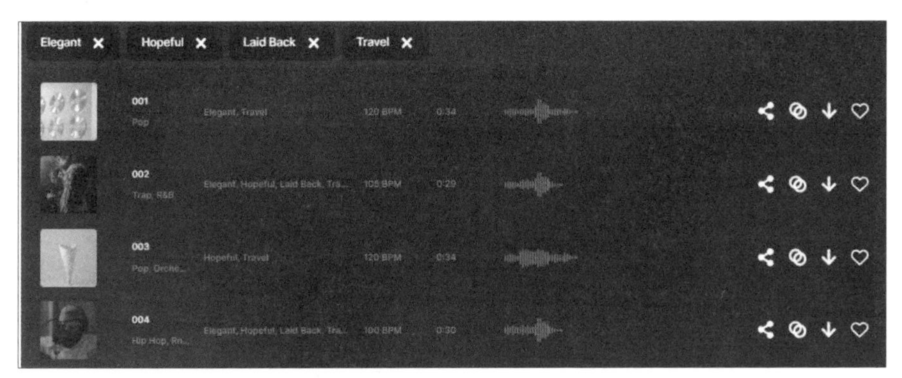

图 8-12

步骤08　**播放音乐**。将鼠标指针放在某一首音乐上，单击▶按钮，如图 8-13 所示，即可播放这首音乐。

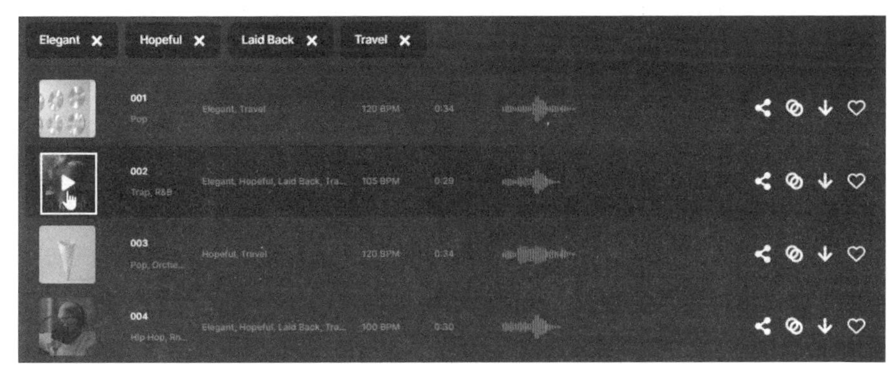

图 8-13

步骤09　**添加音乐区块**。播放音乐的同时，会展开音乐的编辑界面。每一首音乐都被划分成多个区块，用户可以通过添加或删除区块来延长或缩短音乐的时长。❶将鼠标指针放在某个区块（如 Extreme）上，单击其下方浮现的⊕按钮，如图 8-14 所示，❷在该区块后面会增加一个相同的区块，音乐的时长也会相应增加，如图 8-15 所示。单击区块下方的🗑按钮可删除区块。

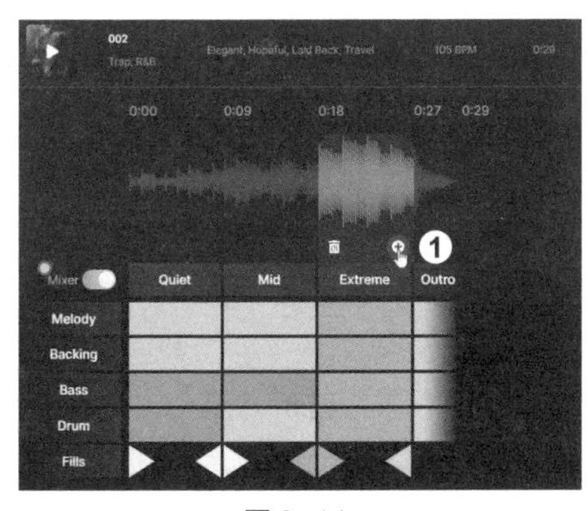

图 8-14

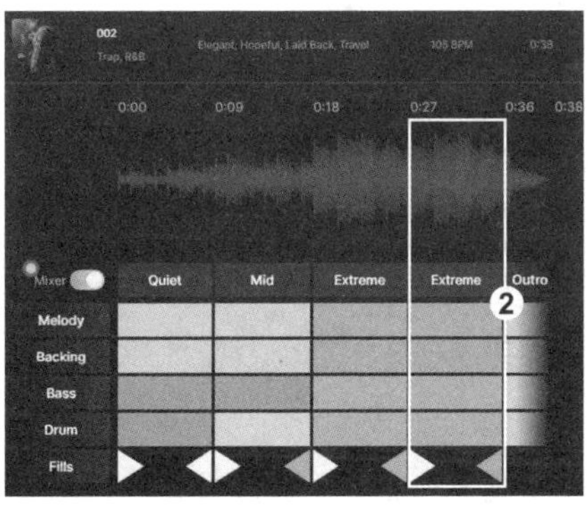

图 8-15

步骤10 **调整音乐的节奏**。❶单击“BPM”（Beats Per Minute，每分钟节拍数），❷在展开的列表中选择“85”选项，将音乐的节奏变慢，如图8-16所示。

步骤11 **调整音乐的旋律和伴奏的音量**。❶单击“Volume”，❷在弹出的面板中拖动“Melody”滑块，调整旋律部分的音量，❸拖动“Backing”滑块，调整伴奏部分的音量，如图8-17所示。

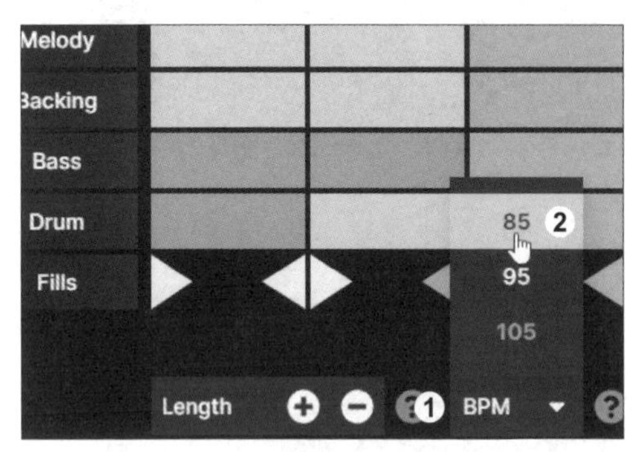

图8-16

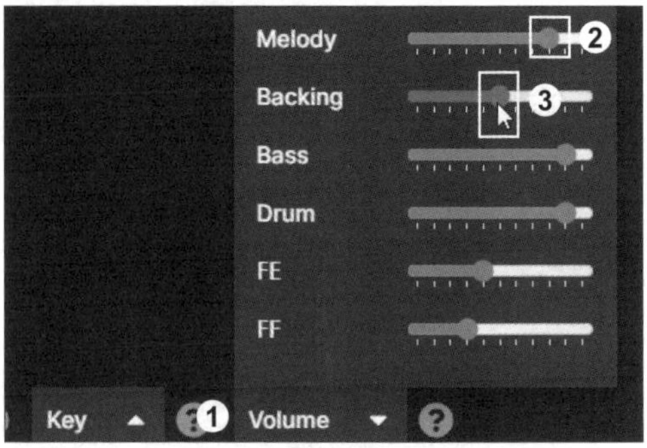

Melody
Backing
Bass
Drum
FE
FF
Key
Volume

图8-17

提示

如果经过编辑得到了满意的效果，可以单击音乐右侧的⬇按钮，将音乐下载至本地硬盘中备用。用户需要付费订阅才能下载音乐，但在使用音乐时基本上不需要再向SOUNDRAW额外支付版权费用。

步骤12 **上传视频素材**。为了保证音乐和视频素材的协调配合，可以在创作过程中将视频素材上传至SOUNDRAW进行同步预览。❶单击“Video Preview”按钮，❷在弹出的对话框中单击🎞图标，如图8-18所示。弹出“打开”对话框，❸选中视频素材，❹单击“打开”按钮，如图8-19所示。

图8-18

图8-19

步骤13 **同步播放音乐和视频**。视频上传完毕后，将鼠标指针放在音乐上，再次单击▶按钮，如图8-20所示，即可同步播放音乐和视频，从而感受两者的匹配程度。

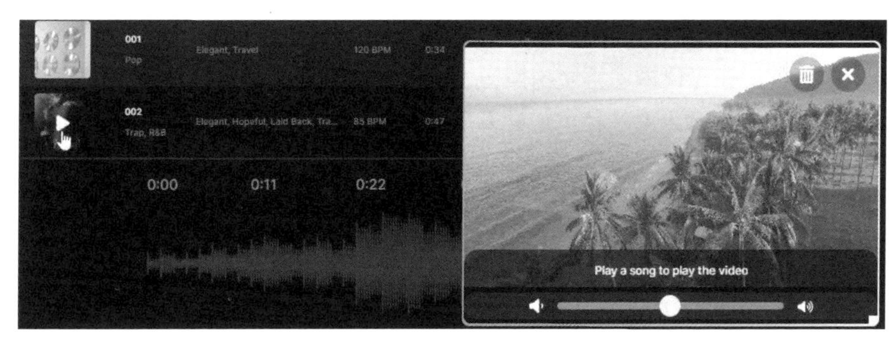

图 8-20

8.3　TTSMaker：更适合国人的配音工具

TTSMaker（马克配音）是一个在线文本转语音工具。它支持中文、英语、日语、韩语等 50 余种语言，并提供超过 300 种语音风格。无论是为视频配音，还是制作有声书，TTSMaker 都能胜任。目前，TTSMaker 完全免费，不需要开通会员，也没有广告干扰，每周 3 万个字符的额度对大多数用户来说完全够用。

实战演练：在线自制有声书

有声书是一种将书面文字转换为语音形式的新型出版物。通过专业人士的朗读和演绎，有声书能够让文字作品变得生动鲜活，为听众带来沉浸式的“阅读”体验。本案例将使用 TTSMaker 快速将文本转换成有声书。

步骤01 **复制要朗读的文本**。打开存有文稿的文本文件，依次按快捷键〈Ctrl+A〉和〈Ctrl+C〉，全选并复制文本，如图 8-21 所示。

步骤02 **在 TTSMaker 中粘贴文本**。在网页浏览器中打开 TTSMaker 的首页（https://ttsmaker.cn/），将插入点置于页面左侧的文本框中，按快捷键〈Ctrl+V〉，粘贴文本，如图 8-22 所示。

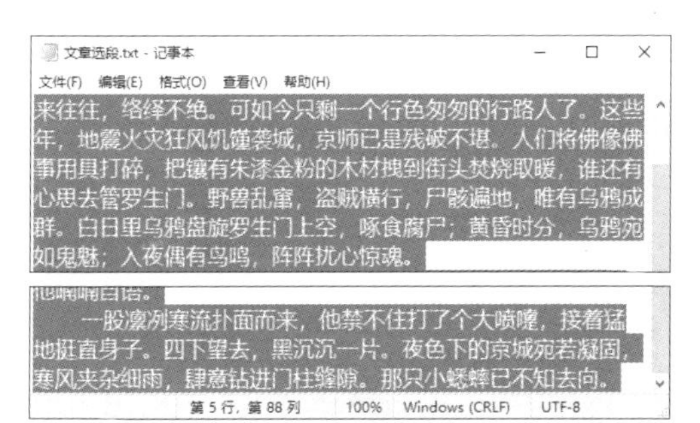
文章选段.txt - 记事本

文件(F)　编辑(E)　格式(O)　查看(V)　帮助(H)

来往往，络绎不绝。可如今只剩一个行色匆匆的行路人了。这些年，地震火灾狂风饥馑袭城，京师已是残破不堪。人们将佛像佛事用具打碎，把镶有朱漆金粉的木材拽到街头焚烧取暖，谁还有心思去管罗生门。野兽乱窜，盗贼横行，尸骸遍地，唯有乌鸦成群。白日里乌鸦盘旋罗生门上空，啄食腐尸；黄昏时分，乌鸦宛如鬼魅；入夜偶有鸟鸣，阵阵扰心惊魂。

一股凛冽寒流扑面而来，他禁不住打了个大喷嚏，接着猛地挺直身子。四下望去，黑沉沉一片。夜色下的京城宛若凝固，寒风夹杂细雨，肆意钻进门柱缝隙。那只小蟋蟀已不知去向。

第 5 行，第 88 列　100%　Windows (CRLF)　UTF-8

图 8-21

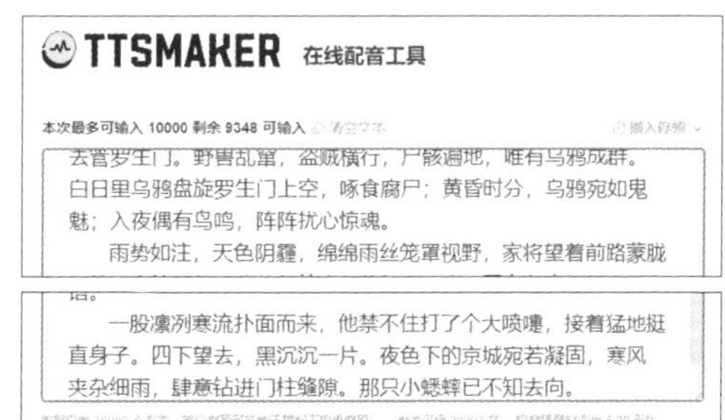
TTSMAKER 在线配音工具

本次最多可输入 10000 剩余 9348 可输入

去管罗生门。野兽乱窜，盗贼横行，尸骸遍地，唯有乌鸦成群。白日里乌鸦盘旋罗生门上空，啄食腐尸；黄昏时分，乌鸦宛如鬼魅；入夜偶有鸟鸣，阵阵扰心惊魂。

雨势如注，天色阴霾，绵绵雨丝笼罩视野，家将望着前路蒙胧

一股凛冽寒流扑面而来，他禁不住打了个大喷嚏，接着猛地挺直身子。四下望去，黑沉沉一片。夜色下的京城宛若凝固，寒风夹杂细雨，肆意钻进门柱缝隙。那只小蟋蟀已不知去向。

图 8-22

步骤03 **选择文本语言和发音人。**❶在“选择文本语言”下拉列表框中根据实际情况选择文本的语言，在“选择您喜欢的声音”列表框中滚动浏览发音人，❷单击发音人下方的⊙按钮可试听发音人的音色，如图 8-23 所示，❸如果觉得合适，单击选中发音人，如图 8-24 所示。

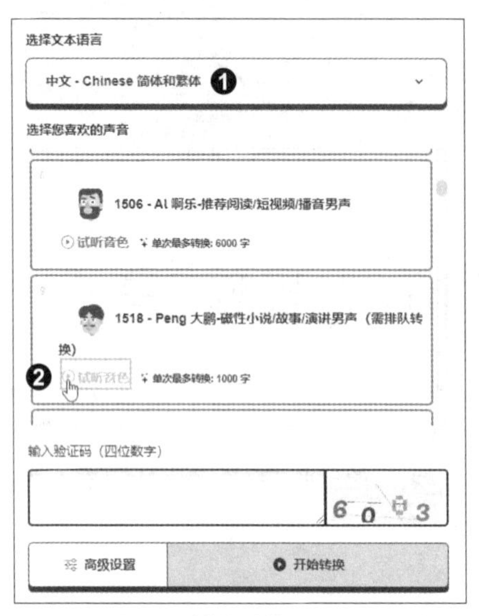

图 8-23

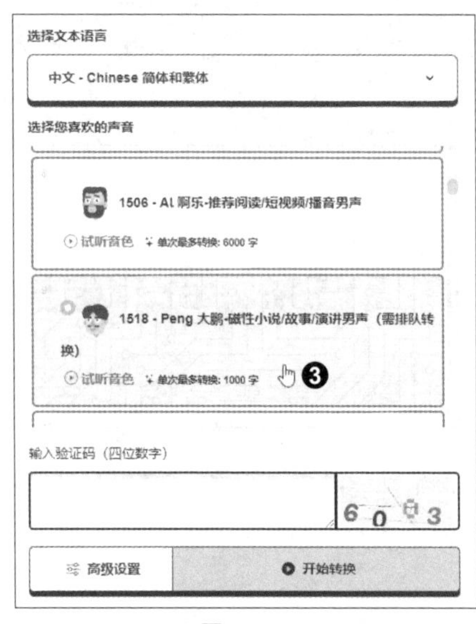

图 8-24

步骤04 **设置高级选项。**❶输入 4 位数字的验证码，❷单击“高级设置”按钮，如图 8-25 所示。在展开的选项卡中，❸选择下载文件格式为 MP3 格式，❹设置语速为“0.95x 降速”，❺设置音量为“120% 提升音量”，❻设置每个段落之间的停顿时间为“400 ms”，如图 8-26 所示。

图 8-25

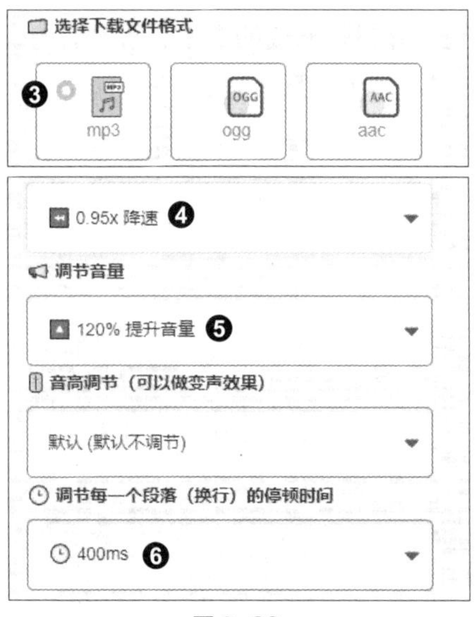

图 8-26

步骤05　开始转换并下载文件。❶设置完成后单击“开始转换”按钮，TTSMaker 便会根据文本生成语音，生成完毕后会自动播放，❷确认无误后单击“下载文件到本地”按钮，如图 8-27 所示，即可将语音文件下载至本地硬盘。

图 8-27

8.4　魔音工坊：轻松配出媲美真人的语音

魔音工坊是由北京小问智能科技有限公司开发的 AI 配音平台，可以生成媲美真人的语音，适用于短视频配音、新闻播报、有声书制作等多种应用场景。该平台提供 1300 多种声音风格，覆盖 600 多种音色，支持 16 国语言和 15 种方言，并且提供逐句试听、多音字、停顿、重读、局部变速、多发音人等近 20 个调音功能，让用户可以细致地打磨每句话，得到自然流畅的配音效果。

实战演练：“声”动演绎舌尖上的艺术

配音是视频作品不可或缺的组成部分，它不仅能帮助观众加深对作品内容的理解，而且能增强作品的艺术表现力。本案例将使用魔音工坊将一个美食纪录短片的配音文稿转换成自然流畅的语音。

步骤01　打开魔音工坊的页面。在网页浏览器中打开魔音工坊的首页（https://www.moyin.com/），❶单击页面顶部的“软件配音”链接，如图 8-28 所示。进入“文案配音”页面，❷单击发音人面板左上角的“收起”按钮，如图 8-29 所示，收起该面板。

图 8-28

图 8-29

步骤02 **输入配音文稿**。在页面中间的编辑区输入配音文稿，如图 8-30 所示。

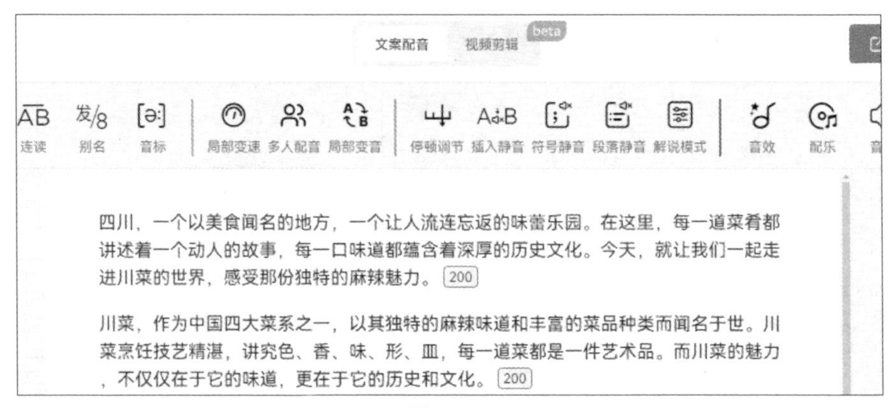

图 8-30

步骤03 **设置配音师**。❶单击配音师面板左上角的“展开”按钮，如图 8-31 所示，❷在面板左侧选择“男声”，❸然后选择“纪录片”，❹在下方选择一个喜欢的配音师，❺拖动“语速”滑块调节语速，❻单击“播放”按钮进行试听，如图 8-32 所示。

图 8-31

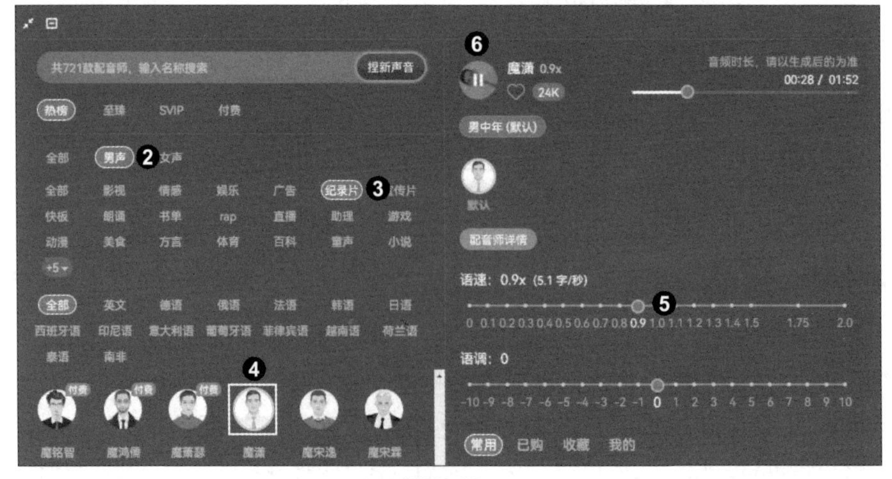

图 8-32

步骤04 **更改停顿时长**。❶单击工具栏中的“解说模式”按钮，❷在弹出的面板中单击“影视解说模式”右侧的开关按钮，关闭该模式，以便自定义设置停顿参数，如图 8-33 所示。❸先单击“短停顿”按钮，查找文中的短停顿，❹再单击下方的“中停顿”按钮，❺然后单击“全部”按钮，将文中的“短停顿”全部替换为“中停顿”，如图 8-34 所示。

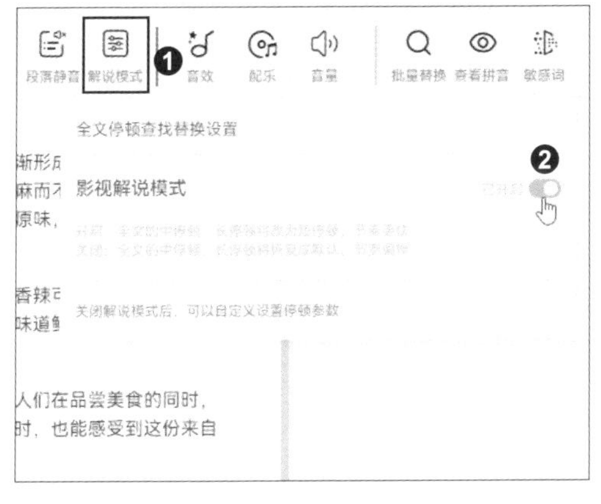

图 8-33

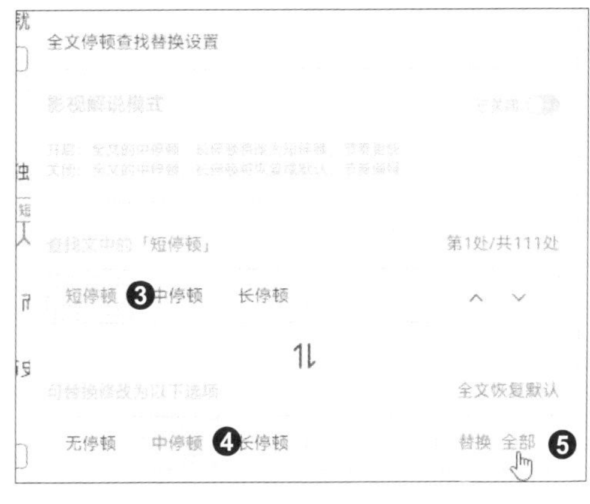

图 8-34

步骤05 **更改段落静音时长**。❶单击工具栏中的“段落静音”按钮，❷在弹出的面板中单击“600 ms”按钮，更改段落之间的静音时长，如图 8-35 所示。

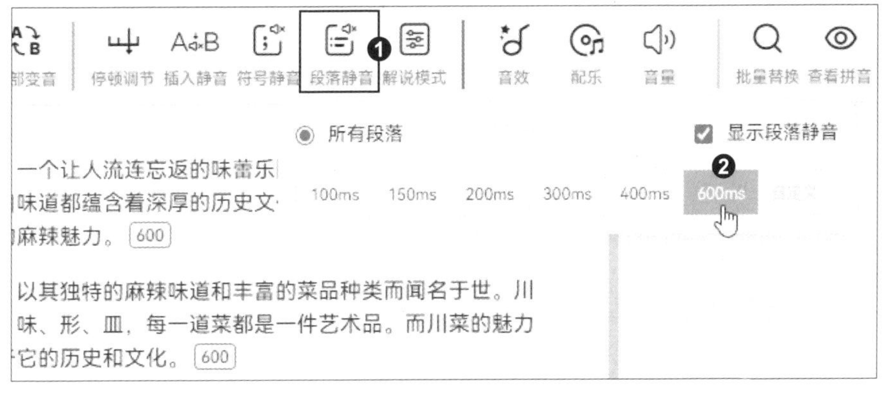

图 8-35

提示

魔音工坊不仅能根据文本生成配音，还能为配音添加配乐。单击工具栏中的“配乐”按钮，在弹出面板中的“魔音配乐”选项卡下可以选择内置的配乐，也可以在“自定义配乐”选项卡下单击“上传配乐”按钮，上传自己准备好的配乐。

步骤06 **合成配音**。完成上述设置后，❶单击页面右上角的“配音下载”按钮，❷在展开的列表中单击“配音”按钮，如图 8-36 所示。弹出“配音清单”对话框，❸单击“会员免费合成”按钮，合成配音，如图 8-37 所示。

图 8-36

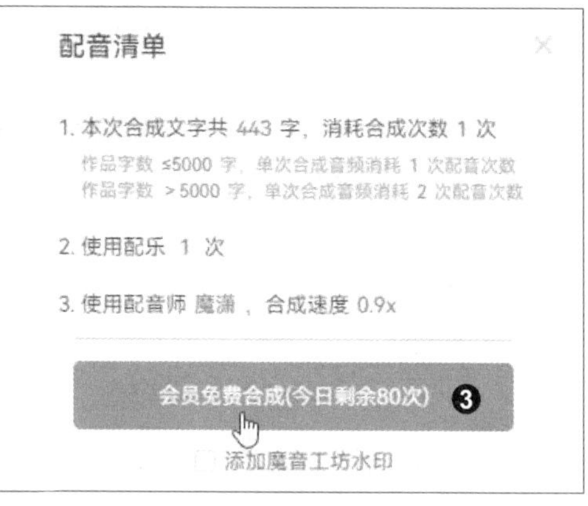

图 8-37

步骤07 **下载合成的配音**。❶单击“播放”按钮，试听合成的配音，❷满意后再单击“下载音频”按钮，❸在弹出的列表中选择所需的音频格式，短视频配音一般选择 MP3 格式即可，如图 8-38 所示。

图 8-38

8.5　悦音配音：智能在线配音工具

悦音配音是深圳制片帮网络科技有限公司推出的一款智能在线配音工具，可以将文字转换成贴近真人配音的语音，其功能特色包括模仿真人情感、支持多音字和停顿等特色发音、快捷的单人和多人配音模式、海量的音色库等。此外，悦音配音还提供图片、链接、音频、视频转文字的功能，方便用户进行二次创作。

实战演练：专业语音介绍助力产品推广

使用文字介绍产品往往难以充分展示产品的卖点，而且长时间阅读还可能使人感到枯燥和乏味。相比之下，语音介绍通过声音的变化和语调的抑扬顿挫，能够更加生动、形象地呈现产品的亮点，吸引听众的注意力，从而提升产品的吸引力。本案例将使用悦音配音生成一段专业的语音介绍。

步骤01 **打开悦音配音的页面**。在网页浏览器中打开悦音配音的首页（https://yueyin.zhipianbang.com/），单击页面顶部的“软件配音”链接，如图 8-39 所示。

图 8-39

步骤02 **输入配音文稿**。进入“单人配音”页面，❶收起主播面板，❷在页面中间的编辑区输入配音文稿，如图 8-40 所示。

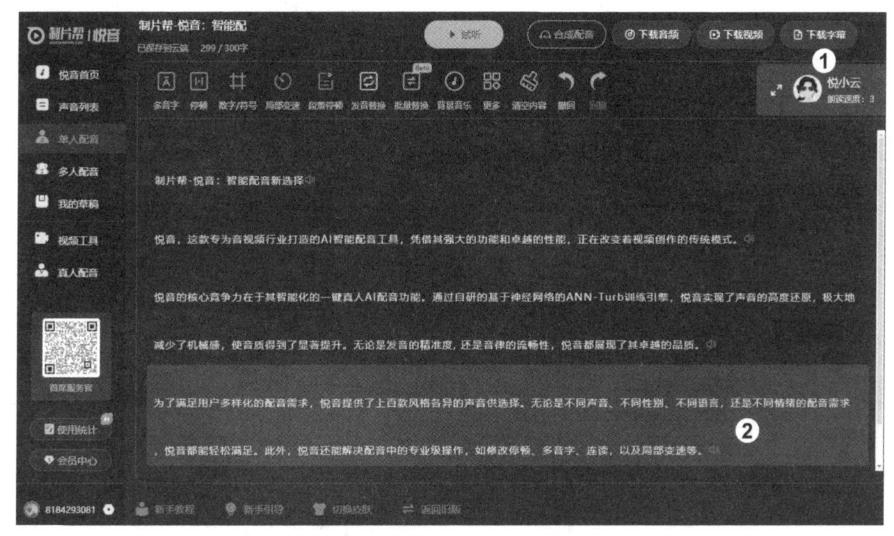

图 8-40

步骤03 **展开主播面板**。❶单击主播面板左侧的“展开”按钮，如图 8-41 所示，展开该面板，❷单击“更换主播”按钮，如图 8-42 所示。

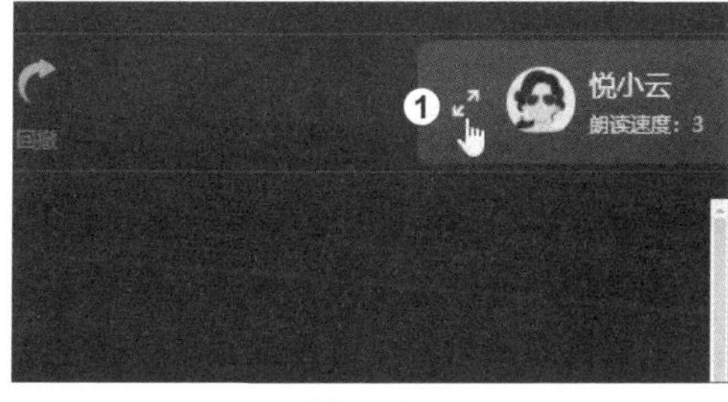

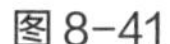

图 8-41

图 8-42

步骤04 **选择主播**。展开主播列表，❶单击“音色”右侧的“男声”选项，❷再单击“声音”右侧的“免费会员”选项，❸在筛选出的免费男声主播中选择一个心仪的主播，❹然后适当设置“朗读速度”“配音人音量”“语调调节”等参数，如图 8-43 所示。

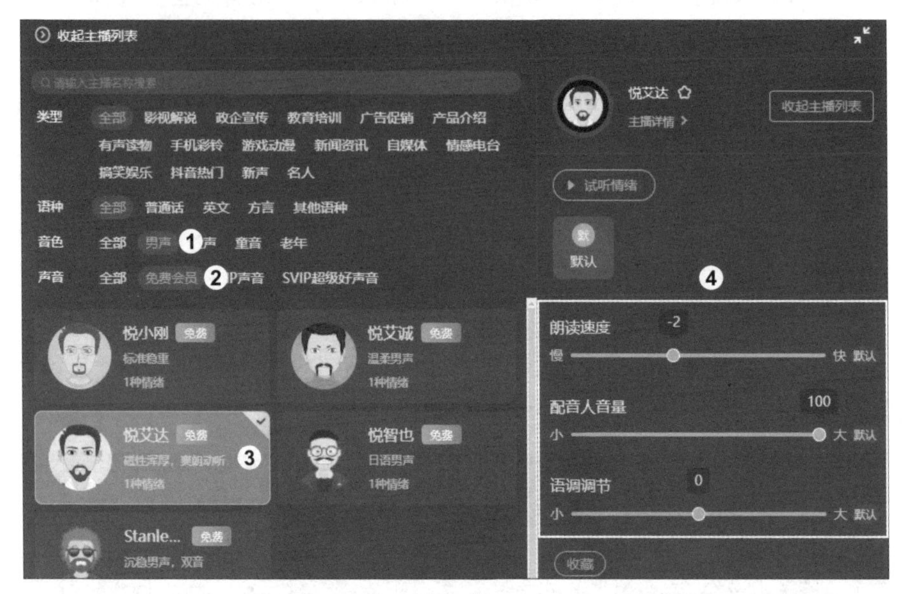

图 8-43

提示

在主播列表的左侧选择一个主播后，可以单击右侧的“试听情绪”按钮，试听该主播的声音，以便更好地进行比较和选择。

步骤05 **设置局部变速效果**。❶在编辑区中选中希望改变朗读速度的文本，❷然后单击工具栏中的“局部变速”按钮，如图 8-44 所示。❸通过拖动滑块调整所选文本的朗读速度，❹单击“确认”按钮以应用变速效果，如图 8-45 所示。

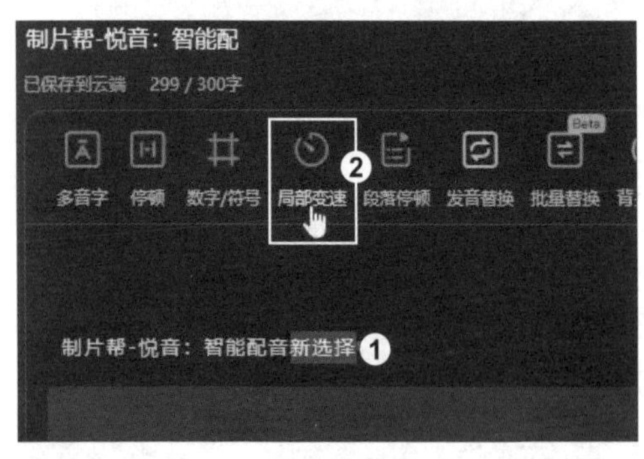

图 8-44

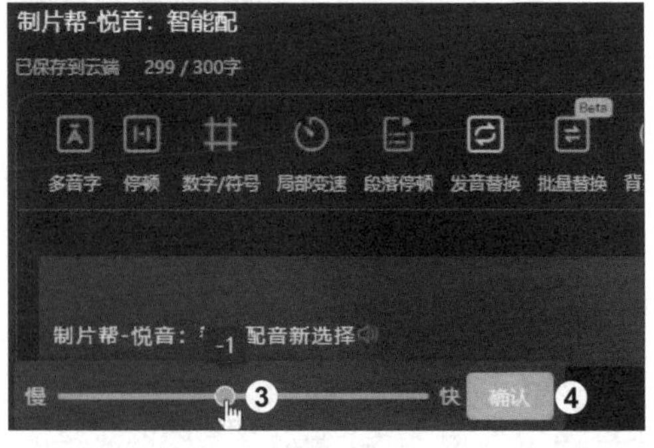

图 8-45

步骤06 **设置更多局部变速效果**。继续使用相同的方法在适当的位置设置更多局部变速效果，如图 8-46 所示。

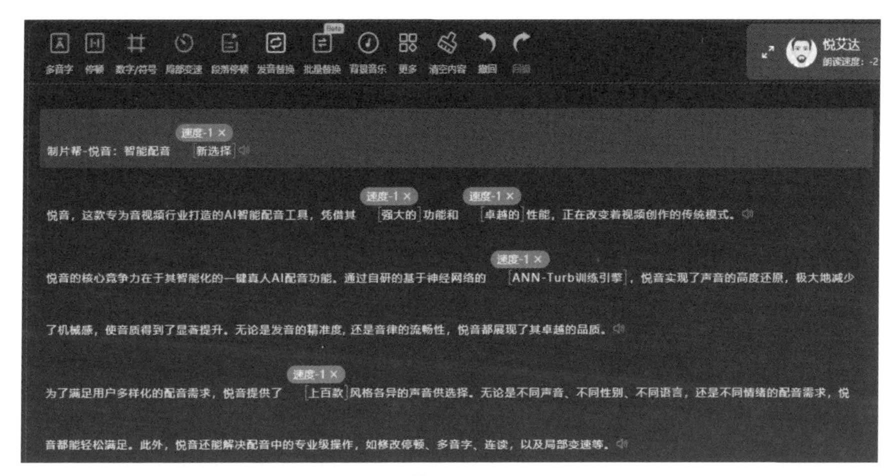

图 8-46

步骤07　**选择背景音乐**。❶单击工具栏中的“背景音乐”按钮，如图 8-47 所示。弹出“更换背景音乐”对话框，❷在左侧选择一种配乐类型，如“专题宣传片”，❸然后在右侧选择一首喜欢的配乐，❹单击“确定”按钮，如图 8-48 所示。

图 8-47

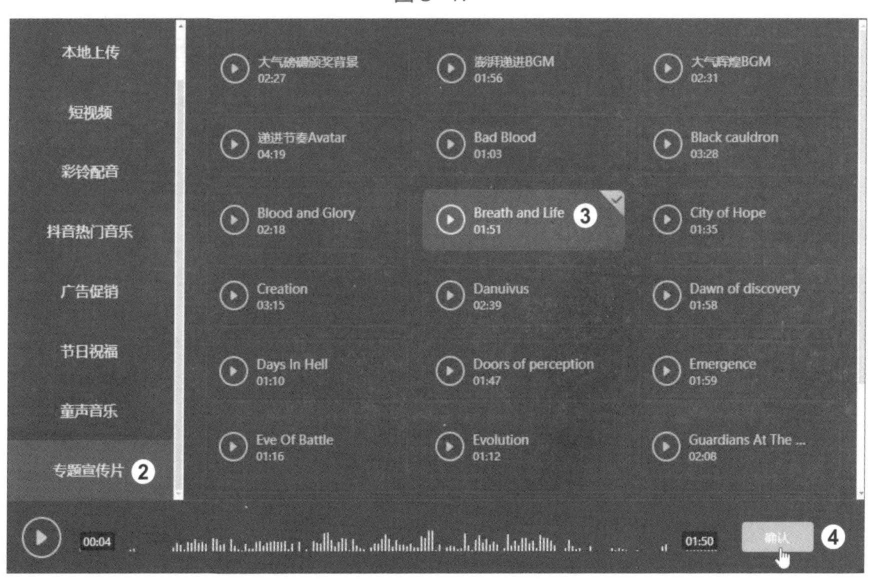

图 8-48

步骤08　**合成配音**。❶单击页面右上角的“合成配音”按钮，❷在弹出的对话框中单击“确定生成”按钮即可生成配音，❸再单击“下载音频”按钮，即可将生成的配音文件下载至本地硬盘，如图 8-49 所示。

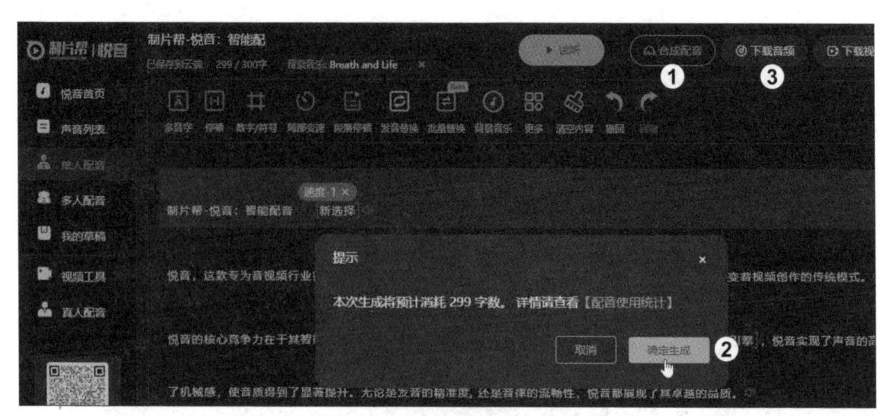

图 8-49

8.6 智能音频：更多 AI 音频创作工具

无论是模拟人声、创作背景音乐，还是生成独特的音效，AI 音频创作工具都以其出色的表现力和创造力，为我们打开了音频艺术的新世界。本节将介绍一些其他的 AI 音频创作工具。

1．Ecrett Music

Ecrett Music 是一款 AI 音乐创作软件，可以帮助内容创作者以高效、便捷、经济的方式制作出适合自己的音乐，包括游戏音效、视频配乐、播客背景音乐等，不用担心引发任何版权纠纷。用户只需根据创作需求选择场景、情绪或风格，即可轻松生成一段循环播放的音乐片段。Ecrett Music 还允许用户根据个人喜好调整乐器配置和编曲结构，从而打造出独具特色的音乐作品。此外，Ecrett Music 每月都会推出新的音乐主题，为用户的创作提供源源不断的灵感。

2．AIVA

AIVA 是音乐制作初创公司 AIVA Technologies 推出的一款 AI 音乐创作工具，旨在为音乐人或内容创作者提供高效、便捷的音乐创作服务。AIVA 使用深度学习算法和大量的音乐数据进行训练，从而能够模仿不同风格和情感的音乐创作。AIVA 的用户可以通过调整风格、节奏、情绪、时长等参数来定制自己的音乐作品，让作品更符合个人的创作意愿。此外，AIVA 还提供音乐编辑的功能，如添加配乐、调整曲调、设置混音等，让用户可以对作品进行精细的调整和优化。

3．Soundful

Soundful 是一个一站式音乐创作平台，提供各种风格的音乐模板，涵盖流行、电子、嘻哈等多个流派。用户可以根据自己的喜好和创作风格快速找到合适的模板，轻松创作出具有专业水准的原创音乐，从而实现自己的音乐梦想。Soundful 平台拥有海量的高品质音乐样本，用户只需选择模板或指定音乐流派，就能快速生成适合不同应用场景的免版税音乐。如果对生成结果不满意，还可以通过微调速度和音调的方式，让 Soundful 重新生成音乐。

4．Voicemaker

Voicemaker 是一款在线文本转语音工具。它使用先进的神经网络技术来生成各种语言和口音的逼真且自然的声音。用户只需输入文本，然后自定义音调、语速、情感和发音等参数，就能获得高质量的语音，并以 MP3 格式下载至本地硬盘，以便离线使用或共享。

5．讯飞配音

讯飞配音是一个功能强大、应用广泛的配音服务平台，主要提供合成配音和真人配音服务。该平台基于科大讯飞的核心智能语音技术，能够快速将文本转换成语音，适用于短视频配音、新闻播报、企事业宣传片配音等多种场景。讯飞配音不仅支持中文、英语、法语等多种语言的转换，还提供丰富的配音角色和 AI 虚拟主播选项，能够满足不同用户的需求。得益于科大讯飞雄厚的技术实力，讯飞配音的配音效果相当出色，但因其需要付费使用，所以更适合对语音质量有较高要求的用户，特别是那些需要进行大量文本转语音工作的专业人士或企业。

6．蓝藻 AI

蓝藻 AI 是由云知声公司开发的一款 AIGC 内容创作平台，基于云知声自研的智能语音技术和大模型技术，专注于为用户提供 AI 声音克隆、AI 文字配音、AI 文案创作服务。用户可以通过该平台训练和克隆个性化的语音模型，生成与原音相似的合成音频，或选择多样的 AI 发音人进行文字配音。此外，蓝藻 AI 还能基于提示词或模板自动生成文案，并辅助用户进行文案编辑。

7．DupDub

DupDub 是一款集文案、配音、剪辑全流程的一站式 AI 配音平台，拥有超过 400 种语音选项，支持 40 多种语言及方言，能够满足不同场景下的配音需求。使用 DupDub 的语音生成功能，用户只需输入文本，选择发音人并设置节奏、语速等语音选项，即可将文本快速转换为高质量的语音。相较于同类产品，DupDub 拥有更多的功能和更高的准确性，如别名设置、音素调整、强调处理、暂停控制、多扬声器支持、节奏掌控、背景音乐添加等。

第 9 章

用 AI 快速创作视频

传统的视频制作流程既复杂又耗时，不仅需要动用专业的拍摄和剪辑设备，而且需要多个工种协同合作。AI 技术的飞速发展大大简化了视频制作的流程，降低了视频制作的门槛。本章将介绍几款简单好用的 AI 视频创作工具，让没有专业背景的人也能快速创建富有创意的作品。

9.1　AI 视频创作的优缺点

AI 技术的登场为视频创作领域注入了新的活力。然而，如同任何新兴技术一样，AI 视频创作在带来诸多便利的同时，也存在着一些不可忽视的局限性。

1．优点

（1）效率提升。AI 技术能够自动化执行重复性任务，从而大大提高视频制作的效率，节省时间和人力成本。

（2）自动化编辑。AI 技术能够识别素材中的关键元素，并根据预设的算法进行自动编辑，减轻了剪辑师的负担。

（3）内容生成。AI 技术可以根据用户的需求和偏好生成个性化的文本、音频、图像和视频等内容，为视频制作者提供了丰富的素材来源，拓展了创作的可能性。

2．缺点

（1）缺乏人性化。AI 技术生成的内容难以复刻人类独有的创意火花和细腻情感，可能导致作品缺乏真实的人性温度。

（2）技术依赖性。AI 视频制作依赖于技术的稳定和进步，一旦技术出现故障或过时，制作的过程和成品的质量就会受到影响。

（3）版权和隐私问题：AI 技术生成的内容可能涉及版权和隐私问题，需要谨慎处理，以免侵权或泄露用户信息。

（4）质量不稳定。尽管 AI 技术正在以惊人的速度进化，但就目前来说，AI 生成内容的质量仍然不够稳定，例如，同一角色在不同场景下的表现可能缺乏连续性和一致性。

总之，清醒而全面地认识 AI 视频创作的优缺点，有助于我们扬长避短，在最大限度地发挥技术效能的同时，有效地规避技术缺陷可能带来的负面影响。

9.2　AI 视频创作的主要流程

AI 视频的创作流程主要分为 AI 脚本撰写、AI 生成图像和动画、AI 生成音频、AI 后期剪辑等环节。

1．AI 脚本撰写

这一环节的主要任务是根据想要制作的视频类型、预期的目标观众、视频的大致长度，利用 AI 文本生成工具撰写脚本。脚本中应详细描述视频中的每一幕内容，包括对话、场景设置、特定的视觉效果等。

2. AI 生成图像和动画

这一环节的主要任务是基于脚本内容，使用 AI 图像和动画生成工具生成图像或动画。例如，使用 Vega AI、通义万相等工具生成特定场景的图像，或使用 Kreado AI 等工具创建虚拟主持人动画。

3. AI 生成音频

这一环节的主要任务是基于脚本中的对话和描述，使用 AI 音频生成工具生成所需的音频。例如，使用 BGM 猫、SOUNDRAW 等生成背景音乐，或使用 TTSMaker 等创建语音旁白。

4. AI 后期剪辑

一旦所有的视觉和音频素材准备就绪，接下来便可以利用视频剪辑工具对素材进行整合，得到最终的作品。目前市面上有许多 AI 辅助的视频剪辑工具，如 Clipchamp、腾讯智影等，它们都提供视频编辑和合成的功能，能够自动完成场景剪辑、特效与转场添加等工作。

9.3 剪映：初学者也能轻松上手的剪辑工具

剪映是抖音推出的一款功能全面的视频剪辑工具，旨在为用户提供简单、高效的视频剪辑体验。剪映能在手机、平板、电脑等多种设备上运行，让用户可以随时随地进行视频创作。剪映不但拥有全面的剪辑功能，还内置了丰富的素材，是视频创作者的得力助手。

实战演练：一键图文成片，快速创作精彩视频

剪映独有的“图文成片”功能开辟了一种全新的视频创作方式：用户只需要设置好视频的主题、话题和时长，AI 就能自动撰写文案，并根据文案智能匹配素材，快速生成视频。本案例将使用该功能快速创作一段精彩的短视频。

步骤01 **调用“图文成片”功能**。在计算机上安装好剪映专业版，然后打开该软件，单击界面中的“图文成片”按钮，如图 9-1 所示。

图 9-1

步骤02 **生成文案**。❶在“智能写文案”选项组下单击选择要创建的视频类型，如“励志鸡汤”，❷输入视频的主题和话题，❸在“视频时长”选项组下选择视频的时长，如“1分钟左右”，❹单击“生成文案”按钮，❺等待片刻，剪映会根据上述设置生成 3 个不同的文案，默认显示第 1 个文案，如图 9-2 所示。如果对文案有不满意的地方，可以进行人工编辑。

图 9-2

步骤03 **选择发音人和成片方式**。❶单击右下角的“古风男主”，❷在弹出的列表中选择心仪的发音人，如图 9-3 所示。❸单击“生成视频”按钮，❹在弹出的列表中选择“智能匹配素材”选项，如图 9-4 所示。

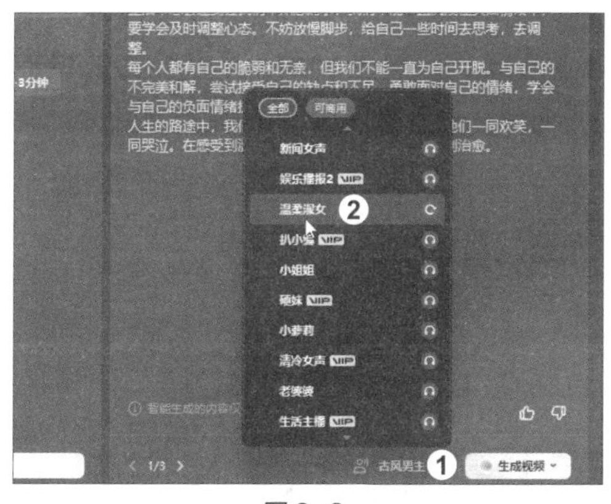

图 9-3

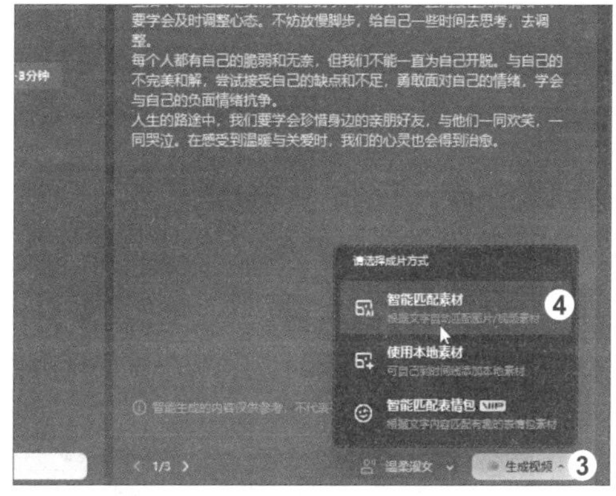

图 9-4

步骤04 **生成视频**。等待片刻，❶剪映将根据所选方案自动生成视频，❷单击右上角的“导出”按钮，即可导出生成的视频，如图 9-5 所示。

图 9-5

9.4 Clipchamp：Windows 自带的视频编辑器

Clipchamp 是一款功能全面的视频编辑工具，拥有易用的界面和直观的操作方式。目前，Clipchamp 已内置于 Windows 11 中，非 Windows 11 用户则可在浏览器中使用 Clipchamp 的网页版。本节以网页版为例进行讲解。

实战演练：使用 AI 快速自动创作视频

Clipchamp 提供的 AI 视频功能可以根据用户上传的视频素材快速生成完整的视频作品。本案例将使用该功能快速制作一个旅拍短视频。

步骤01 **打开 Clipchamp 的页面**。在网页浏览器中打开 Clipchamp 的首页（https://clipchamp.com/zh-hans/），单击页面顶部的“免费试用”按钮，如图 9-6 所示。如果页面中提示需要登录账号，则按提示操作。

图 9-6

步骤02 **调用“使用 AI 创建视频”功能**。登录成功后，进入 Clipchamp 的功能主页，单击“使用 AI 创建视频”按钮，如图 9-7 所示。

图 9-7

步骤03 **添加视频素材**。进入“自动撰写”界面，❶输入视频的标题，❷单击“添加你自己的媒体”下方的区域，如图 9-8 所示。弹出“打开”对话框，❸选中所有视频素材，❹单击“打开”按钮，如图 9-9 所示。

图 9-8

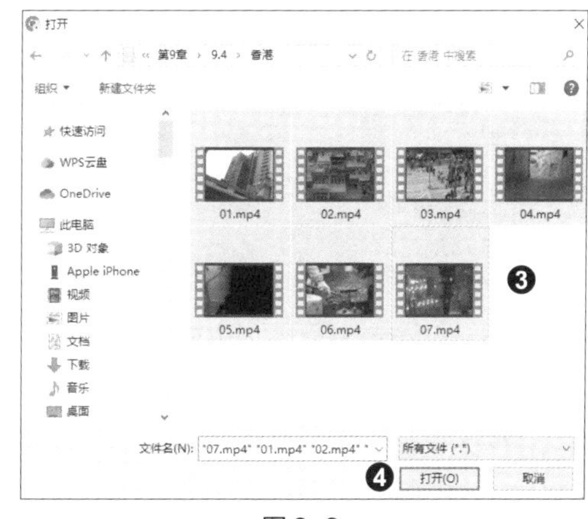

图 9-9

步骤04 **选择视频样式**。所有视频素材上传完毕后，❶单击“开始使用”按钮，如图 9-10 所示。❷选择喜欢的视频样式，❸单击“下一步”按钮，如图 9-11 所示。

图 9-10

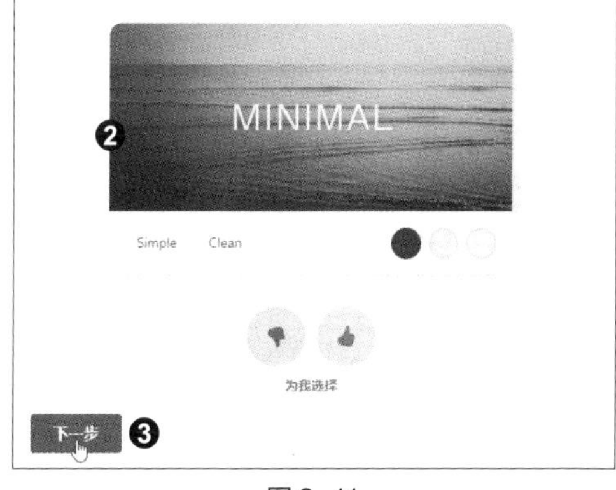

图 9-11

提示

在选择视频样式时，可通过单击👍或👎按钮来表达“喜欢”或“不喜欢”，以便 AI 了解我们的审美偏好。也可单击下方的“为我选择”按钮，让 AI 根据视频素材选择最适合的样式。

步骤05 **设置视频的纵横比和时长。**❶根据创作需求选择视频的纵横比，如“横向”，❷选择视频的时长，如“低于 30 秒”，❸单击“播放”按钮，预览视频效果。如果对预览效果感到比较满意，❹单击“下一步”按钮，如图 9-12 所示。

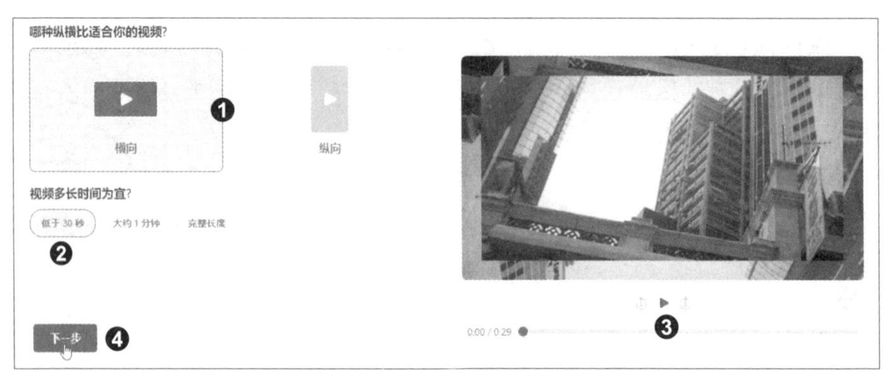

图 9-12

步骤06 **选择背景音乐。**AI 将自动为视频选择背景音乐。如果要更改音乐，❶单击“音乐”，如图 9-13 所示，❷在展开的页面中选择新的音乐，❸单击“导出”按钮，保存视频，如图 9-14 所示。选择音乐时，可以单击音乐下方的“预览”按钮来试听音乐。

图 9-13

图 9-14

提示

如果想要在 Clipchamp 中对视频做进一步的编辑，如添加转场、设置动画等，可以单击“在时间线中编辑”按钮。

步骤07 **导出视频**。切换至导出界面，显示当前视频的导出进度，如图 9-15 所示。

图 9-15

实战演练：影音融合制作产品宣传视频

“使用 AI 创建视频”功能比较适合没有视频剪辑基础的用户。对于已经掌握了视频剪辑技能的用户来说，Clipchamp 同样可以帮助他们打造出更具专业感和吸引力的作品。本案例将结合使用 Clipchamp 的文字转语音功能和视频编辑功能，制作一个无人机广告视频。

步骤01 **调用“创建新视频”功能**。进入 Clipchamp 的主页，单击“创建新视频”按钮，选择从头开始创作视频，如图 9-16 所示。

图 9-16

步骤02 **调用“文字转语音”功能**。进入视频创作页面，❶单击页面左侧的“文字转语音”按钮，如图 9-17 所示。❷展开“文字转语音”面板，❸在文本框中输入商品描述文本，❹选择好“语言”和“声音”，❺单击“高级设置”按钮，如图 9-18 所示。

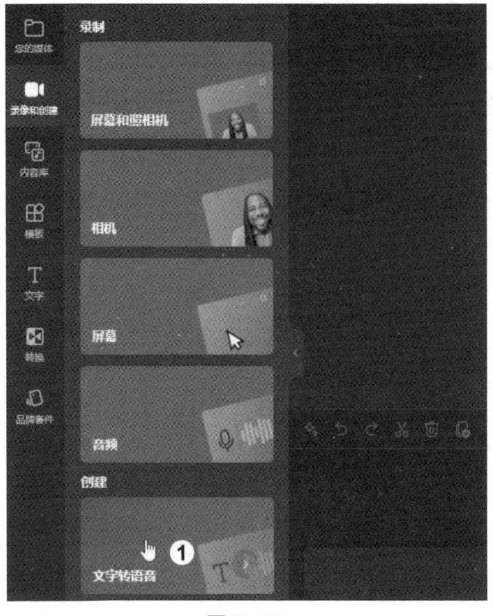

图 9-17

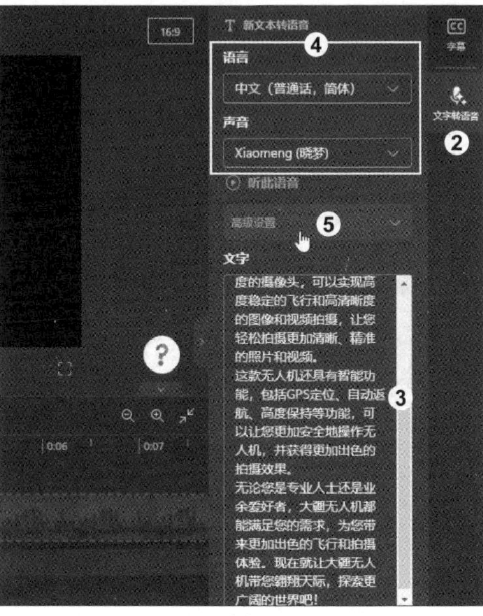

图 9-18

步骤03 **设置发音选项**。❶适当设置“情感”“声调”“速度”等发音选项，❷单击“保存”按钮，如图 9-19 所示。等待片刻，❸ Clipchamp 会根据上述设置将输入的文字转换为语音，并将语音添加至音频轨道，如图 9-20 所示。

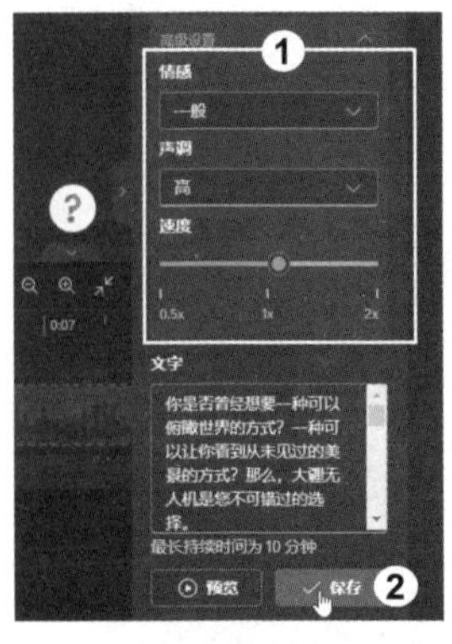

图 9-19

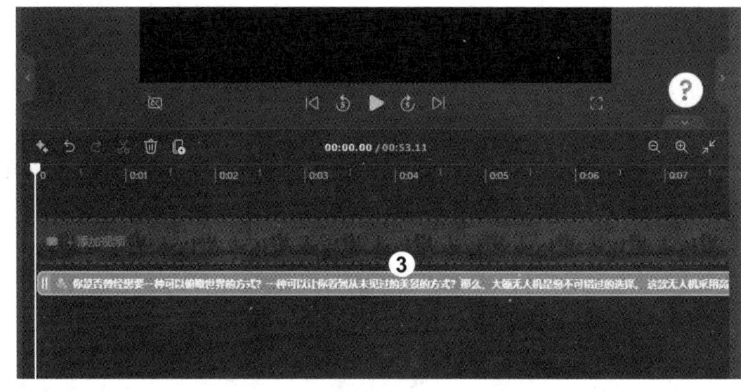

图 9-20

提示

输入文字并设置选项后，可以单击“文字转语音”面板下方的“预览”按钮来试听效果。如果不满意，可继续调整选项，直至得到满意的效果时再单击“保存”按钮。

步骤04 **导入视频素材**。❶单击页面左侧的“您的媒体”按钮，❷在展开的面板中单击“导入媒体”按钮，如图 9-21 所示。弹出“打开”对话框，❸选中需要添加的视频素材，❹单击“打开”按钮，如图 9-22 所示。

图 9-21

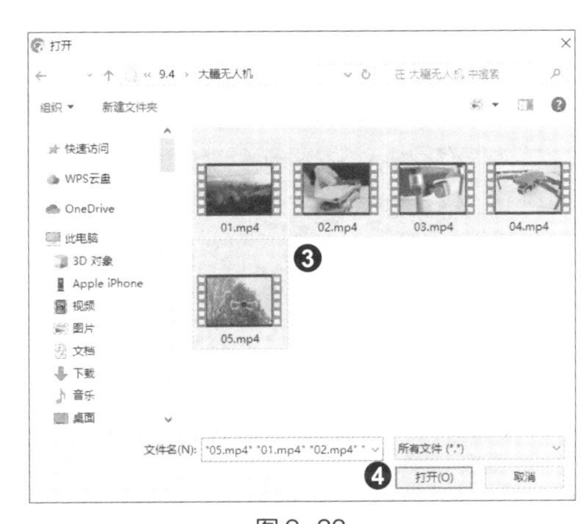

图 9-22

步骤05 将视频素材添加至时间轴。❶在页面左上角会显示导入的视频素材，❷将这些素材依次拖动到视频轨道上，❸单击时间轴上的“缩放到合适大小”按钮，缩放时间轴，❹选中第 1 段视频素材，如图 9-23 所示。

图 9-23

步骤06 调整视频素材的播放速度。❶单击右侧的“速度”按钮，❷向右拖动“速度”滑块，加快所选视频素材的播放速度，如图 9-24 所示。

图 9-24

步骤07 删除视频素材之间的空白。❶在第 1 段和第 2 段视频素材之间的空白处单击鼠标右键，❷在弹出的快捷菜单中单击“删除此间隙”命令，如图 9-25 所示。

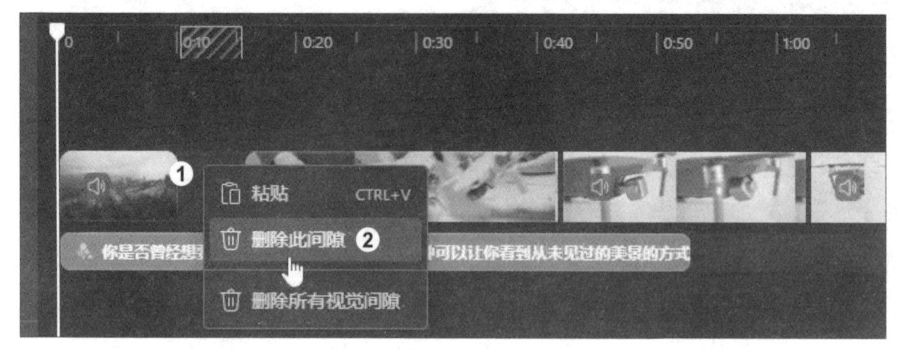

图 9-25

步骤08 编辑其余的视频素材。使用相同的方法调整其余视频素材的播放速度并删除空白，让视频与音频的时长一致，如图 9-26 所示。

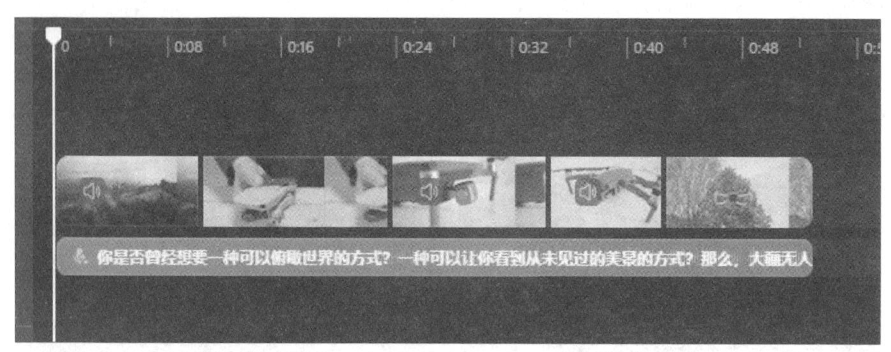

图 9-26

步骤09 添加背景音乐。❶单击页面左侧的“内容库”按钮，❷单击“音频”按钮，切换至音频素材库，❸单击展开一组音频素材，如图 9-27 所示。从中选择一首喜欢的音乐，❹单击“添加到时间线”按钮，如图 9-28 所示，将音乐添加至音频轨道。

图 9-27

图 9-28

步骤10　分割背景音乐。❶将播放指示器拖动至视频画面结束的位置，❷单击“分割”按钮，如图 9-29 所示。

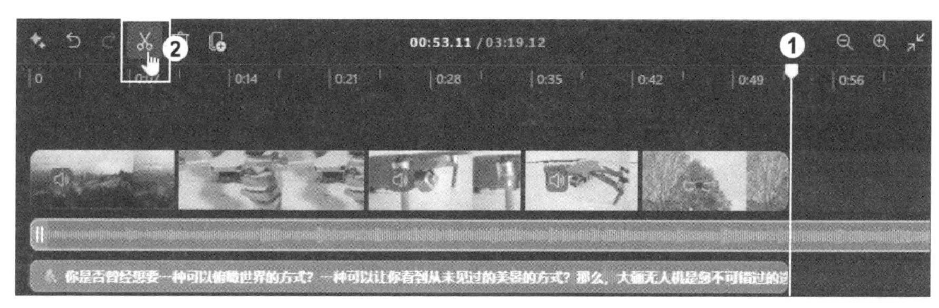

图 9-29

步骤11　删除音乐片段。音频轨道上的背景音乐会被分割为两段，如图 9-30 所示。选中分割出来的第 2 个音乐片段，按〈Delete〉键将其删除。

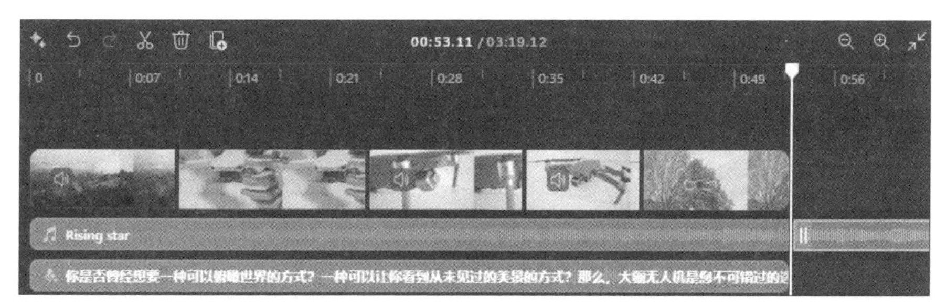

图 9-30

步骤12　为背景音乐设置淡出效果。❶选中保留下来的音乐片段，❷单击右侧的“淡入 / 淡出”按钮，❸在展开的面板中向右拖动“淡出”滑块，在音乐末尾添加 0.3 秒的淡出效果，如图 9-31 所示。

图 9-31

步骤13 **调节背景音乐的音量**。❶单击“音频”按钮，❷在展开的面板中向左拖动“音量”滑块，降低背景音乐的音量，如图 9-32 所示。

图 9-32

提示

如果要为视频自动添加字幕，可以单击页面右侧的“字幕”按钮，然后单击“打开自动插入题注”按钮，在弹出的“使用 AI 转录”对话框中选择字幕的语言，再单击“转录媒体”按钮。

步骤14 **设置导出视频的画质**。❶单击右上角的“导出”按钮，❷在展开的列表中选择导出视频的画质，如图 9-33 所示。

图 9-33

步骤15 **保存视频**。在打开的页面中会显示导出视频的时长和大小。❶单击并输入视频名称，❷单击“保存到你的电脑”按钮，如图 9-34 所示。❸在弹出的“另存为”对话框中指定保存位置和文件名，❹单击“保存”按钮，如图 9-35 所示，即可将视频文件保存至本地硬盘的指定位置。

图 9-34

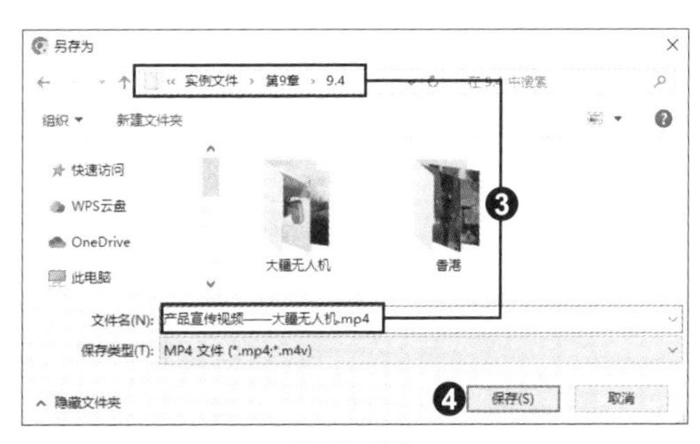

图 9-35

9.5　腾讯智影：一站式视频剪辑与制作

腾讯智影是腾讯推出的在线智能视频创作平台，它集素材搜集、视频剪辑、后期包装、渲染导出和发布于一体，能够为用户提供一站式的视频剪辑与制作服务。腾讯智影融合了多种 AIGC 功能，包括文本配音、数字人播报、自动字幕识别、文章转视频、去水印、视频解说等，能够让视频创作更加轻松高效。

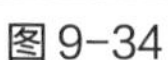

实战演练：数字人助力打造新品发布视频

企业在推出新产品时，往往会开展一系列宣传活动来吸引消费者和市场的关注。视频与直播作为现代传播媒介，以其直观、生动的特性，成为介绍产品的首选方式。本案例将使用腾讯智影的“数字人播报”功能制作一个新品发布视频。

步骤01 **打开腾讯智影**。在网页浏览器中打开腾讯智影的首页（https://zenvideo.qq.com/），单击页面中的“立即体验”按钮，如图 9-36 所示。在弹出的登录对话框中使用微信、手机号、QQ 等方式进行登录。

图 9-36

步骤02 **调用“数字人播报”功能**。登录成功后，进入“创作空间”页面，单击页面中的“数字人播报”按钮，如图 9-37 所示。

图 9-37

步骤03 **选择数字人**。进入视频创作页面，并自动展开“数字人”面板，❶在“预置形象”选项卡下单击选择一个数字人，❷在画面中间会显示该数字人的预览效果，如图 9-38 所示。

图 9-38

步骤04 **更改数字人的着装**。❶单击选中画面中间的数字人，展开“数字人编辑”选项卡，❷单击黑色西服，更改数字人的着装，如图 9-39 所示。

图 9-39

步骤05 **添加背景并更改数字人的位置**。❶单击左侧的“背景”按钮，❷在“图片背景”选项卡下单击选择一款合适的背景图，❸根据背景图的内容将数字人拖动至合适的位置，如图 9-40 所示。

图 9-40

步骤06　**输入播报文稿**。❶单击“返回内容编辑”按钮，如图 9-41 所示，❷然后在下方的文本框中输入要让数字人播报的文稿，❸单击下方的发音人，如图 9-42 所示。

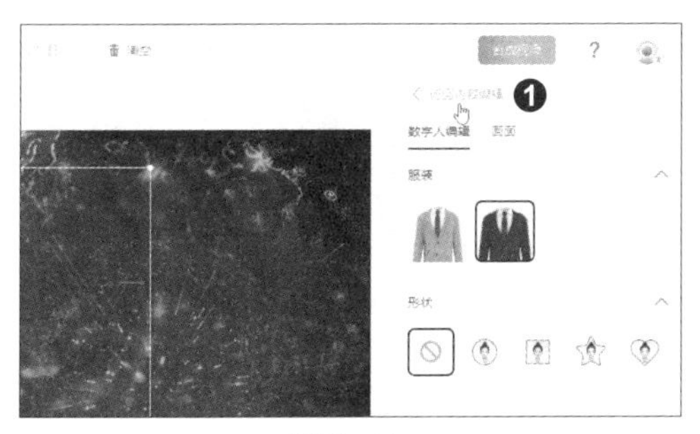

图 9-41

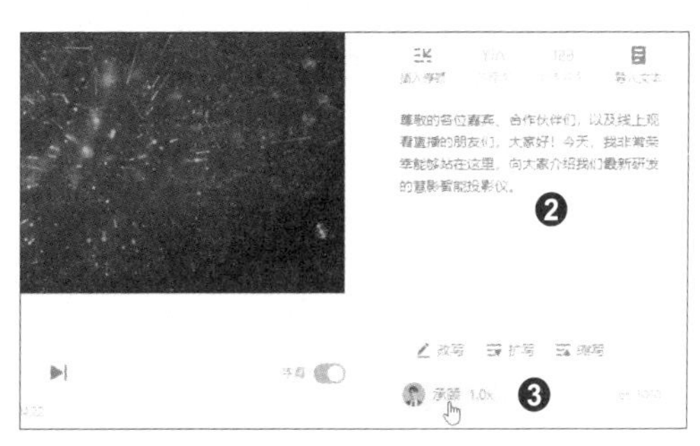

图 9-42

步骤07　**选择语音播报的音色**。弹出“选择音色”对话框，❶单击某个音色以试听其效果，选定音色后，❷单击“确认”按钮，如图 9-43 所示。

图 9-43

步骤08　**生成播报语音**。❶单击“保存并生成播报”按钮，生成播报语音，❷单击时间轴上方的“播放”按钮，试听播报效果，如图 9-44 所示。

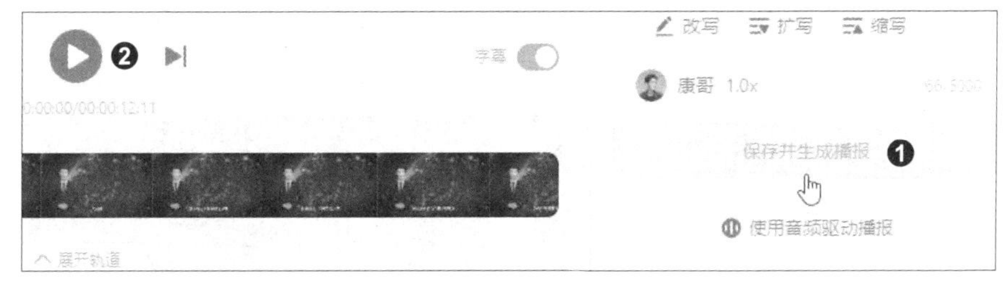

图 9-44

步骤09　**定位播放指示器**。❶单击时间轴下方的“展开轨道”按钮，如图 9-45 所示，展开视频轨道，❷将播放指示器拖动到需要添加产品图的位置，如图 9-46 所示。

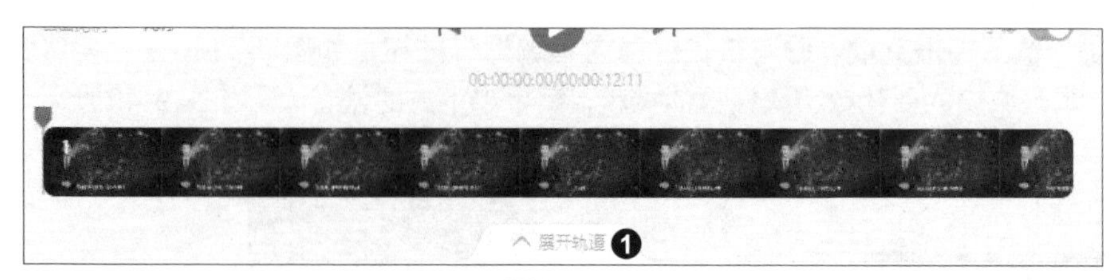

图 9-45

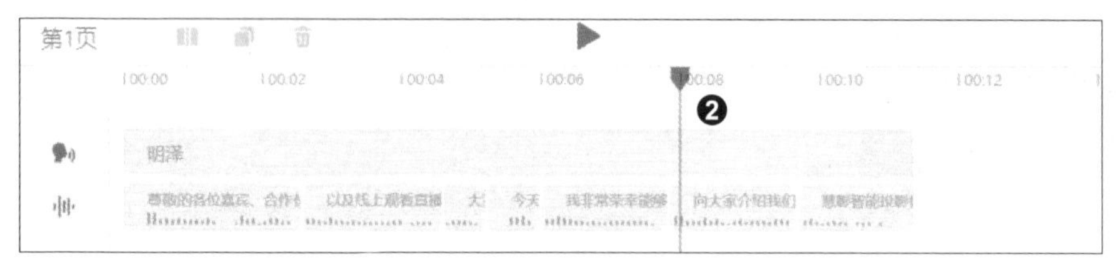

图 9-46

步骤10 **上传产品图**。❶单击左侧的“我的资源”按钮，❷单击上方的“本地上传”按钮，如图 9-47 所示。弹出“打开”对话框，❸选中要上传的产品图，❹单击“打开”按钮，如图 9-48 所示。

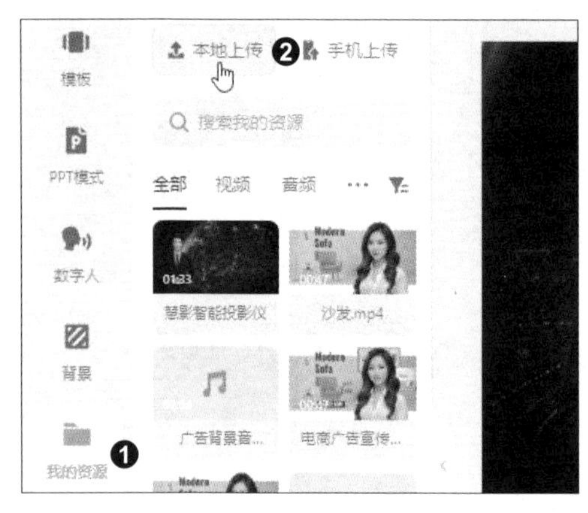

图 9-47

图 9-48

步骤11 **将产品图添加到时间线上**。产品图上传成功后，❶单击产品图右上角的“添加到时间线”按钮，如图 9-49 所示，将产品图添加到时间线上，❷此时画面中会显示产品图，如图 9-50 所示。

图 9-49

图 9-50

步骤12　设置产品图的大小和位置。❶切换至“图片编辑”选项卡，❷向左拖动“缩放”滑块，缩小图像，❸输入坐标值“(148，-25)”，调整产品图的位置，如图 9-51 所示。

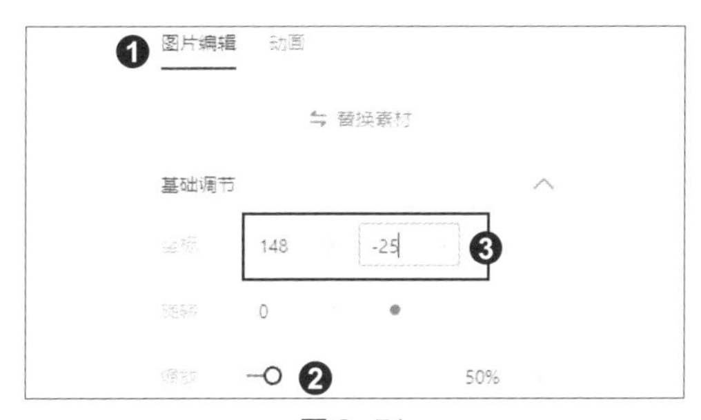

图 9-51

步骤13　设置产品图的播放时长。❶选中产品图，❷在图片轨道上向左拖动结尾的位置，使其与下方的播报语音对齐，如图 9-52 所示。

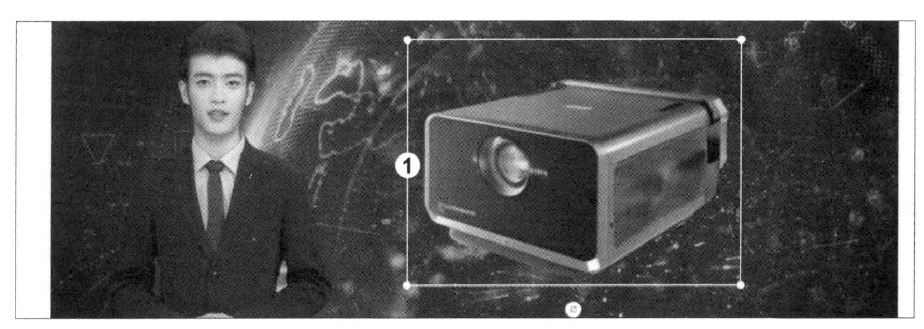

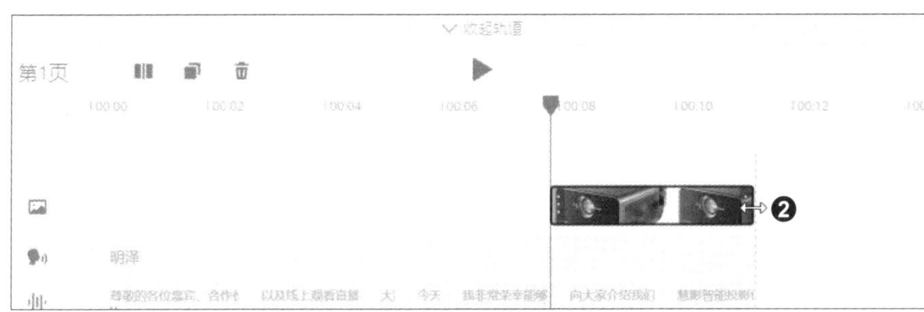

图 9-52

步骤14　设置产品图的动画效果。❶切换至“动画”选项卡，❷在下方单击选择一种心仪的进场动画效果，如图 9-53 所示。❸向右拖动播放指示器至需要添加文字的位置，如图 9-54 所示。

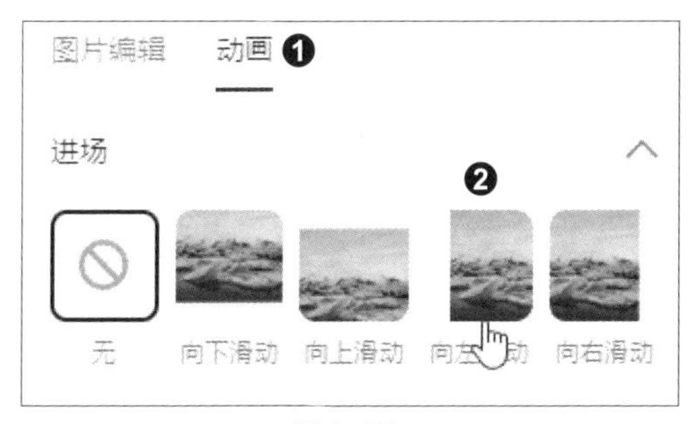

图 9-53

图 9-54

步骤15 **添加文字**。❶单击“文字”按钮，如图 9-55 所示，❷在“花字”选项卡下单击选择“无花字”样式，如图 9-56 所示。

图 9-55

图 9-56

步骤16 **设置文字样式**。❶切换至“样式编辑”选项卡，❷输入文字内容，如“慧影智能投影仪”，❸在“字号”文本框中输入数字，设置文字大小，如图 9-57 所示。❹输入坐标值“(175，211)”，设置文字的位置，如图 9-58 所示。

图 9-57

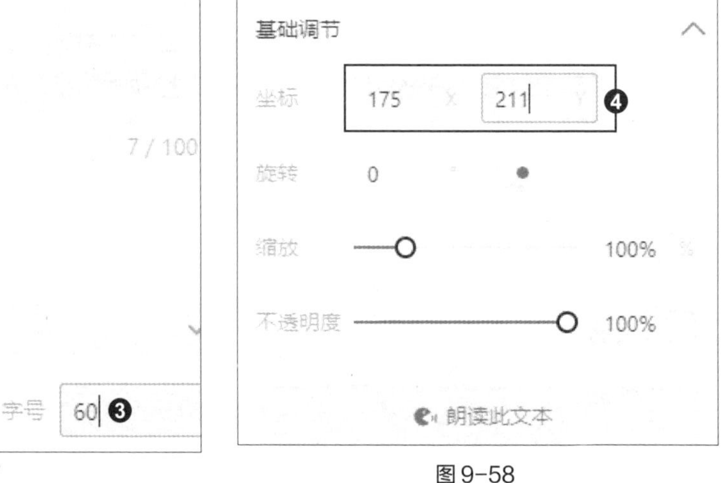

图 9-58

步骤17　关闭字幕并查看文字。❶单击画面下方的“字幕”开关按钮，隐藏语音播报字幕，❷查看添加的文字效果，如图 9-59 所示。

图 9-59

步骤18　设置文字的动画效果和播放时长。❶切换至“动画”选项卡，❷在下方单击选择一种喜欢的进场动画效果，如图 9-60 所示。❸在文字轨道上向左拖动结尾的位置，使其对齐下方的播报语音，如图 9-61 所示。

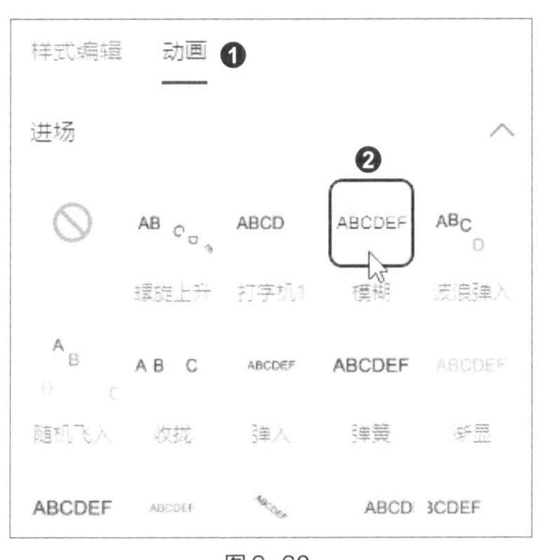

图 9-60

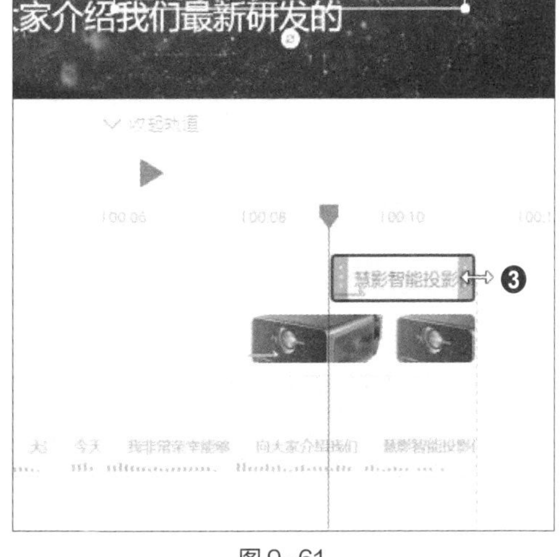

图 9-61

步骤19　创建新的 PPT 页面。❶单击“PPT 模式”按钮，❷单击“新建页面”按钮，如图 9-62 所示。❸创建一个新页面，如图 9-63 所示。

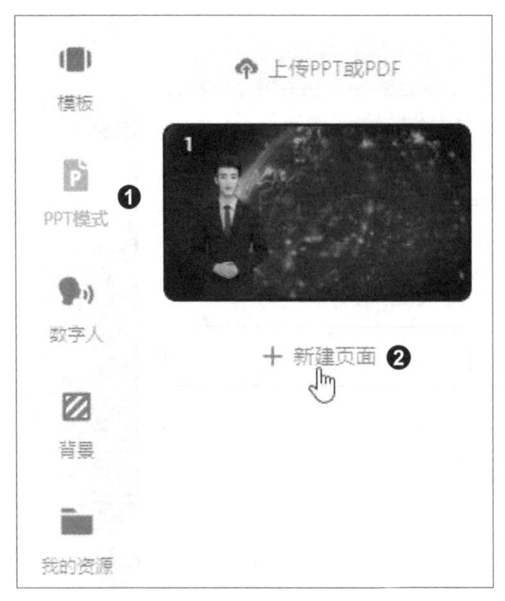

图 9-62

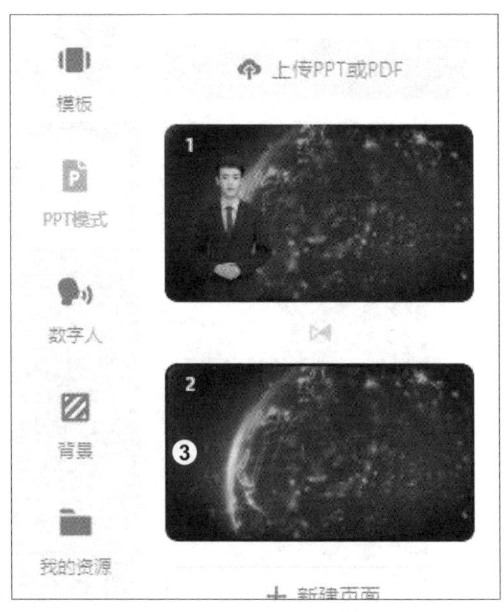

图 9-63

步骤20　在新页面中添加背景图和数字人。❶单击“背景”按钮，❷在“图片背景”选项卡下单击选择一张心仪的背景图，如图 9-64 所示。❸单击“数字人”按钮，❹在“预置形象”选项卡下单击选择与之前相同的数字人，如图 9-65 所示。❺单击选中画面中间的数字人，展开“数字人编辑”选项卡，❻单击选择与之前相同的黑色西服，统一数字人的着装，如图 9-66 所示。

图 9-64

图 9-65

图 9-66

步骤21　设置新页面的播报语音。单击“返回内容编辑”按钮，❶在文本框中输入新页面的数字人要播报的文稿，❷单击下方的发音人，如图 9-67 所示。❸在弹出的“选择音色”对话框中单击选择与之前相同的音色，❹单击“确认”按钮，如图 9-68 所示。❺单击“保存并生成播报”按钮，如图 9-69 所示，生成新页面的播报语音。

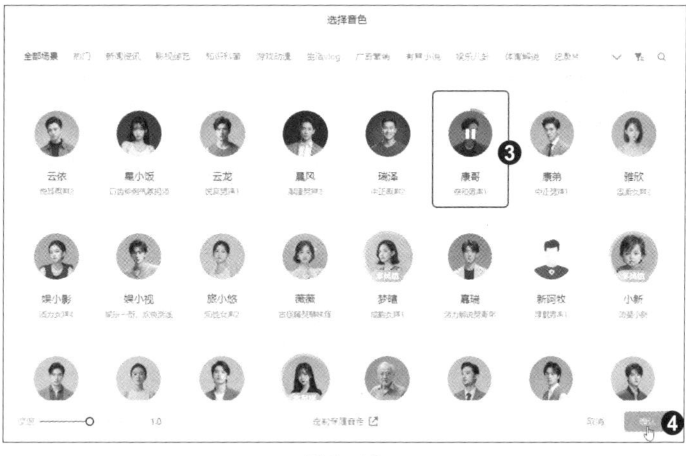

图 9-67　　　　图 9-68

图 9-69

步骤22　制作更多页面。使用类似的方法创建更多页面，并在页面中添加背景图、数字人、播报语音和介绍产品的图文内容等，如图 9-70 所示。

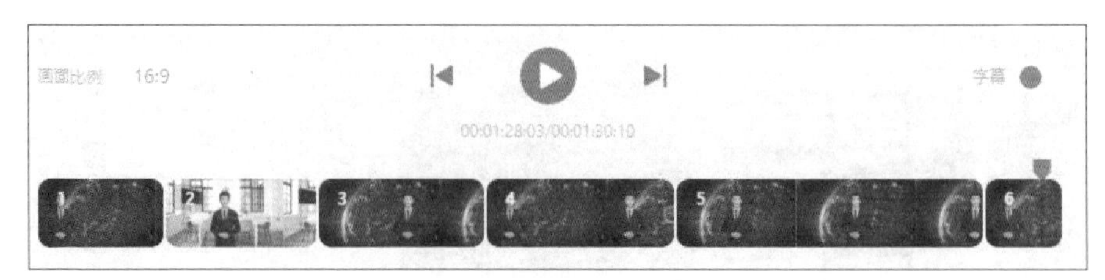

图 9-70

步骤23 **设置视频合成选项**。❶单击页面右上角的“合成视频”按钮，❷在弹出的“合成设置”对话框中输入视频名称，❸选择合适的分辨率，❹单击“确定”按钮，如图 9-71 所示。

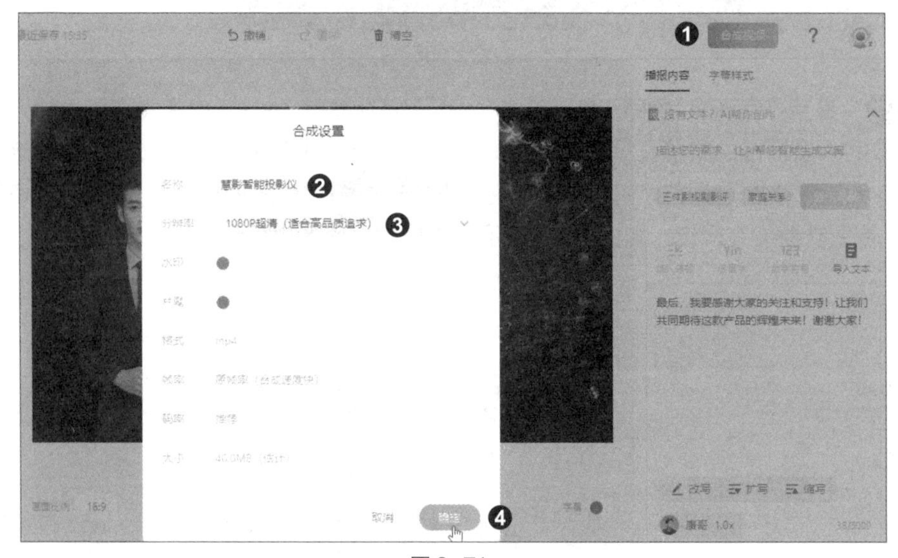

图 9-71

步骤24 **合成视频**。❶在弹出的“功能消耗提示”对话框中单击“确定”按钮，如图 9-72 所示，开始合成视频并自动跳转至“我的资源”页面，合成完毕后，❷单击视频缩览图即可播放视频，如图 9-73 所示。

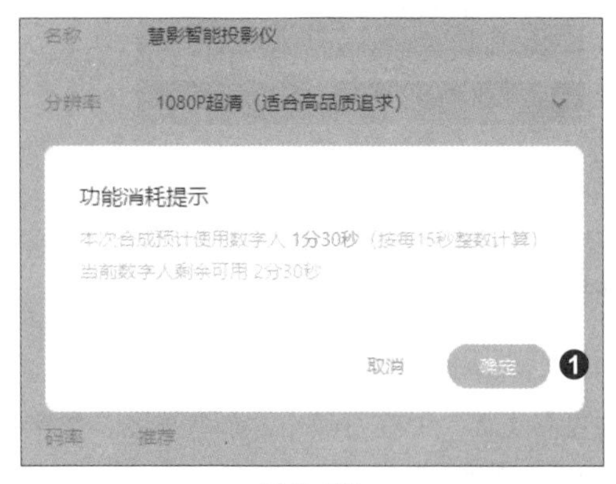

图 9-72

图 9-73

9.6　Kreado AI：多语种 AI 视频创作平台

Kreado AI 是一个数字人视频创作平台，其最主要的功能是利用 AI 技术创建真实或虚拟人物的多语言口播视频。Kreado AI 提供 300 多种数字人物形象和 1000 多种人物音色，支持 140 多种配音语言，能够满足不同国家、不同语言用户的视频创作需求。此外，Kreado AI 还具备 AI 文案创作、AI 图像处理、AI 文本配音等多项能力，可以让营销创作变得更快、更好、更简单。

实战演练：快速生成口播视频

口播视频是指主播或主持人直接面对镜头，以口头表达的方式传递信息。这种视频形式广泛应用于新闻播报、教育培训、产品销售、品牌推广、生活分享等领域。本案例将使用 Kreado AI 快速生成一个口播视频。

步骤01　**打开 Kreado AI 的页面**。在网页浏览器中打开 Kreado AI 的首页（https://www.kreadoai.com/），❶单击页面右上角的“中文”按钮，将语言切换为中文，❷然后单击“开始免费试用”按钮，如图 9-74 所示。按照页面中的提示注册账号并登录。

图 9-74

步骤02　**选择“照片数字人口播”功能**。登录成功后，选择要使用的功能。这里选择“照片数字人口播”，单击“开始创作”按钮，如图 9-75 所示。

图 9-75

步骤03 **上传数字人形象**。打开“数字人视频创作”页面，在“照片数字人”选项卡下可以选择预置的数字人形象，这里选择上传自己准备的数字人形象。❶单击“自定义照片”按钮，如图 9-76 所示，弹出“打开”对话框，❷选中要上传的数字人照片，❸单击“打开”按钮，如图 9-77 所示。

图 9-76

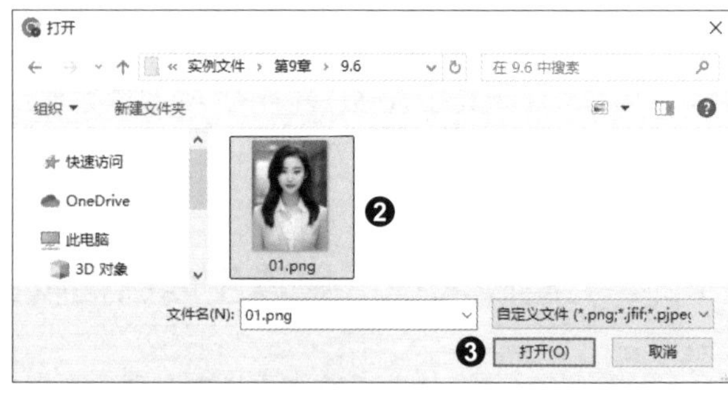

图 9-77

步骤04 **添加数字人形象**。照片上传成功后，在“照片数字人”选项卡下会显示相应的数字人形象，单击该形象即可将其添加到画布中，如图 9-78 所示。

图 9-78

步骤05 **修改画布长宽比**。❶在画布上方的“长宽比”下拉列表框中将画布长宽比更改为“9:16”，❷选中数字人形象后拖动任意一角的控制点，调整数字人形象的大小，使其填满画布，如图 9-79 所示。

步骤06　设置发音选项。在“文本驱动”选项卡下根据创作需求选择“语言种类”“人物音色”“语气风格”，如图 9-80 所示。

图 9-79

图 9-80

步骤07　输入口播文稿。在“文本内容”下方的文本框中输入口播文稿，这里选择利用 AI 撰写文稿。❶单击“AI 推荐文案”按钮，❷在弹出的对话框中输入关键词（多个关键词需要用逗号隔开），❸选择所需字数，❹单击“开始生成”按钮，如图 9-81 所示。

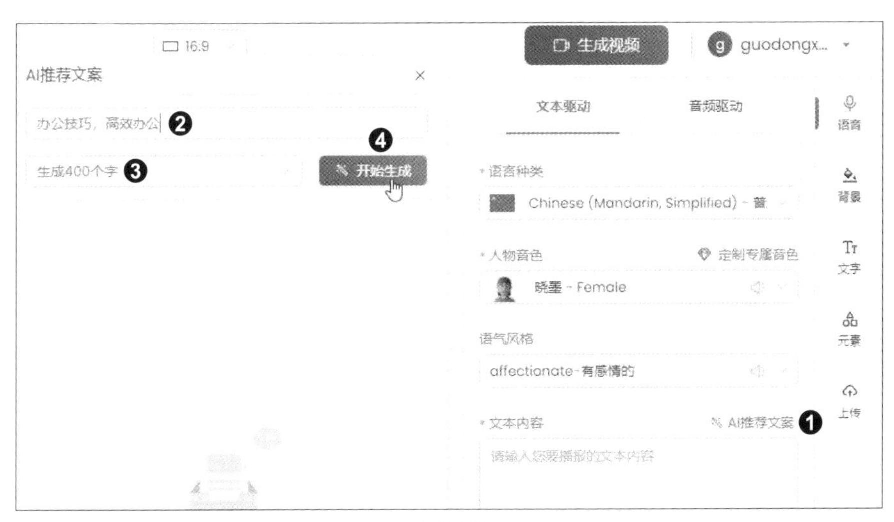

图 9-81

步骤08　生成并选择文案。等待片刻，Kreado AI 会根据输入的关键词生成 3 份文案。挑选出比较满意的文案后，单击该文案右下方的“使用文案”按钮，可自动将文案填入“文本内容”下方的文本框中，如图 9-82 所示。如果文案中有少量错误，可在文本框中进行手动编辑。如果对 3 份文案都不满意，可单击“开始生成”按钮重新生成。

图 9-82

步骤09 **为语音播报增加停顿**。❶将插入点放在文字“首先”之前，❷单击下方的“增加间隔”按钮，如图 9-83 所示，在此处增加 0.5 秒的停顿，❸使用相同的方法在其他地方适当增加停顿，如图 9-84 所示。

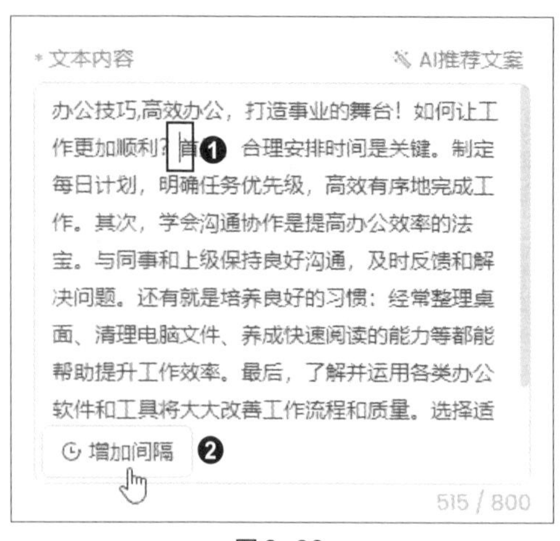

图 9-83

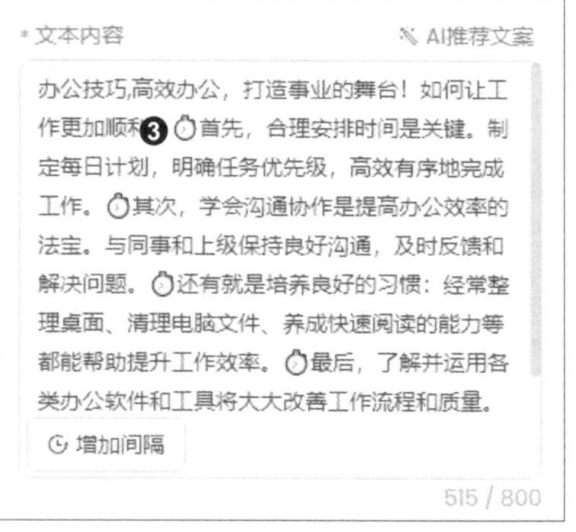

图 9-84

步骤10 **调整选项并试听效果**。❶拖动“调整语速”和“调整语调”滑块，调整语音播报的语速和语调，❷单击下方的“试听”按钮可试听效果，如图 9-85 所示。需要注意的是，每次修改后都要先试听才能保存或生成视频。如果对试听效果比较满意，❸单击右上角的“生成视频”按钮，❹在弹出的列表中单击“开始生成视频”按钮，如图 9-86 所示。

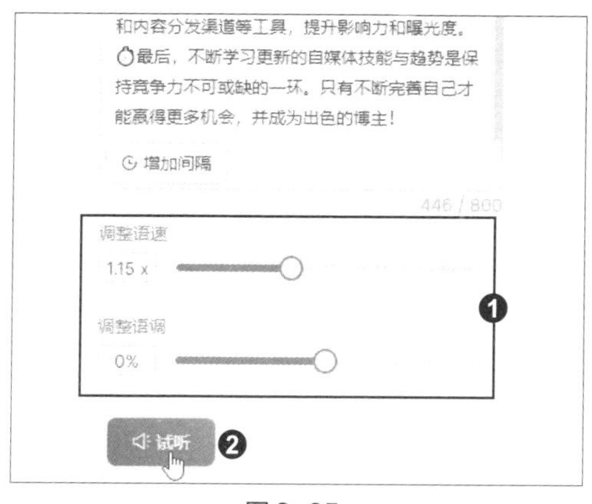

图 9-85

图 9-86

步骤 11　**下载视频**。打开“我的项目”页面，❶页面中会显示生成视频预计需要的时间，如图 9-87 所示。❷视频生成完毕后单击下载按钮，如图 9-88 所示，即可将视频文件下载至本地硬盘。

图 9-87

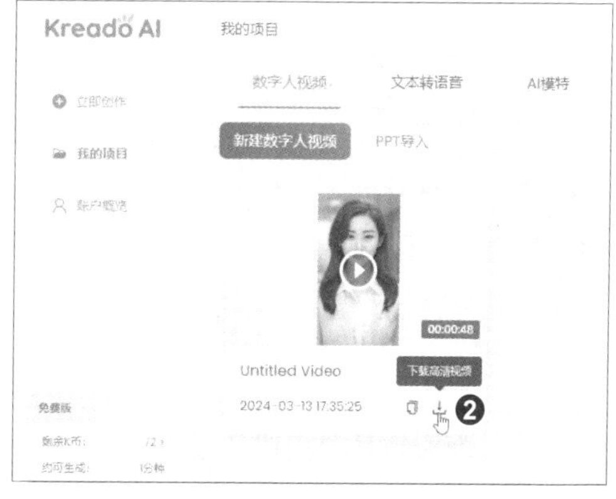

图 9-88

9.7　AI 剪辑师：更多 AI 视频生成与编辑工具

随着技术的不断进步，越来越多的 AI 视频创作工具开始涌现，本书限于篇幅只能详细介绍其中的一小部分。本节将简要介绍一些其他工具，供读者参考。

1．来画

来画是一个动画和数字人智能生成平台，集成了 AIGC 数字营销云、智能生成动画、Chat 智能助手等前沿技术，为 AI 内容创作提供了强大的支持。该平台不仅拥有海量的模板素材，而且实时更新最新的流行元素，包括图片、动画、音乐和字体等，全方位满足创作者在各种应用场景下的素材需求。创作者使用来画可以快速创作出精美的动画短视频或数字人播报视频，从而高效地传达信息和吸引观众。

2. 一帧秒创

一帧秒创是基于新壹视频大模型和一帧 AIGC 智能引擎开发的内容生成平台，为用户提供 AI 数字人、AI 帮写、AI 视频和 AI 作画等创作服务。以 AI 视频创作服务为例，一帧秒创提供智能语义分析、画面匹配、智能配音、智能字幕等多种实用功能。用户只需要输入文案或文章链接，AI 便能根据文章语意自动匹配合适的画面，实现图文转视频的全自动化流程。当视频制作完成后，若用户不想露脸，还可以利用 AI 数字人代为播报文字内容。

3. 巨日禄 AI

巨日禄 AI 是一款故事转视频工具，旨在让零基础用户也能轻松上手，快速实现从文案到视频的转换。巨日禄 AI 通过分析海量的剧本数据和影视作品，能够为用户提供多种类型的故事情节和角色设置，帮助用户迅速找到创作灵感，一站式满足小说、漫画推文等创作者的需求。用户只需输入文案，选择喜欢的画风或模板，巨日禄 AI 就能自动将文字内容转换成生动的视频，并且还能导出到剪映进行二次编辑。

4. 万彩微影

万彩微影是一款 AI 智能短视频制作软件，集成了手影、字影、图影、影像几大功能模块，让用户可以轻松制作出各种类型的短视频。手影模块主要用于制作手写 / 手绘动画视频，字影模块主要用于制作文字动画视频，图影模块可一键将文章转换成短视频，影像模块可将照片轻松转换成动画视频。

5. 有言

有言是由魔珐科技推出的一站式 AIGC 视频创作和 3D 数字人生成平台。该平台依托魔珐自研的 AIGC 全栈技术，为用户提供了海量高质量的超写实 3D 虚拟人角色，彻底免去了真人出镜的烦恼，让视频制作更加高效、出彩。用户只需选择心仪的人物和场景，输入文本或上传素材，即可一键生成 3D 内容。用户还可对生成的 3D 内容进行自定义编辑，包括调整镜头、角色的动作和表情等，以满足个性化的创作需求。此外，用户还能利用字幕模板、文字模板、贴纸动效、背景音乐和制作片头片尾等功能对视频进行包装，从而增强视频的吸引力和专业性。

6. 闪剪

闪剪是一个 AI 数字人短视频创作平台，包含口播视频、直播快剪、定制数字人和视频订阅号几大板块。闪剪通过 AI 数字人技术复刻了 200 多个数字人模特，用户只需要上传文案并选择心仪的数字人模特，便可一键生成数字人口播短视频。如果不会写文案，闪剪还提供 AI 文案功能，用户只需要输入主题，该功能就能自动生成相应的文案。

7．万兴播爆

万兴播爆是一款主打 AIGC“真人”营销的视频创作工具。它内置了 300 多款数字人形象，覆盖多国籍、多人种，并且支持 300 多个国家的不同语种和口音，能够很好地满足出海卖家的创作需求。用户仅需输入脚本文案，选择合适的数字人形象及其发音，即可快速生成高质量的“真人”营销宣传视频。此外，万兴播爆还与海内外的设计专家合作，共同打造了上百套专业级的爆款视频模板，适用于产品介绍、活动促销、信息流广告、产品推广和内容营销等多种场景。用户只需挑选合适的模板，替换相关素材，即可轻松制作出专业的营销视频。

8．D-Human

D-Human 是由深声科技打造的一款数字人视频创作平台，集成了 AI 数字人视频生成算法、自然语言处理模型、AIGC 等前沿技术，极大地提升了视频内容的制作效率和品质。D-Human 允许用户通过上传图片和视频素材的方式，轻松定制专属的虚拟数字人形象，并且能高度还原并克隆用户的声音。此外，D-Human 还提供 AI 文案创作、背景音乐搭配、自定义背景等丰富的功能，让用户可以自由发挥创意，创作出与众不同的作品。

第 10 章

用 AI 辅助制作宣传片

从撰写脚本到拍摄、剪辑，宣传片制作的每一个环节都需要投入大量的人力、物力和时间。本章以毕业季宣传片短视频为例，详细介绍如何在不同的环节利用 AI 工具实现降本增效。

10.1　使用文心一言撰写视频脚本

制作短视频的第一步是撰写一份能够展示视频画面设定和旁白的脚本。我们可以使用第 1 章中介绍的智能文本工具撰写脚本，这里使用的是文心一言，具体对话过程如下。

我要制作一个围绕校园学习环境和景色展开的毕业季短视频，请帮我写一份简洁的短视频脚本，只需要给出视频画面设定和旁白内容。

以下是一份围绕校园学习环境和景色展开的毕业季短视频脚本：

[音乐渐入]

画面：校园草坪，阳光明媚。

旁白：回到最初的起点，感受这片熟悉的校园。

画面：校园建筑，整齐排列。

旁白：这里见证了我们的足迹，青春的记忆永远留存。

画面：校园湖泊，湖面倒映蓝天云彩。

旁白：湖泊宁静美丽，曾是我们放松和思考的地方。

画面：校园小道，绿树成荫，学生穿行其中。

旁白：小道连接梦想，我们曾奔跑其中，留下坚持的痕迹。

画面：校园图书馆，书架上摆满书籍。

旁白：知识的宝库，培养我们的智慧和思想。

画面：告别墙，留满毕业生的祝福。

旁白：感恩母校，亦对未来充满期许。

画面：整个校园的美丽景色。

旁白：毕业季的校园，充满回忆与希望，我们将迎接新的旅程。

[音乐高潮]

画面：黑屏

旁白：毕业季快乐！祝愿前程似锦，继续追逐梦想。

如果对脚本的初稿不满意，可以继续要求文心一言进行修改和润色，这里不再赘述。

10.2　使用 Vega AI 生成图片素材

完成脚本的撰写和修改后，需要根据脚本描述的画面搜集所需的图片素材和视频素材。本节将使用第 5 章介绍的 Vega AI 生成图片素材。

步骤01　**设置生成图片的参数**。在网页浏览器中打开 Vega AI 创作平台页面，切换至“文生图”界面，❶在“请输入生成文案”文本框中输入视频脚本中第 1 个画面的关键词，

❷根据需要设置各项参数，如图 10-1 所示。

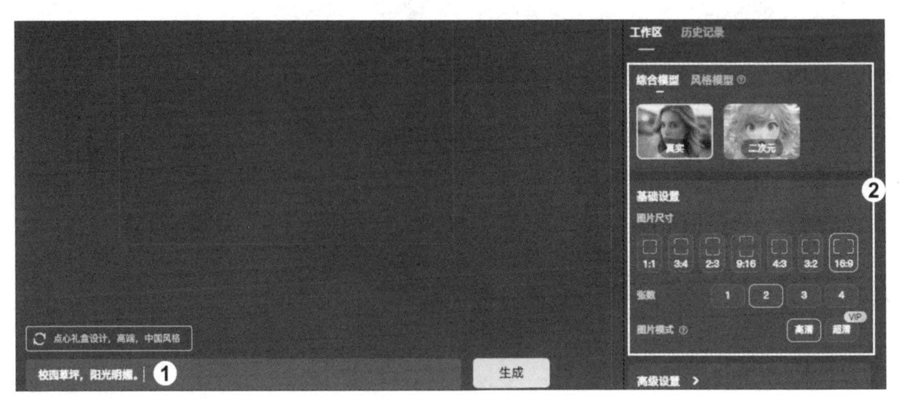

图 10-1

步骤02 **下载图片**。❶单击“生成”按钮，生成图片后查看效果，如果感到满意，可单击“优化高清”按钮获取高清图片，❷这里直接单击“下载图片”按钮，将图片下载至本地硬盘中备用，如图 10-2 所示。使用相同的方法根据脚本中的描述生成更多图片素材。

图 10-2

10.3 使用一帧秒创获取视频素材

获得所需的图片素材后，接着使用第 9 章介绍的一帧秒创以智能匹配的方式获取视频素材。

步骤01 **选择“文字转视频”工具**。在网页浏览器中打开一帧秒创的首页（https://aigc.yizhentv.com/），❶单击页面中的“进入工作台”按钮，如图 10-3 所示，按照页面中的提示登录账号。登录成功后，❷在界面中单击“文字转视频”工具，如图 10-4 所示。

图 10-3

图 10-4

步骤02 **编辑文案**。进入“图文转视频”页面，❶在“文案输入”下方的文本框中输入需要智能转换为视频的文案，❷设置匹配范围和视频比例，❸单击“下一步”按钮，如图 10-5 所示。❹在打开的“编辑文稿”页面中继续单击“下一步”按钮，如图 10-6 所示。

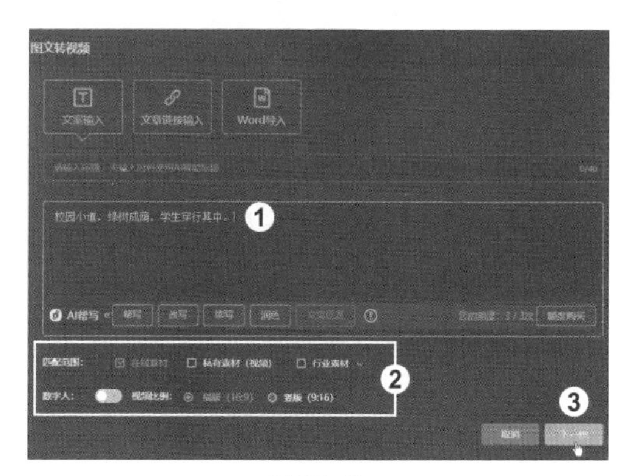

图 10-5

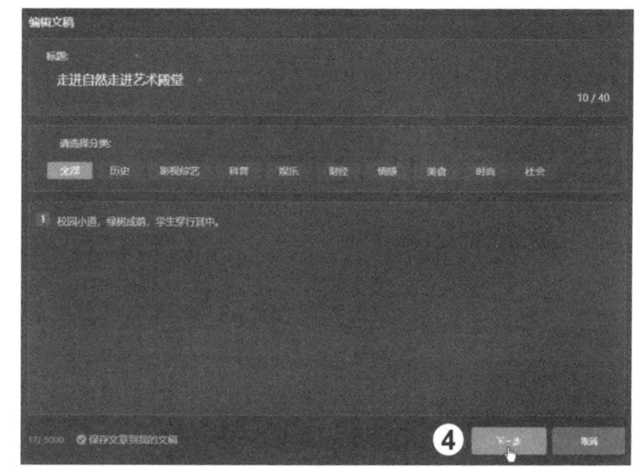

图 10-6

步骤03 **智能匹配视频素材**。稍等片刻，会进入“场景”页面，可以看到根据文案内容自动从在线素材库中匹配的视频素材。如果不满意当前的匹配结果，可以单击“替换”按钮重新匹配，如图 10-7 所示。

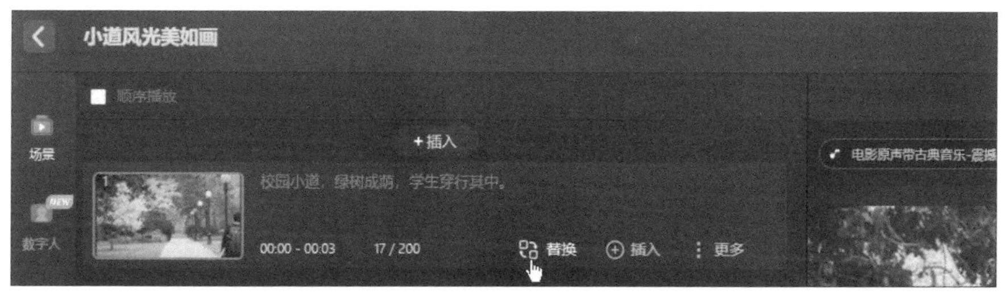

图 10-7

步骤04 **删除背景音乐**。将鼠标指针放在视频上方，单击背景音乐右侧的“关闭”按钮，删除视频素材中的背景音乐，如图 10-8 所示。

图 10-8

步骤05 **关闭配音**。❶单击页面左侧的“配音”按钮，❷在展开的面板中单击音量按钮，❸向左拖动“配音音量”滑块至 0%，如图 10-9 所示，删除视频素材中的配音。

图 10-9

步骤06 **关闭字幕**。❶单击页面左侧的“字幕”按钮，❷取消勾选“是否显示字幕”复选框，如图 10-10 所示，关闭视频素材中的字幕。

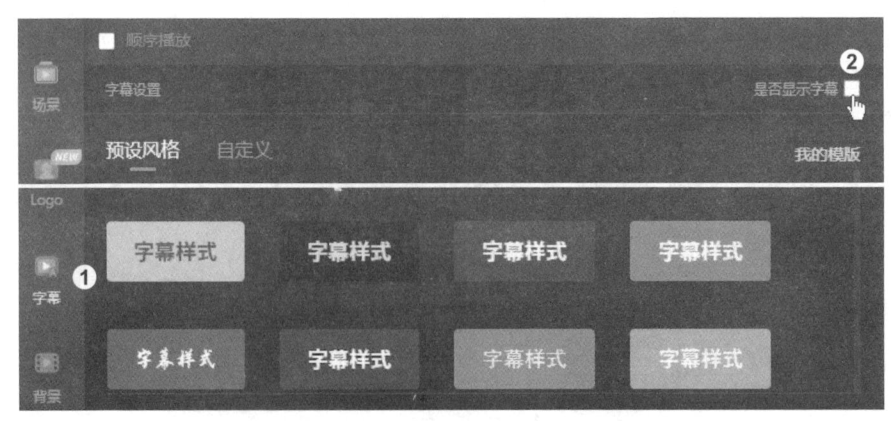

图 10-10

步骤07 **生成并下载视频**。❶单击页面右上角的“生成视频”按钮，如图 10-11 所示，将自动跳转至“我的作品”页面，等待视频合成。将鼠标指针放在作品缩略图上，❷单击“下载视频”按钮，如图 10-12 所示，即可将视频下载至本地硬盘中备用。使用相同的办法可获取更多视频素材。

图 10-11

图 10-12

10.4　使用 BGM 猫生成背景音乐

毕业季短视频适合搭配温馨和轻柔的音乐，以营造温暖和感伤的氛围，唤起观众的情感共鸣。本节将使用第 8 章介绍的 BGM 猫生成合适的背景音乐。

步骤01 **设置参数**。在网页浏览器中打开 BGM 猫的首页，❶选择“视频配乐”，❷在“输入时长”右侧输入所需的时长，❸在“输入描述”右侧输入描述音乐效果的文本，❹单击“生成”按钮，如图 10-13 所示。

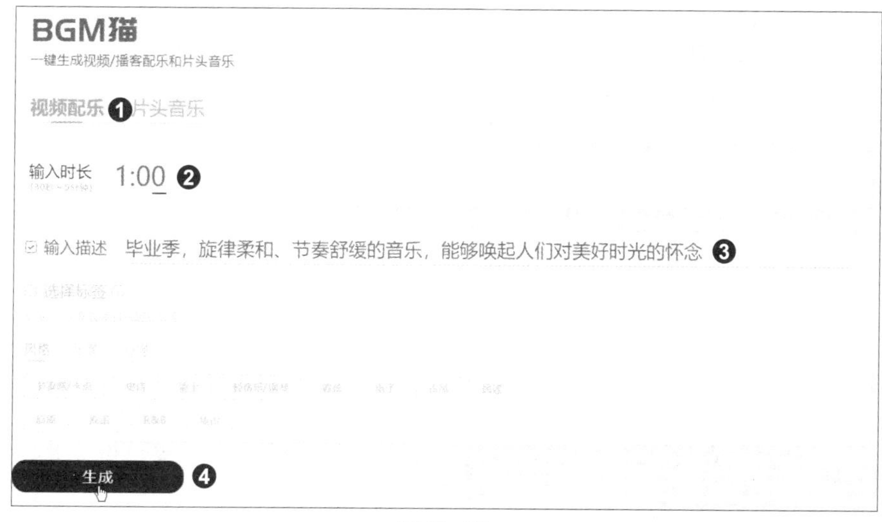

图 10-13

步骤02 **生成并下载音乐**。等待片刻，音乐生成完毕，❶单击“播放”按钮进行试听，觉得满意后，❷单击右侧的“下载”按钮，如图 10-14 所示，将音乐下载至本地硬盘中备用。

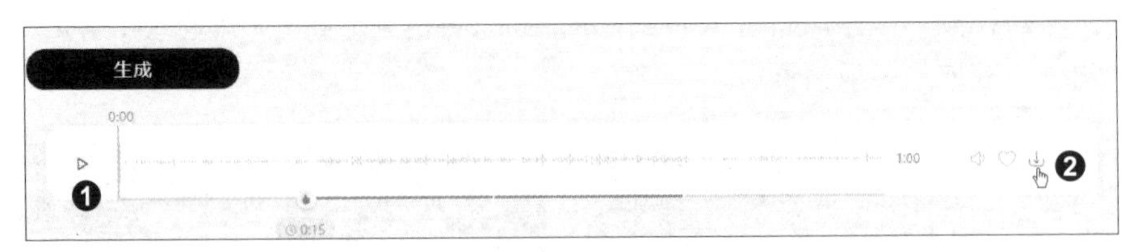

图 10-14

10.5 使用 Clipchamp 剪辑与合成视频

通过以上操作获得所需的素材后，需要进行素材的剪辑与合成，得到完整的作品。本节将使用第 9 章介绍的 Clipchamp 完成这项任务。

步骤01 **创建新视频**。在网页浏览器中打开 Clipchamp 的页面，登录后进入功能主页，单击“创建新视频”按钮，如图 10-15 所示。

图 10-15

步骤02 **导入素材**。❶在“您的媒体”界面中单击“导入媒体”按钮，如图 10-16 所示，❷在弹出的“打开”对话框中选中要使用的素材，❸单击“打开”按钮，如图 10-17 所示，导入素材。

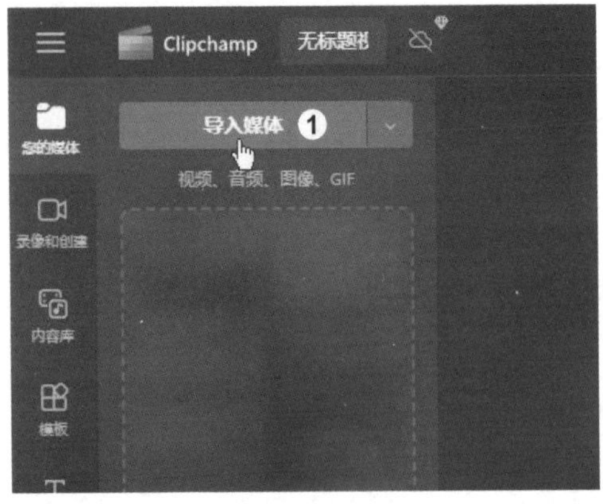

图 10-16

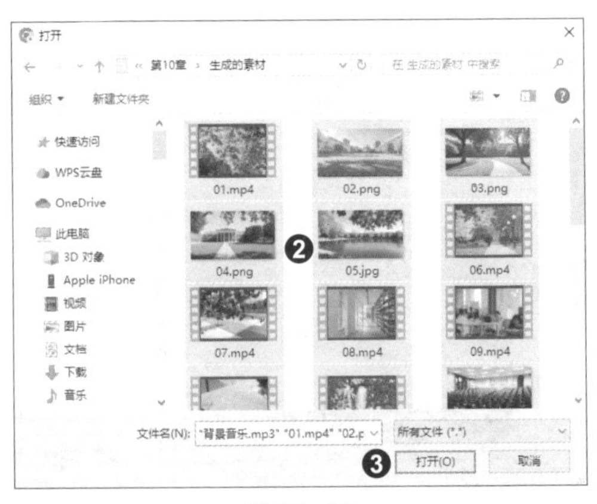

图 10-17

步骤03　将素材添加到时间线上。将导入的素材依次拖动到时间线上，如图 10-18 所示。

图 10-18

步骤04　将文字转换为语音。❶单击“录像和创建”按钮，❷在展开的界面中单击“文字转语音”按钮，如图 10-19 所示。展开“文字转语音”面板，❸在下方的文本框中输入准备好的旁白文字，❹设置“语言”和“声音”，❺然后单击“高级设置”按钮，如图 10-20 所示。❻在展开的选项组中设置“情感”“声调”“速度”，❼单击“预览”按钮进行试听，若感到满意，❽单击“保存”按钮，如图 10-21 所示。

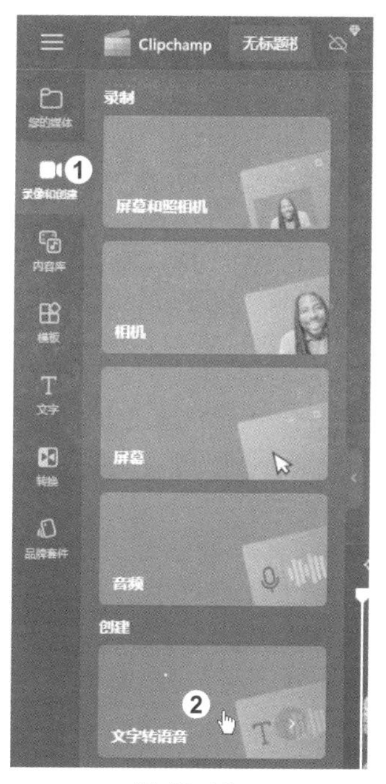

图 10-19

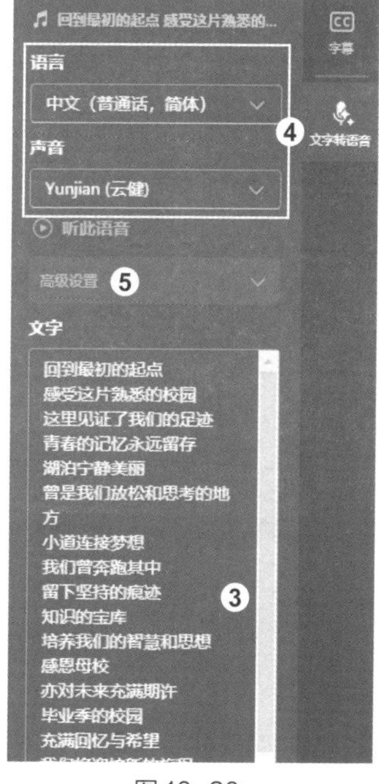

图 10-20

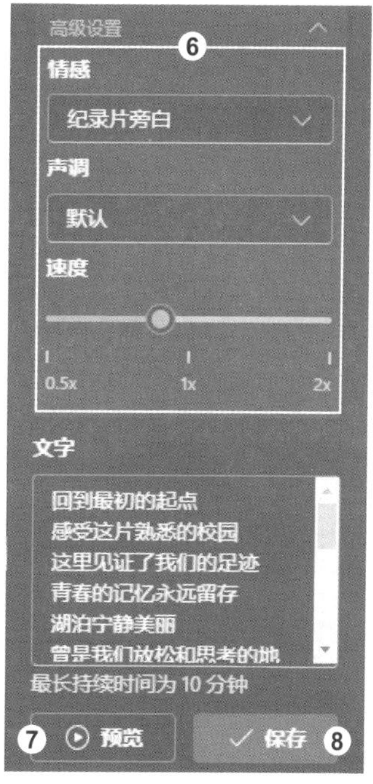

图 10-21

步骤05 **使用 AI 转录字幕**。保存语音后，会自动生成音频素材并将其添加至时间线。❶单击窗口右侧的“字幕”按钮，展开相应的面板，❷单击“转录媒体”按钮，如图 10-22 所示。❸在弹出的“使用 AI 转录”对话框中设置项目语言，❹单击“转录媒体”按钮，如图 10-23 所示。

图 10-22

图 10-23

步骤06 **按照字幕分割语音**。等待片刻，即可看到根据语音自动生成的字幕。字幕中可能会有标点和文字的错误，需进行校对和修改。为了让语音、字幕和后续添加的视频画面更加契合，也便于根据语音调整视频部分的时长，❶将插入点定位于需要分割的字幕位置，如图 10-24 所示。❷单击时间线上方的“分割”按钮，对语音进行分割，如图 10-25 所示。使用相同的方法完成整个语音轨道的分割。

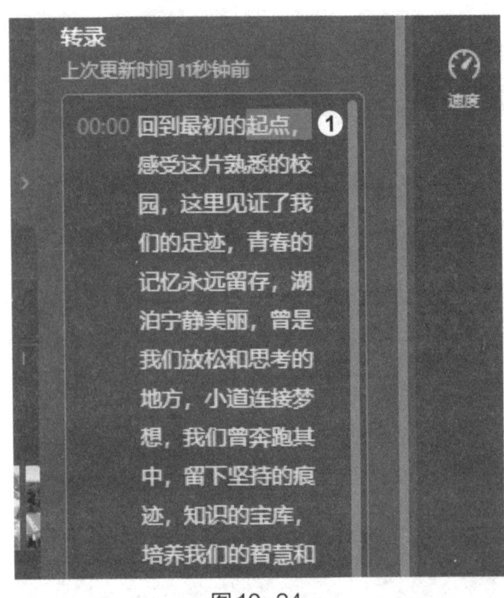

图 10-24

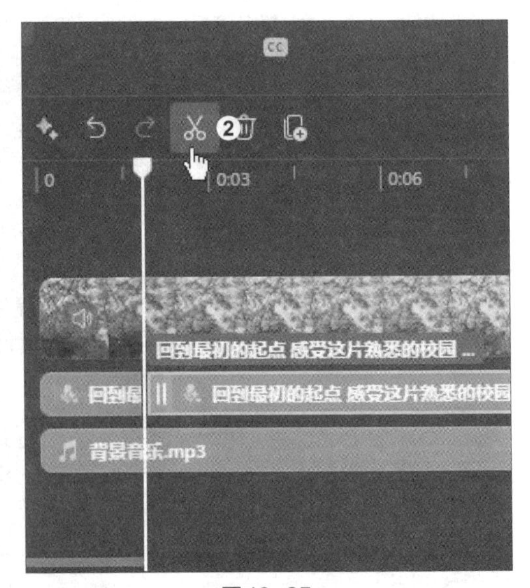

图 10-25

步骤07 **调整视频和图片的时长**。根据分割出的语音片段，将时间线上的视频和图片调整至合适的时长，如图 10-26 所示。

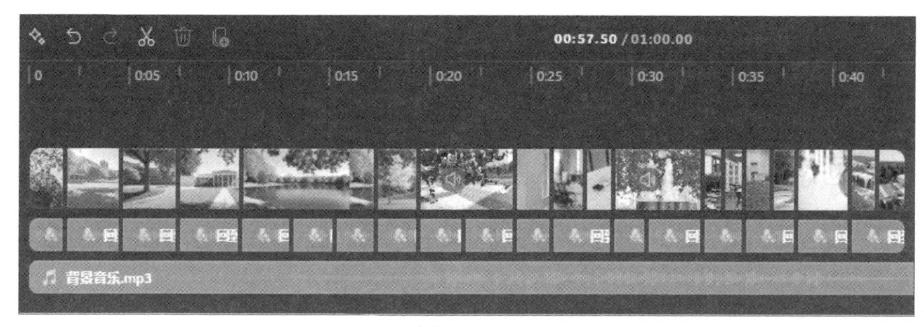

图 10-26

步骤08 **添加转场效果**。❶单击第 6 段和第 7 段视频素材之间的“添加转场”按钮，如图 10-27 所示，❷单击窗口右侧的“转场”按钮，❸在展开的面板中单击选择一种转场效果，如图 10-28 所示。

图 10-27

图 10-28

步骤09 **继续添加转场效果**。❶单击第 7 段和第 8 段视频素材之间的“添加转场”按钮，如图 10-29 所示，❷单击窗口右侧的“转场”按钮，❸在展开的面板中单击选择另一种转场效果，如图 10-30 所示。

图 10-29

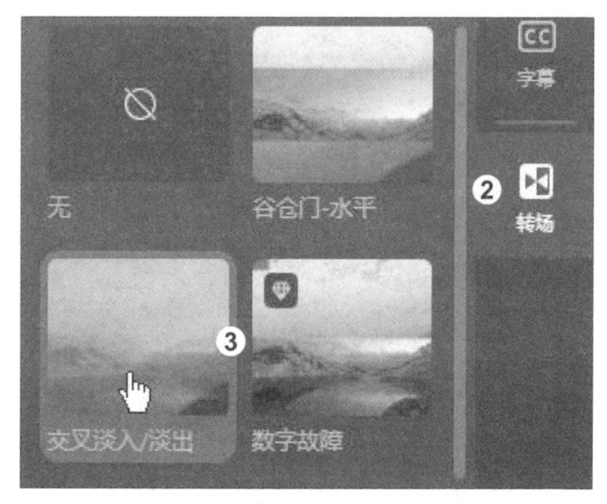

图 10-30

步骤10 **添加画面效果**。❶按住〈Shift〉键，选中需要添加同一效果的视频素材，如图 10-31 所示，❷单击窗口右侧的“效果”按钮，❸在展开的面板中选择合适的效果，❹然后拖动下方的滑块，设置效果的参数值，如图 10-32 所示。使用相同的方法为其他视频素材添加滤镜和效果等。

图 10-31

图 10-32

步骤11 **添加文字片尾**。将播放指示器拖动到视频画面结束的位置，❶单击窗口左侧的“文字”按钮，❷在展开的面板中选择合适的文字样式，单击其右下角的“添加到时间线”按钮，如图 10-33 所示。❸在展开的“文字”面板中修改文字内容，如图 10-34 所示，完成简易文字片尾的制作。

图 10-33

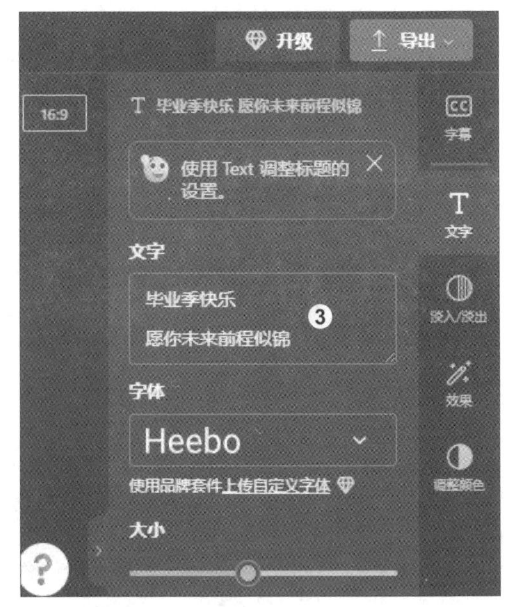

图 10-34

步骤12　分割背景音乐。❶选中时间线上的背景音乐，❷单击时间线上方的“分割”按钮，将背景音乐分割为两段，如图 10-35 所示。

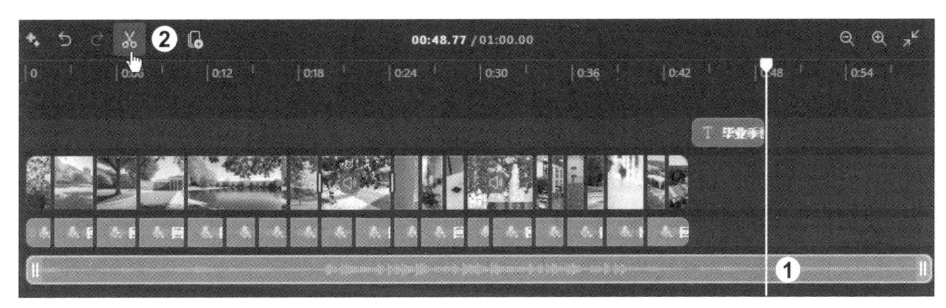

图 10-35

步骤13　为背景音乐添加淡出效果。❶选中第 1 段背景音乐，如图 10-36 所示，❷单击窗口右侧的“淡入 / 淡出”按钮，❸在展开的面板中向右拖动“淡出”滑块，设置 0.3 秒的淡出效果，如图 10-37 所示。再将多余的第 2 段背景音乐删除。

图 10-36

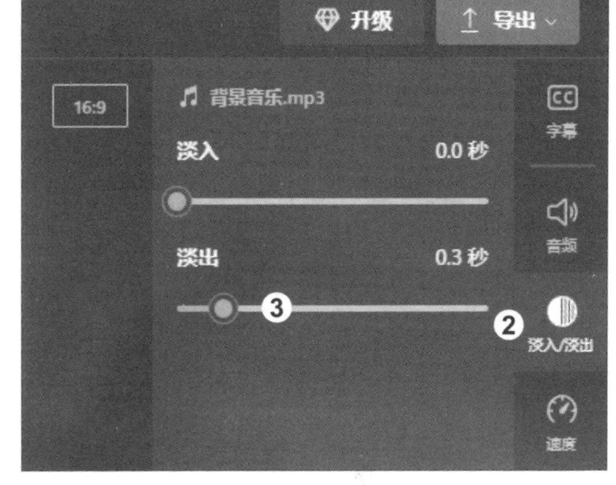

图 10-37

步骤14　导出视频。完成视频的制作后，❶单击“导出”按钮，❷在展开的列表中选择合适的视频画质，如图 10-38 所示。❸在打开的页面中修改视频名称，页面中会显示视频合成进度，❹完成后单击“保存到你的电脑”按钮，即可将合成好的视频下载至本地硬盘，如图 10-39 所示。

图 10-38

图 10-39

第 11 章

不得不提的更多 AI 工具

前几章介绍的 AI 工具通常门槛不高，能够适应大多数人的办公环境。本章要介绍的 AI 工具则对用户的系统环境或英语水平有一定的要求，但是它们凭借先进的核心技术在各自的领域内拥有不可忽视的地位。了解这些工具有助于我们进一步拓宽视野，为职业成长之路注入强劲的动力。

11.1　ChatGPT：对话式智能助手

ChatGPT 是由 OpenAI 基于 GPT 模型开发的聊天机器人，具备强大的多模态能力，能够理解和处理文本、图像、语音等多种类型的数据和信息。以文本处理为例，ChatGPT 拥有卓越的文本理解能力和一定的逻辑推理能力，这使得它能够基于上下文给出连贯的回答，并游刃有余地完成文案写作、文档总结、文档翻译等工作。

实战演练：用 ChatGPT 拟定员工培训计划

组织员工培训是企业人力资源管理部门的一项重要职责。为了保证培训的顺利开展，需要事先拟定周详的计划。本案例将使用 ChatGPT 为营销部新入职员工的岗前培训拟定一份为期两天的培训计划。

步骤01 **注册账号**。在网页浏览器中打开 ChatGPT 的首页，❶单击右上角的“Sign up”按钮。❷根据页面中的提示进行操作，注册一个账号，如图 11-1 所示。

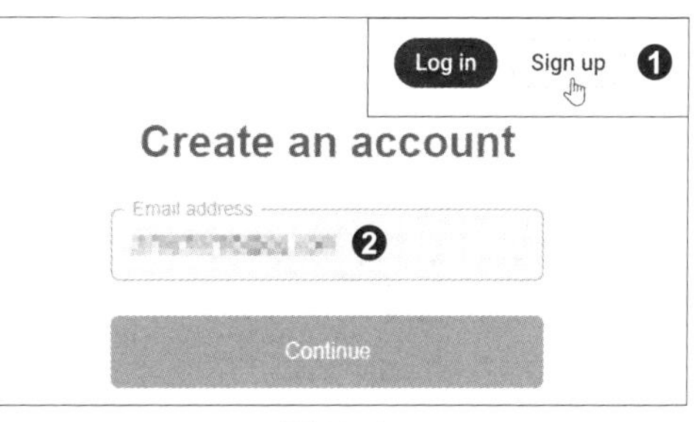

图 11-1

提示

目前，OpenAI 允许用户在不注册账号的情况下使用 ChatGPT，但是这类用户只能使用最基础的模型和最基本的文本对话功能，而注册用户则能使用更高级的模型，以及保存和分享对话记录、语音对话、图像理解、文档阅读、网页搜索、数据分析、自定义指令等功能。付费用户还能使用图像生成等高级功能，并享受更高的消息发送频率、更快的响应速度等特权。

步骤02 **输入提示词**。注册并登录账号后，进入开启新对话的界面。❶在界面底部的文本框中输入提示词，❷单击右侧的“Send message”按钮或按〈Enter〉键，如图 11-2 所示。

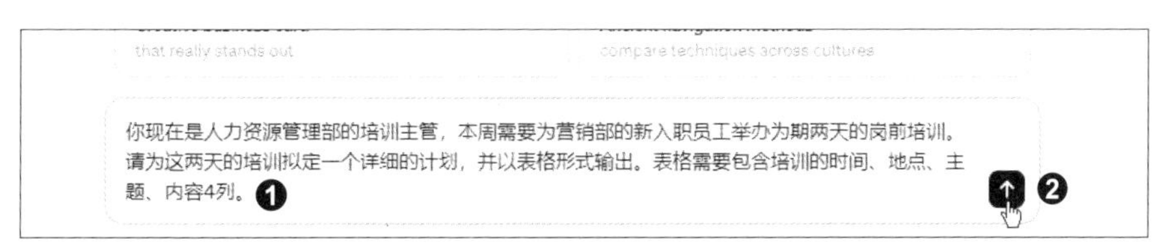

图 11-2

步骤03 **查看生成结果**。等待片刻，ChatGPT 会根据提示词生成文本内容。如果对结果不满意，可单击下方的“Regenerate”按钮来重新生成，如图 11-3 所示。

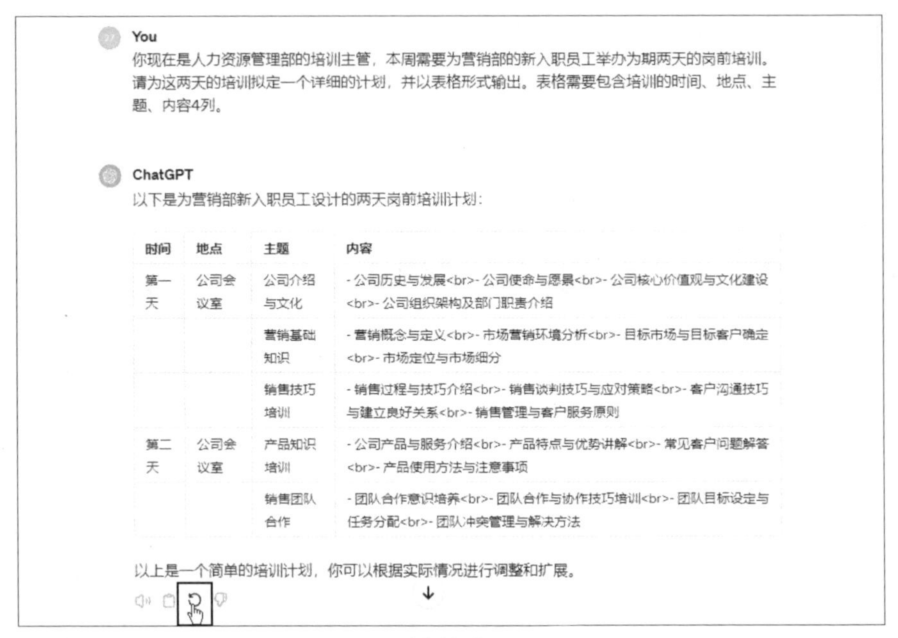

图 11-3

步骤04 **重新生成文本内容**。等待片刻，ChatGPT 会重新生成一份员工培训计划，如图 11-4 所示。

You

你现在是人力资源管理部的培训主管，本周需要为营销部的新入职员工举办为期两天的岗前培训。请为这两天的培训拟定一个详细的计划，并以表格形式输出。表格需要包含培训的时间、地点、主题、内容4列。

ChatGPT

时间	地点	主题	内容
第一天			
9:00 - 9:30	会议室A	欢迎和介绍	- 公司介绍 - 部门介绍 - 培训目标和期望
9:30 - 11:00	会议室A	市场营销基础	- 市场营销概述 - 目标市场和受众 - 竞争分析
11:00 - 11:15	休息室	休息	
11:15 - 12:30	会议室A	品牌建设	- 品牌意义和重要性 - 品牌塑造和管理 - 实例分析
12:30 - 13:30	餐厅	午餐	
13:30 - 15:00	会议室B	市场调研	- 调研方法和技巧 - 数据收集与分析 - 实践练习
15:00 - 15:15	休息室	休息	
15:15 - 17:00	会议室B	客户关系管理	- CRM概述 - 客户维护技巧 - CRM软件应用
第二天			
9:00 - 10:30	会议室A	数字营销	- 数字营销概念 - 社交媒体营销 - 搜索引擎优化
10:30 - 10:45	休息室	休息	
10:45 - 12:30	会议室A	广告与促销	- 广告类型和特点 - 促销策略与实践 - 成功案例分享

图 11-4

提示

重新生成内容后，在输出区域下方会显示一组按钮，单击左右两侧的箭头按钮，可以切换浏览不同的生成结果。如果多次生成都不能得到满意的结果，说明提示词的描述不够准确，需要修改提示词。方法是单击提示词下方的 按钮，如图 11-5 所示。进入编辑状态后修改提示词，然后单击“Save & Submit”按钮，保存并提交更改，如图 11-6 所示。

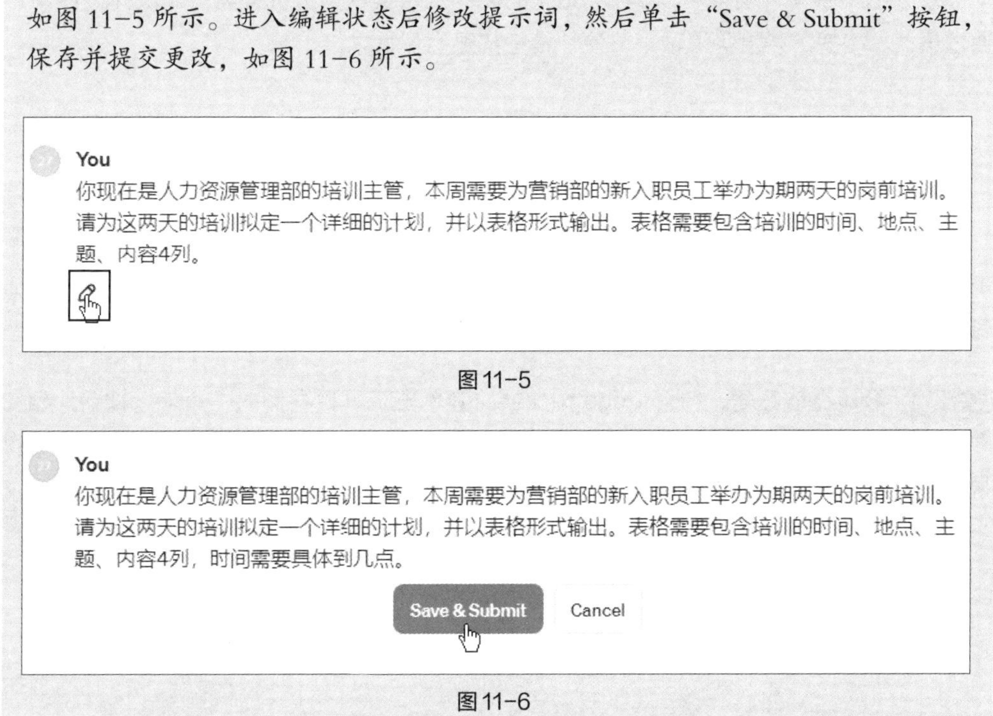

图 11-5

图 11-6

步骤05 **查看和管理对话记录**。在完成回答后，界面的左侧边栏中会出现此次对话的记录，对话记录的标题是根据对话的内容自动生成的。单击“New chat”按钮可以开启新的对话，如图 11-7 所示。如果要修改对话记录的标题，可以双击标题，进入编辑状态后输入新的标题，如图 11-8 所示，按〈Enter〉键确认。如果要删除对话记录，可以单击标题右侧的 按钮，如图 11-9 所示。

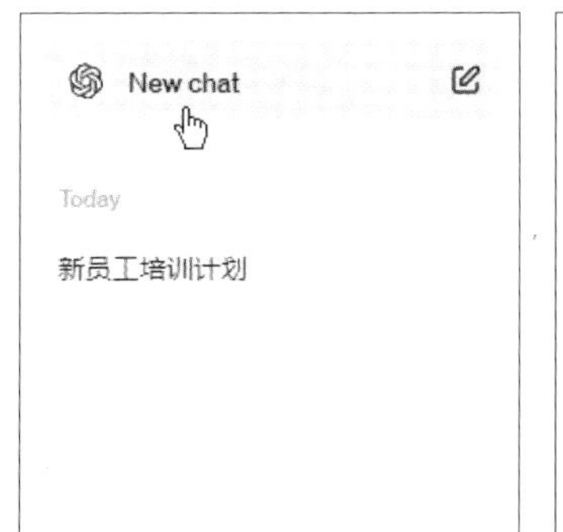

图 11-7

图 11-8

图 11-9

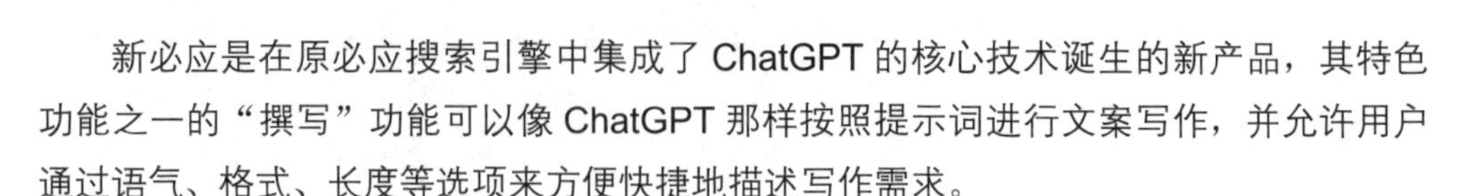

11.2 新必应：智能撰写，让文案写作更轻松

新必应是在原必应搜索引擎中集成了 ChatGPT 的核心技术诞生的新产品，其特色功能之一的“撰写”功能可以像 ChatGPT 那样按照提示词进行文案写作，并允许用户通过语气、格式、长度等选项来方便快捷地描述写作需求。

实战演练：用新必应撰写产品营销文案

优秀的营销文案不仅能让产品在激烈的市场竞争中脱颖而出，还能有效提升品牌形象，为企业带来可观的商业回报。本案例将使用新必应的“撰写”功能为一款女式手提包撰写营销方案、试用报告、产品评价等营销文案。

步骤01 **登录微软账号**。打开 Edge 浏览器，❶单击工具栏右侧的“登录”按钮，❷在弹出的面板中单击“登录以同步数据”按钮，如图 11-10 所示。在后续打开的页面中根据提示创建并登录微软账号。

图 11-10

步骤02 **撰写营销方案**。❶单击 Edge 浏览器右侧边栏中的“发现”按钮，展开新必应的界面窗格，❷切换至“撰写”选项卡，❸在“著作领域”文本框中输入撰写营销方案的提示词（2000 字以内），❹设置“语气”为“专业型”，❺设置“格式”为“创意”，如图 11-11 所示。❻设置“长度”为“长”，❼单击“生成草稿”按钮，❽稍等片刻，即可在“预览”文本框中生成一篇营销方案，如图 11-12 所示。

图 11-11

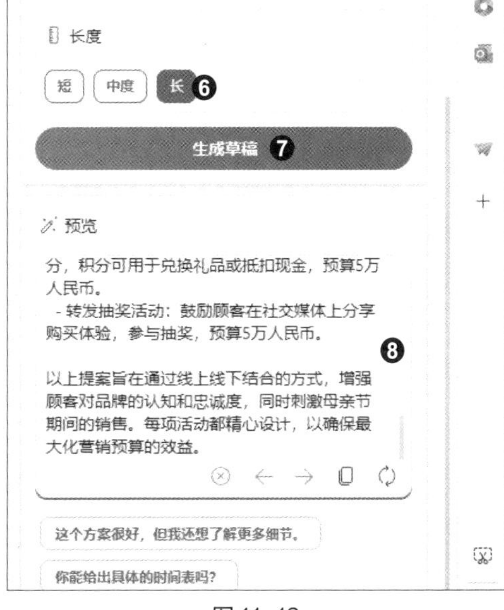

图 11-12

提示

“预览”文本框下方有多个按钮，其中，按钮用于停止生成内容，和按钮用于切换浏览不同的撰写请求生成的内容，按钮用于将当前生成内容复制到剪贴板，按钮用于重新生成内容。

步骤03　撰写试用报告。❶在“著作领域”文本框中输入撰写试用报告的提示词，❷设置“语气”为“热情”，❸设置“格式”为“段落”，如图 11-13 所示。❹设置“长度”为“中度”，❺单击“生成草稿”按钮，❻稍等片刻，即可在“预览”文本框中生成一篇试用报告，如图 11-14 所示。

图 11-13

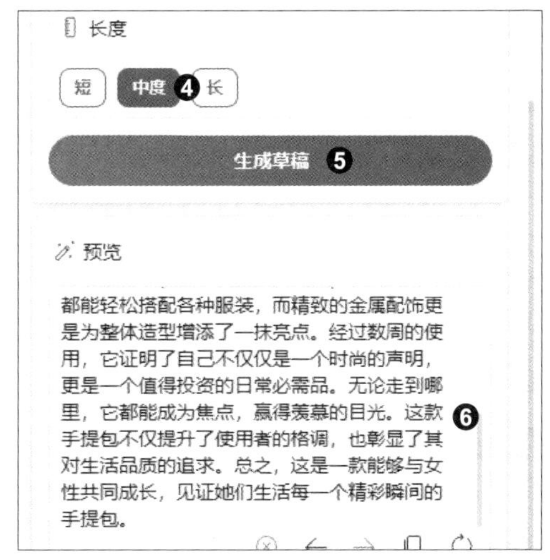

图 11-14

步骤04 **撰写产品评价**。❶在“著作领域”文本框中输入撰写产品评价的提示词，❷设置“语气”为“休闲”，❸设置“格式”为“段落”，如图 11-15 所示。❹设置“长度”为“短”，❺单击“生成草稿”按钮，❻稍等片刻，即可在“预览”文本框中生成产品评价，如图 11-16 所示。

图 11-15

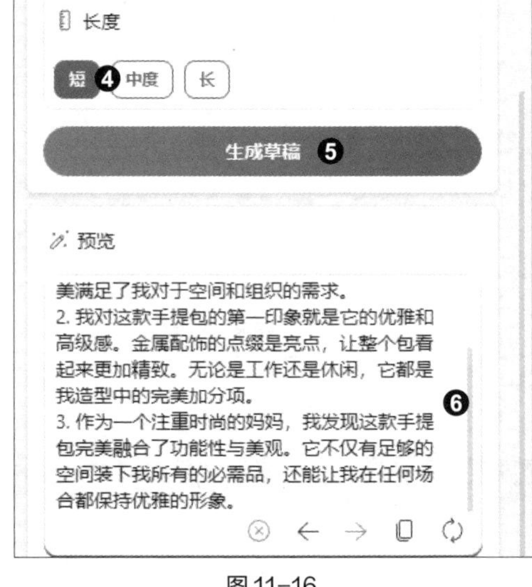

图 11-16

11.3 Notion AI：智能文案助理

Notion 是一款著名的生产力和笔记应用，Notion AI 则是该应用中集成的 AI 写作助手，用户不需要离开 Notion 的界面，就能方便快捷地完成撰写、改写、总结、校对、翻译等与文案相关的任务。

实战演练：用 Notion AI 撰写博客文章

在自媒体时代，博客已成为人们分享知识、表达观点的重要平台。然而，撰写一篇高质量的博客文章并非易事。既要确保内容充实、观点独特，又要兼顾文章的结构和语言的流畅性，这无疑是一项充满挑战的任务。本案例将使用 Notion AI 围绕特定主题快速撰写一篇博客文章。

步骤01 **打开 Notion**。在网页浏览器中打开 Notion 的首页，单击右上角的“Get Notion free”按钮，如图 11-17 所示。

图 11-17

步骤02　注册并登录账号。进入登录页面，按照提示注册并登录 Notion 账号，然后根据实际情况选择使用场景。

步骤03　唤醒 Notion AI 的写作功能。进入 Notion 的工作界面，❶单击左侧的“Add a page”按钮，创建一个新页面，❷在新页面的编辑区下方单击“Ask AI”按钮，唤醒 Notion AI 的写作功能，如图 11-18 所示。

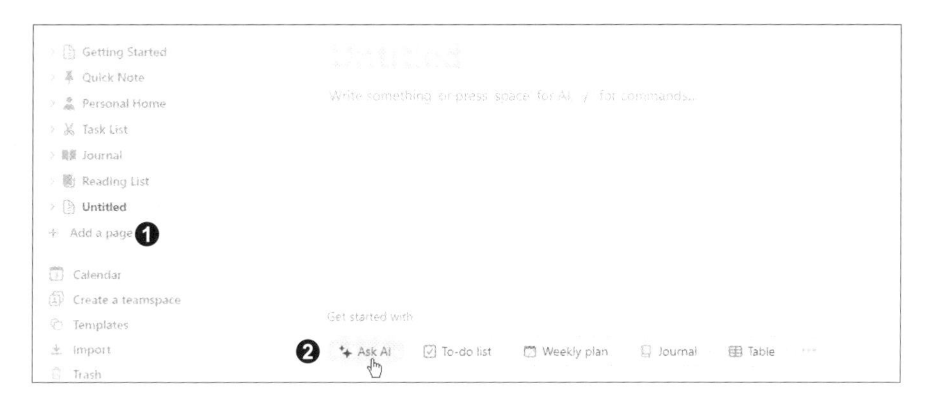

图 11-18

步骤04　选择写作的类型。本案例要撰写一篇博客文章，因此，在弹出的列表中选择“Blog post”选项，如图 11-19 所示。单击“See more”选项可以看到更多写作类型。

图 11-19

步骤05　输入文章的主题。在提示词输入框中会自动生成提示词的开头部分“Write a blog post about”，❶接着输入文章的主题“科技改变生活，未来已来”，❷单击右侧的按钮进行提交，如图 11-20 所示。由于输入的主题是中文的，Notion AI 会自动用中文撰写文章。

图 11-20

步骤06 **选择后续操作**。等待片刻，Notion AI 就会写出一篇结构完整、逻辑清晰的博客文章。如果比较满意，单击下方的“Done”选项，完成写作；如果觉得字数不够多或谈得不够深入，可以单击“Continue writing”选项，让 Notion AI 继续撰写；如果完全不满意，可以单击“Try again”选项，让 Notion AI 重新撰写，如图 11-21 所示。

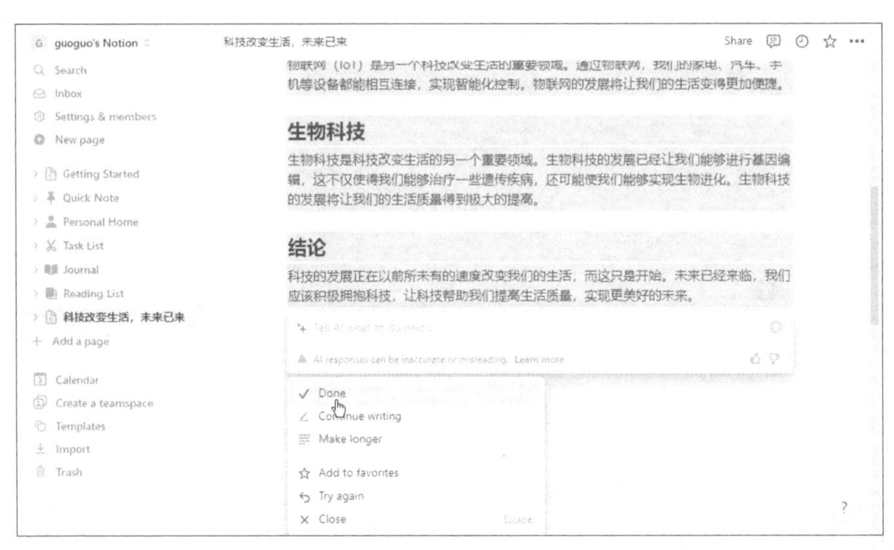

图 11-21

步骤07 **查看文章**。在编辑区浏览 Notion AI 撰写的文章，如图 11-22 所示。

图 11-22

步骤08 **更改写作风格**。接下来演示如何改写文章。❶在文章最后一段文字下方输入斜杠（/），唤醒 Notion AI，❷在弹出的列表中选择“See more → Change tone → Confident”选项，如图 11-23 所示。

图 11-23

步骤09 **查看改写的结果**。等待片刻，即可看到 Notion AI 以所选风格改写后的文章。单击“Replace selection”选项，即可用改写后的内容替换之前的内容，如图 11-24 所示。如果对改写结果不满意，可以单击“Try again”选项，让 Notion AI 重新改写。

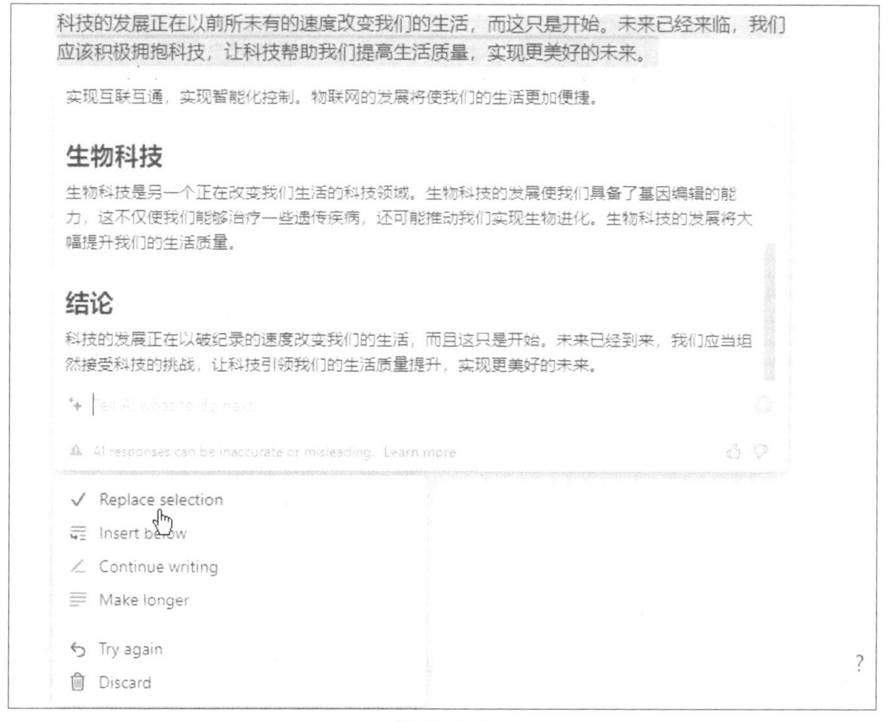

图 11-24

步骤10 对指定段落进行扩写。接下来演示如何扩写文章。❶选中文章中需要扩写的段落，❷在弹出的浮动工具栏中单击“Ask AI”按钮，如图 11-25 所示。❸在弹出的列表中选择“Make longer”选项，如图 11-26 所示。

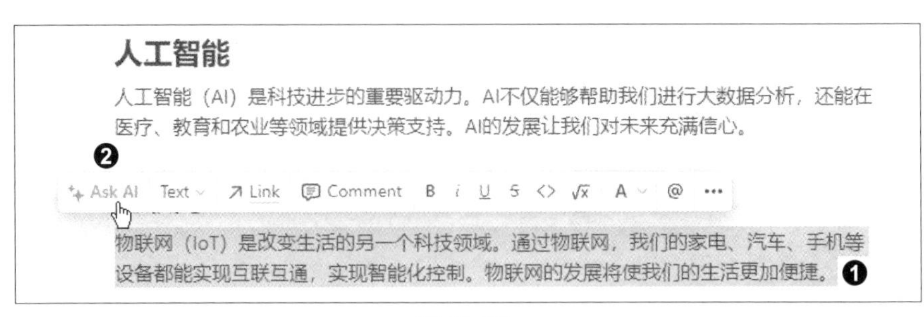

图 11-25

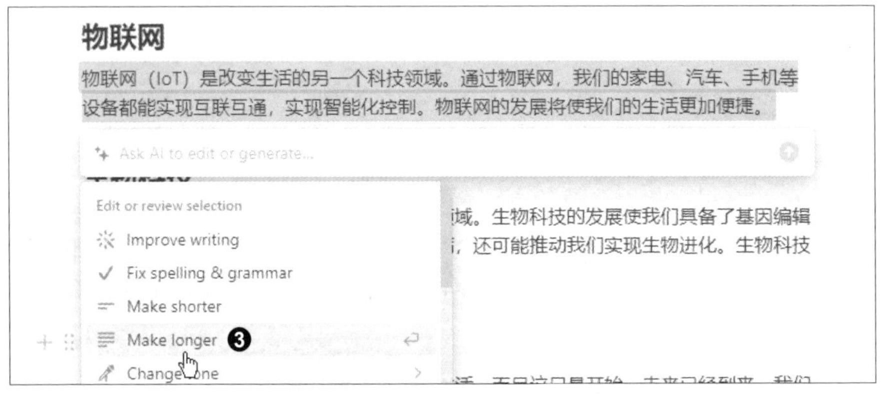

图 11-26

步骤11 查看扩写段落的结果。等待片刻，即可看到 Notion AI 对所选段落进行扩写的结果。单击“Replace selection”选项，即可用扩写后的内容替换之前的内容，如图 11-27 所示。

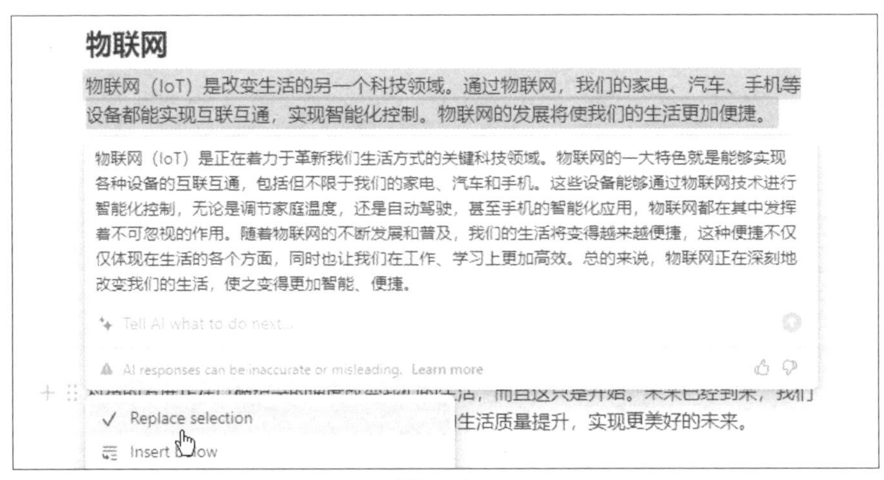

图 11-27

步骤12　对整篇文章进行扩写。如果要对整篇文章进行扩写，❶在文章最后一段文字下方输入斜杠（/），唤醒 Notion AI，❷在弹出的列表中选择“See more → Make longer”选项，如图 11-28 所示。

图 11-28

步骤13　查看扩写整篇文章的结果。等待片刻，即可看到 Notion AI 对整篇文章进行扩写的结果。单击“Replace selection”选项，即可用扩写后的内容替换之前的文章内容，如图 11-29 所示。

图 11-29

步骤14 **查看修改后的文章**。在编辑区浏览经过改写和扩写的文章，如图 11-30 所示。我们可以在此基础上进行手动修改，也可以再次调用 Notion AI 以其他方式进行修改，直至得到满意的结果为止。

科技改变生活，未来已来

引言

科技的飞速发展正在深刻而全面地重塑我们的日常生活。我们在过去的几年里已经目睹了许多科技进步对我们生活的翻天覆地的影响。从智能手机的广泛应用，到无人驾驶汽车的逐步实现，这些科技进步为我们的生活带来了许多方便。然而，这仅仅是开始，科技的发展步伐从没有放慢，反而在加快。未来已经到来，科技将以更多元、更高效、更令人瞩目的方式继续改变我们的生活。

人工智能

人工智能（AI）是当今科技进步的重要驱动力之一。AI的巨大潜能不仅体现在大数据分析上，它还能在医疗、教育、农业等领域提供决策支持，帮助我们做出更合理的决策。AI的发展使我们对未来充满了期待和信心，我们相信，在不久的将来，AI将更加深入地融入我们的生活。

物联网

物联网（IoT）是另一个正在大力推动我们生活方式革新的关键科技领域。物联网的一大特色就是能够实现各种设备的互联互通，包括但不限于我们的家电、汽车和手机。这些设

图 11-30

11.4 Midjourney：智能绘画机器人

Midjourney 是目前市场上最成熟、最受欢迎的 AI 绘画工具之一。它拥有出色的“以文生图”和“以图生图”功能，且易于操作，毫无绘画基础的用户也能快速创作出高质量的商业级图像。

实战演练：用 Midjourney 生成游戏场景图

游戏场景图是游戏开发中至关重要的视觉元素之一，它们能够营造出游戏世界的氛围，让玩家更好地融入其中。本案例将使用 Midjourney 生成一幅游戏场景图。

步骤01 **创建个人服务器**。Midjourney 目前主要通过运行在社交平台 Discord 上的聊天机器人 Midjourney Bot 提供服务。如果在官方开设的公共聊天频道中创作，会受到其他用户的干扰，因此，建议搭建一个专属于自己的创作环境。打开 Discord 客户端或网页版，注册并登录账号，❶单击左侧菜单栏中的“添加服务器”按钮，如图 11-31 所示，

❷在弹出的对话框中单击“亲自创建”按钮，如图 11-32 所示。❸单击“仅供我和我的朋友使用”按钮，如图 11-33 所示，❹然后输入服务器名称，❺单击“创建”按钮，完成服务器的创建，如图 11-34 所示。

图 11-31

图 11-32

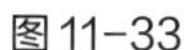
图 11-33

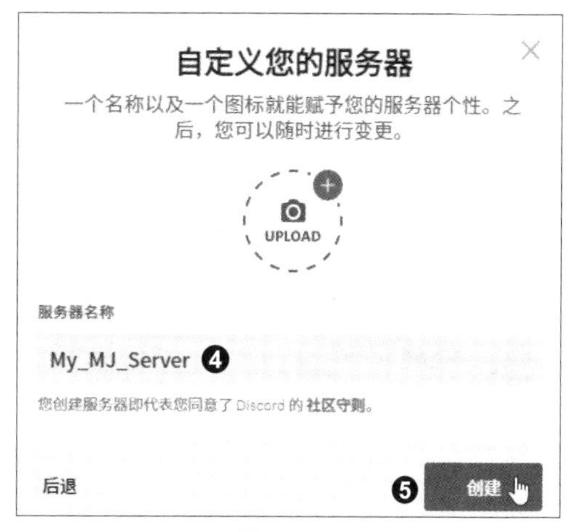

图 11-34

步骤02　**添加 Midjourney Bot**。❶单击界面左上角的个人服务器名称，❷在展开的列表中单击“App 目录”选项，如图 11-35 所示，❸在 App 目录页面的搜索框中输入“Midjourney Bot”，按〈Enter〉键进行搜索，❹在搜索结果中单击 Midjourney Bot，如图 11-36 所示，❺在打开的详情页面中单击“添加至服务器”按钮，如图 11-37 所示。❻在弹出的对话框中选择之前创建的个人服务器，❼单击“继续”按钮，如图 11-38 所示，❽在确认权限的界面中单击“授权”按钮，如图 11-39 所示。最后根据提示完成人机验证，即可将 Midjourney Bot 添加至个人服务器。

图 11-35

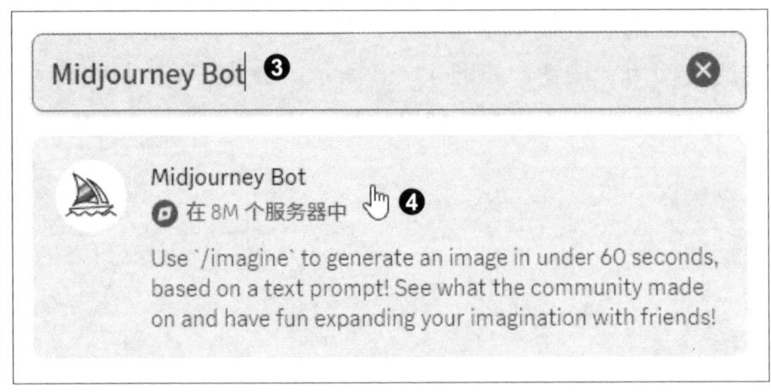

图 11-36

图 11-37

图 11-38

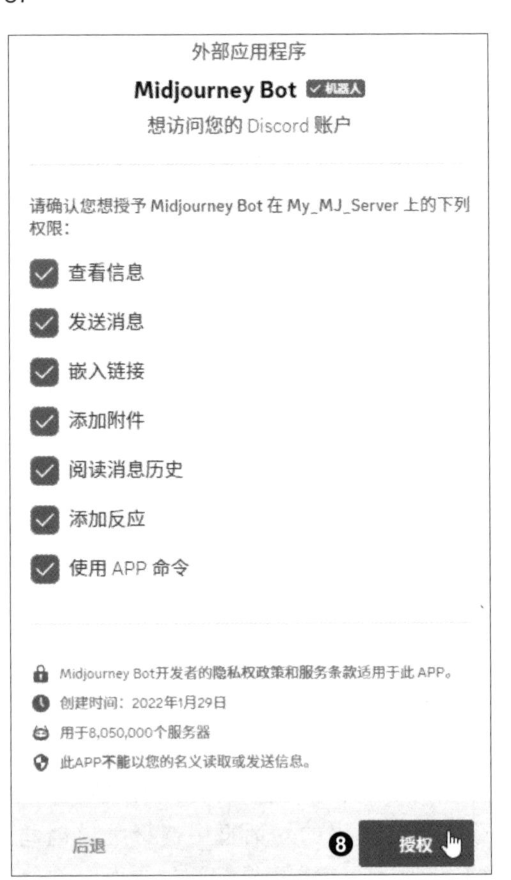

图 11-39

步骤03　输入"/imagine"命令。进入个人服务器，在页面底部的输入框中输入命令，即可使用 Midjourney 生成图片。❶输入"/imagine"，❷在弹出的列表中单击"/imagine（prompt）"命令，如图 11-40 所示。

图 11-40

步骤04　输入提示词和后缀参数。在"prompt"后输入提示词和后缀参数，如"Top map, bustling medieval city, cobblestone streets, crowded marketplaces, grand castles, mobile game, dark tones, historic style, intricate detail --ar 16:9"，如图 11-41 所示，然后按〈Enter〉键发送命令。

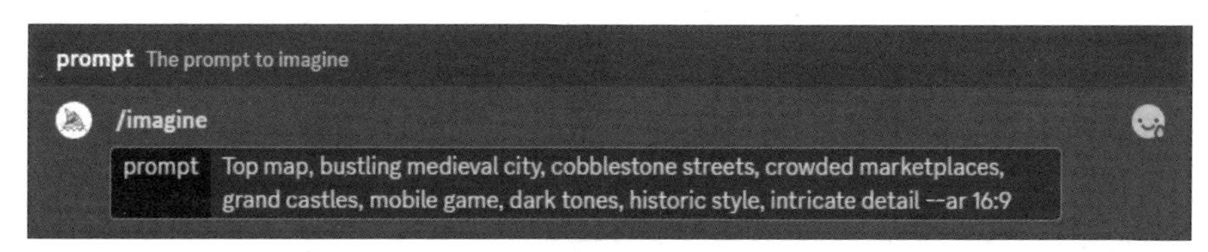

图 11-41

提示

Midjourney 的提示词可以是简单的一个词、短语或表情符号，也可以是对主体、风格、附加细节等的详细描述。后缀参数只能添加在提示词之后，两者之间需要用一个英文空格进行分隔。常用的后缀参数说明见表 11-1。

表 11-1

参数	说明
--version 或 --v	设置生成图像所使用的模型版本，默认为 V6 版本
--aspect 或 --ar	设置生成图像的长宽比，例如，"--ar 16:9"表示将图像的长宽比设置为 16:9。默认长宽比为 1:1
--stylize 或 --s	控制生成图像的艺术化程度，参数值范围为 0 ～ 1000，默认值为 100。参数值越大，生成的图像艺术表现力越强，但与提示词的匹配程度就越低
--no	指定在生成图像时需要尽量规避的元素。例如，"--no animals"表示生成的图像中不要有动物
--quality 或 --q	控制图像的精细程度，默认值为 1。参数值越大，生成的图像细节越丰富，所消耗的时间也越长

续表

参数	说明
--chaos 或 --c	控制模型的随机性。参数值范围为 0 ～ 100 之间的整数，默认值为 0。参数值越大，生成的 4 张初始图像的构图和风格会越多样化

步骤05 **创建变体图像**。等待片刻，Midjourney 会根据输入的命令生成 4 张图像。单击下方的“V4”按钮，创建第 4 张图像的变体图像，如图 11-42 所示。

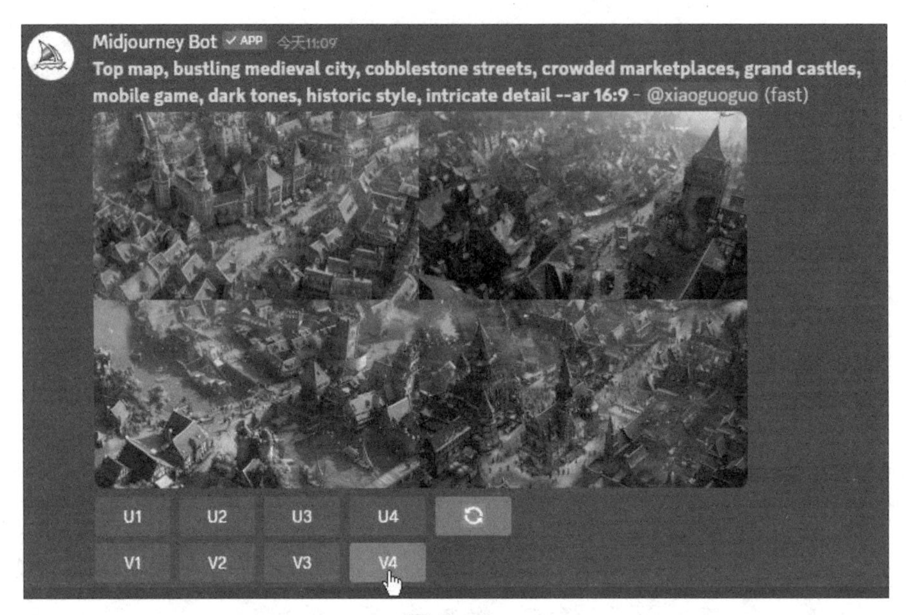

图 11-42

提示

用 Midjourney 生成一组图像后，在图像下方会显示“U1”～“U4”和“V1”～“V4”两组按钮。数字 1 ～ 4 是图像的编号，分别对应左上、右上、左下、右下 4 个位置的图像。U 代表放大重绘（Upscale），意思是增大图像的尺寸并填充更多细节，其相当于重新“以图生图”，所得图像与原始图像在细节上可能会有一些不同。V 代表变体（Variations），即以序号对应的图像为基础，在保持整体风格和构图基本不变的情况下生成 4 张新图像。

步骤06 **对图像进行放大重绘**。等待片刻，Midjourney 会基于第 4 张图像生成 4 张变体图像。从中挑选出一张满意的图像，如第 3 张图像，单击“U3”按钮，对这张图像进行放大重绘，如图 11-43 所示。

图 11-43

步骤07　**查看并下载图像**。等待片刻，即可看到放大重绘后的第 3 张图像，如图 11-44 所示。单击图像缩览图，放大显示图像，再单击图像左下角的“在浏览器中打开”链接，在默认浏览器中打开图像，然后在图像上单击鼠标右键，在弹出的快捷菜单中选择“图片另存为”命令，即可将图像下载至本地硬盘。

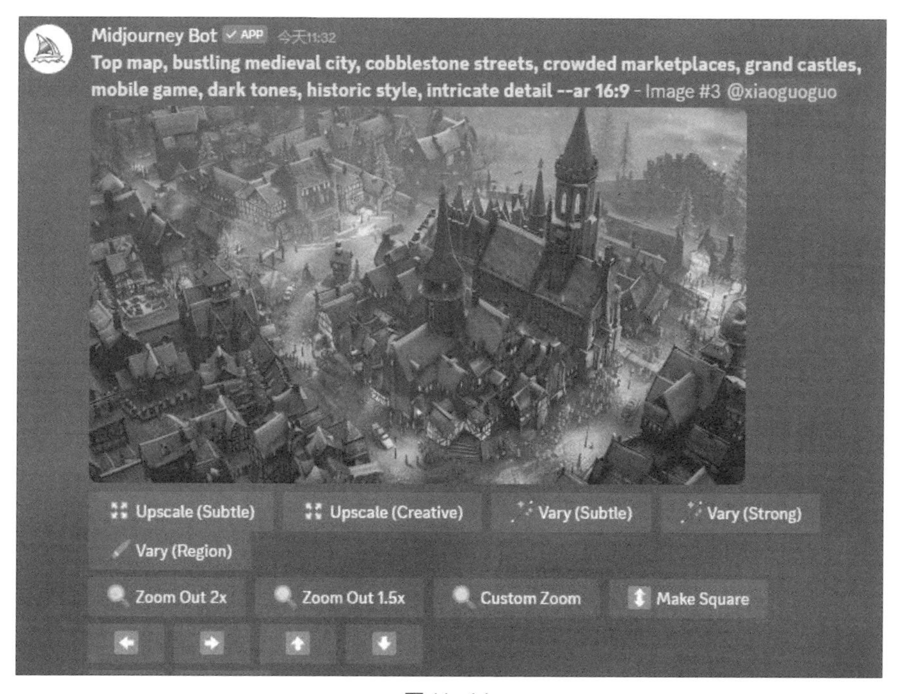

图 11-44

11.5 Moises：智能音乐提取工具

Moises 是一个利用 AI 技术分离音频的工具，它能精准地将音频或视频文件中的不同声音元素分离出来，如人声、鼓、吉他、贝斯、音调和其他伴奏等。此外，它还可以对分离出来的声音元素进行音量调整、变调等二次编辑。

实战演练：用 Moises 分离背景音乐和人声

在视频后期剪辑中，有时会遇到背景音乐和人声混合在一起的情况。为了对两者分别进行优化以提升声音呈现效果，需要将两者分离成不同的音轨。本案例将使用 Moises 完成这项任务。

步骤01 **注册并登录账号**。在网页浏览器中打开 Moises 的首页，单击“Start Free”按钮，如图 11-45 所示，在打开的页面中根据提示完成账号的注册和登录。

图 11-45

步骤02 **添加要处理的文件**。登录成功后，进入“Track Separation”页面，❶单击“Add”按钮，如图 11-46 所示，进入“Separate tracks”页面，❷单击“Drop your file here or browse”按钮，如图 11-47 所示。

图 11-46

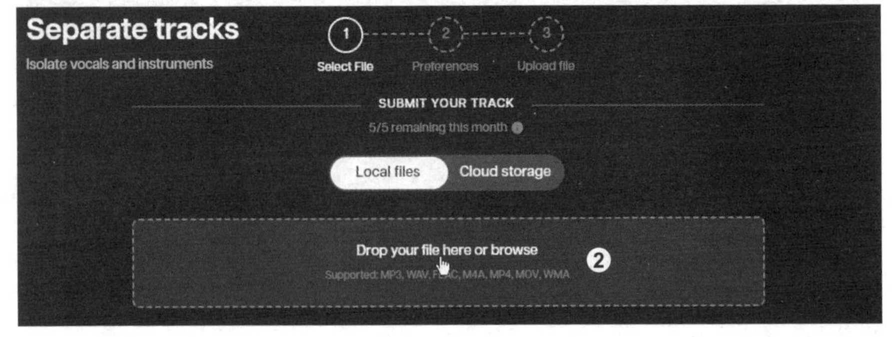

图 11-47

步骤03　上传要处理的视频。弹出“打开”对话框，❶选中要处理的视频文件，❷单击“打开”按钮，如图 11-48 所示。

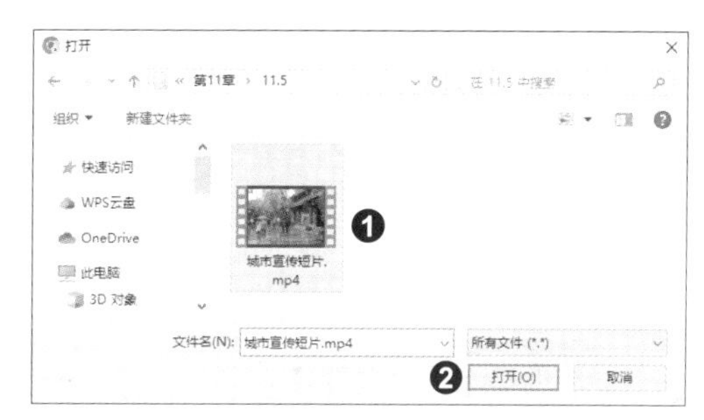

图 11-48

步骤04　查看上传的视频。返回“Separate tracks”页面，❶可看到上传的视频文件以及该文件的大小和时长信息，❷单击“Next”按钮，如图 11-49 所示。

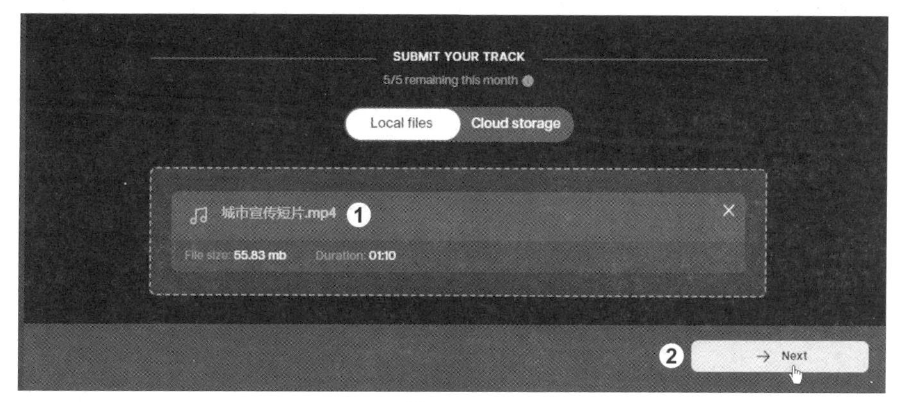

图 11-49

步骤05　选择分离音频的方式。进入下一步操作，在“SELECT SEPARATION TYPE”下可看到多种分离音频的方式，❶单击选择“Vocals，Instrumental”，❷然后单击下方的“Submit”按钮，提交设置，如图 11-50 所示。

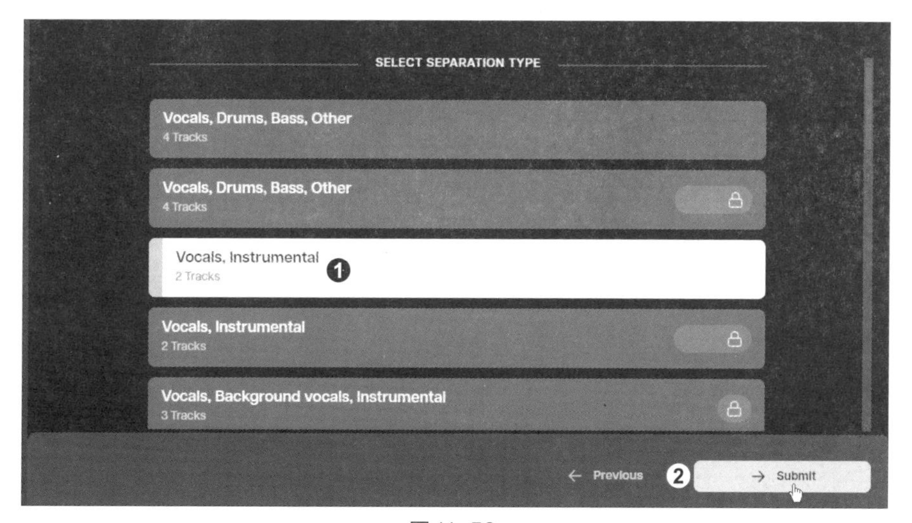

图 11-50

步骤06 **下载分离出来的人声和背景音乐**。等待片刻，分离处理完毕，❶单击页面中的“城市宣传短片”，如图 11-51 所示。进入“城市宣传短片”详情页面，❷可看到“Vocals”和“Instrumental”两个音频轨道，分别对应视频中的人声和背景音乐。❸单击音频轨道上方的“Export”按钮，❹在弹出的面板中选择导出格式为“MP3”，❺单击“Export All”按钮，如图 11-52 所示，即可以压缩包的形式同时导出分离出来的人声和背景音乐。

图 11-51

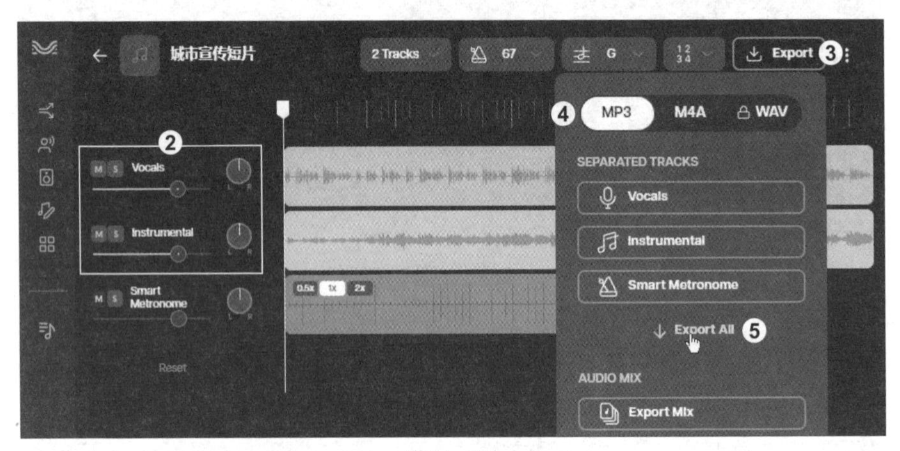

图 11-52

提示

一些 AI 工具生成的音频带有语音水印，以标明音频的来源或版权归属。我们可以利用 Moises 对这类音频进行分离声音元素的处理，达到去除语音水印的目的。

11.6 探索更多：其他实用 AI 工具

无论是内容创作、数据分析，还是图像处理，AI 工具都以其强大的功能和智能性，极大地提升了工作效率，为我们带来了前所未有的便利。本节将再介绍一些比较实用的 AI 工具。

1．Claude

Claude 是由 Anthropic 公司开发的对话式 AI 助手，具备高级推理、图像识别、代码生成、多语言处理等能力，可广泛应用于完成各种任务，如回答问题、写作、编程等。在阅读和分析长文档方面，Claude 的表现也非常出色，具有非常低的幻觉率和非常高的准确性。

2．DALL · E 3

DALL · E 3 是 OpenAI 推出的图像生成模型的最新版本。与前代产品相比，DALL · E 3 在提示词遵循能力、图像生成精度和效率等方面都有了显著提升，能够将用户的创意构想精确地转换成视觉效果。DALL · E 3 集成在 ChatGPT 中，用户可以利用 ChatGPT 来创建、扩展和优化用于生成图像的提示词，这让绘图过程变得更加轻松和人性化。

3．Bing Image Creator

Bing Image Creator 是微软基于 OpenAI 的 DALL · E 3 开发的图片生成工具，允许用户通过输入提示词来生成图片。Bing Image Creator 既可以在独立的网页界面中直接使用，也可以在新必应的聊天功能中进行对话式调用。

4．Leonardo AI

Leonardo AI 是一个基于 Stable Diffusion 模型开发的 AI 绘图平台。用户可以使用预训练的模型或者自己训练的模型来创作风格多样的作品，还可以对图像进行智能化编辑，如去除背景、扩展画面、替换物体和人物表情等。

5．Flair AI

Flair AI 是一款智能电商设计工具，能够根据用户的产品和需求，生成高质量的场景图。用户只需上传产品图片，然后选择场景模板或输入场景描述，Flair AI 便会自动创建符合要求的场景图。此外，用户还可以调整场景中的元素位置、颜色、光照等细节，并添加文本、图标等装饰，让场景图变得更加专业和个性化。

6．ClipDrop

ClipDrop 是一款基于 Stable Diffusion 模型开发的全能型 AI 图像生成和处理工具。借助 ClipDrop，用户不仅能通过输入文本生成高分辨率的图像，还能对图像进行深度编辑，包括替换或删除特定元素、替换或删除背景、扩展图像边界、无损放大图像细节等。

7．Runway

Runway 是一个在线视频剪辑与制作平台，集成了众多的 AI 应用工具，为用户提供一站式的视频制作体验。Runway 不仅具备视频抠图换背景、自动跟踪物体、智能字幕添加、智能音频节拍检测、噪声消除、在线协作编辑等功能，还支持文生图像、文生视频等创新应用。Runway 新发布的视频生成工具 Gen-2 支持文生视频、图生视频、图 + 文字生成视频等多种生成方式，进一步提升了用户体验和视频制作效率。

8．HeyGen

HeyGen 是一个由先进的 AI 技术驱动的数字人视频创作平台。用户仅需提供文本或音频内容，HeyGen 便能在短时间内生成具有生动表情和流畅口型的虚拟数字人视频。HeyGen 还支持个性化定制数字人的形象、声音和动作等。用户可以根据自己的需求调整数字人的服装、发型、配饰、声音和动作，打造出独具特色的数字人形象。此外，HeyGen 提供丰富的视频模板，涵盖各种风格和主题，让用户可以快速制作出专业级别的视频内容。

9．Fireflies.ai

Fireflies.ai 是一款功能强大的 AI 会议助手，支持 Zoom、Teams、Webex 等多种视频会议应用。它利用 AI 技术实时自动捕获和转录会议和电话，并快速生成文字记录，让用户可以专注于交流和讨论而不是记笔记。会议结束后，用户可以随时查看、编辑、分享和导出会议记录，确保会议的成果被有效地转化为实际行动，从而实现会议的目标。